“十三五”职业教育规划教材

食品感官检验

安 莹 王朝臣 主编
季剑波 主审

化学工业出版社
·北京·

《食品感官检验》由绪论、11个项目及附录组成，详细介绍了食品感官检验基础训练，粮油及其制品、肉及其制品、乳及乳制品、水产品、果蔬及其制品、饮料与酒类、调味品、焙烤制品、蛋及其制品的感官检验，食品感官检验综合应用训练等，内容包含面广、应用性强。本书采用现行国家标准规定的术语、符号和法定计量单位，书中的知识体系、案例介绍符合国家或行业的最新标准。

本书既可作为高等职业院校食品及生物类专业学生的教材，又可供各类生产企业从事食品质量检验和质量管理的人员参考和学习。

图书在版编目（CIP）数据

食品感官检验/安莹，王朝臣主编. —北京：化学工业出版社，2017.12（2022.11重印）

“十三五”职业教育规划教材

ISBN 978-7-122-30868-9

Ⅰ. ①食… Ⅱ. ①安…②王… Ⅲ. ①食品感官评价-职业教育-教材 Ⅳ. ①TS207.3

中国版本图书馆CIP数据核字（2017）第263513号

责任编辑：迟　蕾　李植峰　　文字编辑：向　东

责任校对：王素芹　　装帧设计：张　辉

出版发行：化学工业出版社（北京市东城区青年湖南街13号　邮政编码100011）

印　　刷：北京云浩印刷有限责任公司

装　　订：三河市振勇印装有限公司

787mm×1092mm　1/16　印张13½　字数339千字　2022年11月北京第1版第4次印刷

购书咨询：010-64518888　　售后服务：010-64518899

网　　址：http://www.cip.com.cn

凡购买本书，如有缺损质量问题，本社销售中心负责调换。

定　　价：38.00元

《食品感官检验》编审人员

主　　编　安　莹　王朝臣

副 主 编　高　涵　沈会平　陶迎梅

编写人员　(按姓名汉语拼音排序)

安　莹（徐州工业职业技术学院）

高　涵（辽宁农业职业技术学院）

何　姗（天津渤海职业技术学院）

楠　极（内蒙古农业大学职业技术学院）

邱松林（厦门海洋职业技术学院）

芮怀瑾（徐州工业职业技术学院）

沈会平（广东环境保护工程职业技术学院）

陶迎梅（甘肃畜牧工程职业技术学院）

王朝臣（天津渤海职业技术学院）

于　飞（黑龙江农垦职业学院）

周　平（天津渤海职业技术学院）

主　　审　季剑波（徐州工业职业技术学院）

前言

本书是为高等职业院校食品及生物类专业学生、各类生产企业食品质量检验和质量管理人员，依据食品类产品的国家标准而编写的主要学习与参考书籍。

全书包含11个项目，重点介绍在食品感官检验中应当掌握的基本知识与基本技能，内容包含面广，应用性强。本书采用现行国家标准规定的术语、符号和法定计量单位，书中的知识体系、案例介绍符合国家或行业的最新标准。

本书具有鲜明的职业教育特色，每个项目以一类食品感官检验的任务设置开始设计，将国家标准、行业标准引入具体的检验中，并从理论上进行归类和引导，以培养学生在生产实际中的实操能力为目标开展教学活动，难度适宜。各项目内容相对独立，可以满足各类人员的学习需要。

本书由徐州工业职业技术学院安莹和天津渤海职业技术学院王朝臣任主编，安莹编写了绪论、项目十一、附录三～附录八；王朝臣与天津渤海职业技术学院周平共同编写项目一及附录一和附录二；黑龙江农垦职业学院于飞编写项目二；甘肃畜牧工程职业技术学院陶迎梅编写项目三；内蒙古农业大学职业技术学院楠极编写项目四；厦门海洋职业技术学院邱松林编写项目五；徐州工业职业技术学院芮怀瑾编写项目六、项目十；广东环境保护工程职业技术学院沈会平编写项目七；天津渤海职业技术学院何姗编写项目八；辽宁农业职业技术学院高涵编写项目九；全书由季剑波主审。

限于编者水平，书中难免有不足之处，请同行和读者批评指正。

编者

2017年12月

目 录

绪论

感官检验作为一门新兴学科，是随着现代生理学、心理学、统计学等多门学科的发展而逐步发展、成熟起来的一门交叉的边缘科学，是一门充满挑战性的学科。感官检验又是一门不精确的学科，只有在完全了解食品感官属性的物理化学因素以后才能进行实验的设计，即便如此，实验后得到的结果也可能有很多种解释。只有学习了食品属性的真正本质及感官识别真正方法，才可能减少对实验结果的曲解。

一、关于食品感官检验

1. 定义

感官检验（sensory test）也称为感官分析（sensory analysis）或感官评价（sensory evaluation）。在2008年颁布的国际标准ISO 5492中，感官检验被定义为：用感觉器官评价产品感官特性的科学。美国食品科学技术专家学会（Institute of Food Technologists，IFT）感官评价分会给出的定义为：感官评定是用于唤起、测量、分析和诠释通过视觉、嗅觉、触觉及听觉所感觉到的食品及原料特征或性质的一门科学。

通俗地讲，食品感官检验就是根据人的感觉器官对食品的各种质量特征的“感觉”，如味觉、嗅觉、听觉、视觉等，用语言、文字、符号或数据进行记录，再运用统计学的方法进行统计分析，从而得出结论，对食品的色泽、风味、气味、形态、质地、口感等各项指标做出评价的方法。也就是通过用眼睛看、用鼻子嗅、用耳朵听、用口品尝和用手触摸等方式，对食品的色、香、味和外观形态进行综合性的鉴别和评价。

2. 意义

食品质量的优劣最直接地表现在它的感官性状上，通过感官指标来鉴别食品的优劣和真伪，不仅简便易行，而且灵敏度高，直观而实用，与使用各种理化、微生物的仪器进行分析相比有很多优点，因而它也是食品的生产、销售、管理人员所必须掌握的一门技能。广大消费者从维护自身权益角度讲，掌握这种方法也是十分必要的。应用感官手段来鉴别食品的质量有着非常重要的意义，主要归纳为以下几个方面：

① 食品工业原辅料、半成品和成品质量的检测与控制；

② 食品市场调查、新产品研发；

③ 及时、准确地鉴别出异常食品，以便及早处理；

④ 是理化检验、微生物检验的补充手段；

⑤ 食品贮藏保鲜。

3. 法律依据

我国自1988年开始，相继制定和颁布了一系列感官分析方法的国家标准，包括《感官

分析方法学 总论》(GB/T 10220—2012)、《感官分析术语》(GB/T 10221—2012)、感官分析的各种方法(GB 12313—1990、GB 12314—1990、GB 12316—1990、GB/T 12310—2012、GB/T 12311—2012 等)、《感官分析 选拔、培训和管理评价员一般导则》(GB/T 16291.1—2012、GB/T 16291.2—2010)和《感官分析 建立感官分析实验室的一般导则》(GB/T 13868—2009)等。这些标准一般都是参照采用或等效采用相关的国际标准(ISO),具有较高的权威性和可比性,对推进和规范我国的感官分析方法起了重要作用,也是执行感官分析的法律依据。

4. 发展趋势

目前感官检验已在各国得到广泛应用。在美国,各大食品公司(如可口可乐、百事可乐、雀巢公司等)都已拥有庞大的感官检验部门,各大学纷纷成立研究单位并开设感官检验课程,美国业界甚至还出现了很多感官检验的专业顾问公司,向中小企业提供感官检验服务。其他国家亦非常积极,亚太地区主要以新西兰和澳大利亚两国发展较好。以新西兰为例,该国统计显示其 80%的食品公司都设有感官检验制度,就连该国市场调查公司亦设有感官检验部门以服务食品业的客户。

国内的发展则相对滞后,从 1975 年开始有学者研究食品香气和组织等感官性状的检验,到 20 世纪 90 年代后,感官检验被大量地应用在食品科学的研究领域,并且大学科系已经将食品感官检验这门课程列为重要课程之一。总的来看,我国食品感官科学技术的研究与应用分为 3 个阶段:一是以满足食品工业质量管理、市场营销、新产品开发为目的,提高传统感官检验方法的科学化程度;二是结合我国的特点进行系统的感官品质研究,尤其是对一些传统食品,如对白酒、茶叶、馒头、米饭等的感官检验与仪器分析数据的相关性进行的系统研究,截至目前已积累了较丰富的科学数据;三是站在学科发展前沿,在感官检验信息管理系统、智能感官分析方法与设备研究方面参与国际竞争。

感官检验的重要性逐渐为大家所认识和接受,学术研究机构、高等院校及许多有实力的公司也在加大投入进行相应的研究,这些都在促进感官检验技术的发展。就未来发展而言,感官检验技术的发展趋势有以下几个方面:

① 尽量结合不同的仪器测试与感官特性进行相关性分析,且在相关性的结论上越来越注重统计概念,注重多重研究有普遍化的趋势,无论是采用不同仪器测试,或者是多变量分析工具,都更加注重整体感觉的探讨。

② 发展更符合人类感官系统机制的仪器,如模仿人类的唾液及体温的存在,或模仿人类咀嚼的动作等。

③ 在气味或风味研究的部分,气相色谱嗅闻技术的应用有普遍化的趋势。

④ 在香气、香味与风味的研究中,时间-感受强度(TI 技术)研究也逐渐普遍化。

5. 基础和一般任务

概括地讲,以下 11 个要素构成了有效开展感官检验的基础:

① 明确目标和任务;

② 确定项目计划;

③ 有专业人士参与;

④ 具有必要的实验设备;

⑤ 具有运用所有实验方法的能力;

⑥ 合格的品评人员;

⑦ 标准、统一的品评人员筛选程序；

⑧ 标准、统一的品评人员指导程序；

⑨ 标准、统一的实验要求和报告程序；

⑩ 数据处理分析的能力；

⑪ 正式操作程序/步骤。

要执行一项感官检验，需要完成的任务有以下7个：

① 项目目标的确定：一般感官检验通常是受某个课题/项目组的委托，因此一定要确定该课题委托人要达到的目的。例如，是想对产品进行改进、降低成本/替换成分，还是要和某种同类产品进行竞争；是希望样品同另外一个样品相似或不同，还是确定产品的喜好；是确定一种品质还是对多个品质进行评价。

② 实验目标的确定：一旦项目目标确定了，就可以确定实验目标了，也就是进行哪一种实验，例如，总体差别实验、单项差别实验、相对喜好程度实验、接受性实验等。

③ 样品的筛选：在确定了项目目标和具体的实验方法之后，感官分析人员要对样品进行查看，这样可以使分析人员在制定实验方法和设计问卷时做到心中有数，比如样品的食用程序、需要检测的指标以及可能产生误差的原因。

④ 实验设计：包括具体实验方法、品评人员的筛选和培训、问卷的设计、样品准备和呈送的方法以及数据分析要使用的方法。

⑤ 实验的实施：即实验的具体执行，一般都由专门的实验人员负责。

⑥ 分析数据：要有合适的统计方法和相应软件对数据进行分析，要分析实验主要目标，也要分析实验误差。

⑦ 解释结果：对实验目的、方法和结果进行报告、总结并提出相应建议。

感官检验的任务就是为产品研究开发人员、市场人员提供有效、可靠的信息，以做出正确的产品和市场决策。

6. 中心原则

被选用于检验的感官技术方法实质是由具体研究的对象决定的。

对于可接受性判断应邀请实验熟练的感官检验小组进行，消费者检验小组则不适合进行精确描述检验。

7. 与其他分析方法的关系

食品的质量标准通常包括感官指标、理化指标和卫生指标。理化指标和卫生指标主要涉及产品质量的优劣和档次、安全性等问题，由质检部门和卫生监督部门督查。而感官检验除了传统意义上的感官指标外，还在于该产品在人的感受中的细微差别和好恶程度。感官指标通常具有否决性，即如果某一产品的感官指标不合格，则不必再做理化指标检验和卫生指标检验，直接判定该产品为不合格品。所以，食品的感官检验不能单纯地代替理化指标和卫生指标检测，它只是在产品性质和人的感知之间建立起一种合理的、特定的联系。

现代感官检验技术是建立在统计学、生理学和心理学基础上的。在感官分析实验中，并不看重个人的结论如何，而是注重评价员的综合结论。

由于感官检验是利用人的感觉器官进行的实验，而人的感官状态又常受环境、自身、感情等诸多因素的影响，所以在极力避免各种情况影响的同时，人们也一直在寻求用物理化学的方法来代替人的感觉器官，使容易产生误解的语言表达转化为可以用精确的数字来表达的方式，如电子眼、电子舌、电子鼻的开发和应用，可使评定结果更趋科学、合理、公正。

随着科学技术的发展，特别是计算机技术的应用，将逐渐有不同的理化分析方法与分析型感官评价相对应，特别是随着现代仿生技术的发展及各种先进食品感官测试仪器的开发，但是尽管理化分析方法不断发展和完善，且新型食品感官检测设备不断开发，它仍无法代替感官检验；对于嗜好型的感官分析，用理化方法或仪器测试代替感官检验更是不可能的。可见，无论是理化分析还是仪器测试，都只能作为食品感官检验的辅助手段和有益补充，食品感官检验具有其他方法无法替代的重要作用和地位。

二、食品感官检验的类型

食品感官检验一般可分为具有不同作用的两个类型，分别为分析型感官检验和偏爱型感官检验。

1. 分析型感官检验

分析型感官检验是指把人的感觉器官当作一种检测工具，用来评价样品的质量特性或鉴别多个样品之间的差异等，常用于食品的质量控制和检测。分析型感官检验是通过人体感觉器官的感觉对食品的可接受性做出判断，因此，为了减少个人感觉之间的差异的影响，提高检测的重现性，以获得高精度的测定结果，必须注意评价基准的标准化、实验条件的规范化和评价员的素质等因素。

(1) 评价基准的标准化 在凭借感官测试食品的质量特性时，对每一测定项目都必须有明确、具体的评价尺度和评价基准物，即评价基准应统一、标准化，以防评价员采用各自的基准和尺度，使结果难以统一和比较。对同一类食品进行感官检验时，其基准及评价尺度必须具有连贯性及稳定性。因此，制作标准样品是评价基准标准化的最有效方法。

(2) 实验条件的规范化 在感官检验中，分析结果很容易受到环境及实验条件的影响，故实验条件应规范化，如必须有合适的感官实验室、有适宜的光照条件等，以防实验结果受环境因素的影响而出现大的波动。

(3) 评价员的素质 从事感官检验的评价员，必须有良好的生理及心理条件，并受过适当的训练，感官感觉敏锐。

综上所述，分析型感官检验是评价员对样品的客观评价，其分析结果不受人的主观意志干扰。

2. 偏爱型感官检验

偏爱型感官检验是指以样品为工具，来了解人的感官反应及倾向，常用于食品的设计和推广。这种检验必须用人的感官来进行，完全以人为检测工具，调查、研究产品质量特性对人的感觉、嗜好状态的影响情况。这种检验的主要问题是如何才能客观地评价不同检验人员的感官状态及嗜好的分布倾向。

偏爱型感官检验不像分析型那样需要统一的评定标准和条件，而是依赖人们生理和心理上的综合感觉。即人的感觉程度和主观判断起着决定性作用，分析的结果受到环境、习惯、审美观等诸多因素影响，检测结果往往因人因时因地而不同，因此，偏爱型感官检验完全是一种主观行为。

在食品的研制、生产、管理和流通等环节中，可以根据不同的要求，选择不同的感官检验类型。

三、食品感官检验常用方法及选择

食品感官检验常用的方法主要有：差别检验法、标度和类别检验法以及描述性检验法。在进行感官检验时，具体采用哪一种方法，要根据检验的目的、要求等来确定。

1. 差别检验法

差别检验的目的是确定两种产品之间是否存在感官差别。在差别检验中，对给出的两个或两个以上样品，要求评价员必须给出是否存在感官差异的回答，一般不允许评价员回答“无差异”。

差别检验法主要包括：成对比较法、三点检验法、二-三点检验法、五中取二检验法、“A”-“非A”检验法、选择检验法和配偶检验法等。

差别检验法可用于实际生产中的成品检验、新产品开发、品质控制和检查仿冒制品等，也可用于对评价员的挑选、培训和考核评价。

2. 标度和类别检验法

这类检验法的目的是估计差别的顺序或大小及样品应归属的类别或等级。评价员通常对两个以上的样品进行评价，并判断样品差异的方向和程度，以及样品应归属的类别和等级等。

该类检验法主要包括：排序检验法、分类检验法、评估检验法、评分检验法、分等检验法、线性标度检验法及喜好标度检验法等。

标度和类别检验法可用于产品评级，对消费者可接受性进行调查及确定偏爱顺序，新产品鉴评，选择或筛选产品，确定不同原料、加工处理、包装盒贮藏等环节对产品感官性状的影响，等。

3. 描述性检验法

描述性检验要求评价员可判断出一个或多个样品的某些特征或对某特定特征进行描述和分析，从而得出样品各个特征的强度或样品全部感官特性。

描述性检验法的主要类型包括：简单描述检验法、定量描述检验法和感官剖面检验法等。

描述性检验法可用于产品质量控制、判断产品在贮藏中的变化、确定产品之间差异的性质、新产品研制以及产品品质的改良等。

4. 感官检验方法的选择及问题设定

（1）感官检验方法的选择 感官检验技术方法可应用于生产过程中的产品质量控制、贮藏期间产品的质量稳定性检验、产品原料的替换与质量控制、新产品开发、生产工艺改进、产品质量评价、消费者反应测试、感官仪器的相关性分析等生产、研究的各个方面。在具体使用时，可参照感官检验技术方法的选择一览表（见表0-1），根据检验目的选择适用的方法类型，再根据差别检验方法的比较（见表0-2）与标度和类别检验方法的比较（见表0-3）所列的每一类方法中各个方法的特点与适用范围选择具体的技术方法开展感官检验。

表 0-1　感官检验技术方法的选择一览表

实际应用	检验目的	适用方法
产品质量控制(生产过程)	检出与标准样(参比样)有无差异	差异有无检验
	检出与标准样(参比样)差异的大小	差异大小检验
	产品感官质量指标评价	描述性分析
产品质量控制(贮藏期间)	产品贮藏期间产品感官质量有无变化	差异有无检验
	若有变化,哪些感官特性发生了变化	描述性分析
	消费者对变化的接受性	定量情感测试
原料替换与控制	原料的分类	差异大小检验
	替换原料前后有无差异	差异有无检验
	若存在差异,消费者是否接受	定量情感测试
产品改良与新产品开发	确定现有产品哪些感官特性需要改进或新产品应具有什么样的感官质量	定性情感测试(消费者调查等)、描述性分析
	改良产品或新开发产品与原产品有无差异	差异有无检验
	改良产品或新开发产品的市场接受性	定量情感测试
工艺改进	确定工艺改进前后产品质量不存在差异	差异有无检验中的相似检验
	若存在差异,消费者是否接受	定量情感测试
产品质量评价	分等分级	差异大小检验
	特征感官质量	描述性分析
消费者反应	消费观点与行为	定性情感测试
	消费者对产品的接受性与偏爱	定量情感测试
感官-仪器的相关性分析	产品感官质量特性的构成	描述性分析
	产品某项感官特性的强度	量值估计

表 0-2　差别检验方法的比较

方法名称	适用范围与特点	一次评价样品数	样品组合	评价员等级及人数	单次猜对率	数据处理
成对比较检验	最常用的差别检验方法之一	2个	单边：AB、BA；双边：AB、BA、BB、AA	初级或优选评价员；成对差别检验,24～30人；成对相似检验,人数翻倍,通常60人	1/2	二项式分布
	不易产生感官疲劳					
	被比较的样品数不宜过多					
三点检验	最常用的差别检验方法之一	3个(2同,1异)	ABB、BAA、AAB、BBA、ABA、BAB	初级或优选评价员；三点差别检验：24～30人,评价员人数不足时可重复评价；三点相似检验：人数翻倍,通常60人	1/3	二项式分布
	适用于样品间的细微差别的检验					
	易受感官疲劳和记忆效应的影响、不经济、复杂					
二-三点检验	评价员对参比样比较熟悉时尤其适用,适用于刺激强烈的样品	3个(2同,1异)	恒定参比：A_RAB、A_RBA(或B_RAB、B_RBA)；平衡参比：A_RAB、A_RBA、B_RAB、B_RBA	初级或优选评价员；二-三点差别检验：32～36人,评价员人数不足时可重复评价；二-三点相似检验：人数翻倍,通常72人	1/2	二项式分布
	感官疲劳和记忆效应的影响较小					

续表

方法名称	适用范围与特点	一次评价样品数	样品组合	评价员等级及人数	单次猜对率	数据处理
“A”-“非A”检验	适用于多个样品，效率高，特别适用于评价具有不同外观和后味的样品 易疲劳	2个及以上	随机	30名以上初级评价员或20名以上优选评价员	1/2	χ^2检验

表 0-3　标度和类别检验方法的比较

方法名称	适用范围与特点	一次评价样品数	评价员级别与人数	差别来源	结果统计
排序法	对样品初筛的简单有效的方法 每次只能对一个特性或整体印象进行评价	通常3～6个，最多不能超过8个	感官特性或整体印象排序，12～15名优选评价员 偏好顺序，至少60名消费者	整体或单一特征	Page检验 Spearman检验 Friedman检验
分类法	对样品打分有困难时，可用来区分大致优劣与级别 鉴定产品的缺陷	多个样品	多名优选或专家评价员，参与评价的结果具有统计意义	整体	频数计算
分等法	产品质量评价	多个样品	多名优选或专家评价员，参与评价的结果具有统计意义	整体	评分加权 频数加权
评分法	应用广泛 可用于不同系列样品间的比较	通常3～6个，最多不能超过8个	多名优选或专家评价员，参与评价的结果具有统计意义	整体或单一特征	加权平均
量值估计法	给出了产品特性强度的量值 可用于不同系列样品间的比较	最多不能超过8个	多名优选或专家评价员，参与评价的结果具有统计意义	单一特征	方差分析

（2）感官检验中问题的设定　感官检验过程中想获得满意的分析结果，除了对鉴评员进行专门的培训之外，如何向鉴评员提出问题、以什么样的形式提问、让鉴评员如何回答等，也在很大程度上直接影响检验结果。

① 问题设定的原则

a. 所提的问题应考虑回答者的文化程度、生活水平、年龄和性别等。

b. 要简单明了地提示必需的信息，避免拖沓冗长。不要使用含糊不清的语言、易引起误解的措辞和难理解的词汇。

c. 设定的问题应是容易回答的内容。一个问题中只包含一个内容，不要问两个及两个以上的内容。

d. 提问顺序必须有逻辑性。

e. 避免提出使回答者产生厌恶、烦躁、不安的问题。

② 回答问题的形式

a. 自由回答法：要求鉴评员自由地回答所提出的问题。

b. 二项选择法：只要求鉴评员回答“是”或者“不是”。

c. 多项选择法：鉴评员从列举的多项回答中选择一个回答。

四、食品感官检验的基本要求

（一）感官分析实验室

1. 感官分析实验室应达到的要求

环境条件对食品感官分析有很大影响，这种影响体现在两个方面：即对品评人员心理和生理上的影响以及对样品品质的影响。建立食品感官分析实验室时，应尽量创造有利于感官检验顺利进行和评价人员正常评价的良好环境，尽量减少评价人员的精力分散以及可能引起的身体不适或心理因素的变化，防止判断产生错觉。表 0-4 列出了食品感官检验的物理条件。

表 0-4　食品感官检验的物理条件

因素	具体要求
环境	感官分析应在专门的检验室内进行。应给评价人员创造一个安静的不受干扰的环境。检验室应与样品制备室分开。室内应保持舒适的温度与通风。避免无关的气味污染检验环境。检验室空间不宜太小，以免评价人员有压抑的感觉。座位应舒适。应限制音响，特别是应尽量避免能使评价人员分心的谈话和其他干扰。应控制光的色彩和强度
器具	与样品接触的容器应适合所盛样品。容器表面无吸收性并对检验结果无影响。应尽量使用规定的标准化的容器
用水	应保证供水质量。为某些特殊目的，可使用蒸馏水、矿泉水、过滤水、凉开水等

2. 感官分析实验室的设计原则

感官分析实验室设计的原则应为：

① 保证感官评价在已知和最小干扰的可控条件下进行；

② 减少生理因素和心理因素对评价人员判断的影响。

3. 实验室的设施和要求

（1）检验区　一般要求如表 0-5 所示。

表 0-5　食品感官分析实验室的一般要求

因素	具体要求
位置	检验区应紧邻样品准备区，以便于提供样品。但两个区域应隔开，以减少气味和噪声等干扰。为了避免对检验结果带来偏差，不允许评价人员进入或离开检验区时穿过准备区
温度和相对湿度	检验区的温度应可控，如果相对湿度会影响样品的评价时，检验区的相对湿度也应可控。除非样品评价有特殊条件要求，检验区的温度和相对湿度都应尽量让评价人员感到舒适
噪声	检验期间应控制噪声，宜使用降噪地板，最大限度地降低因步行或移动物体等带来的噪声
气味	检验区应尽量保持无气味，一种方式是安装带有活性炭过滤器的换气系统，需要时也可利用形成正压的方式减少外界气味的侵入； 检验区的建筑材料应易于清洁，不吸附和不散发气味。检验区内的设施和装置（如地毯、椅子等）也不应散发气味而干扰评价。根据实验室用途，应尽量减少使用织物，因其易吸附气味且难以清洗
装饰	检验区墙壁和内部设施的颜色应为中性色，以避免影响对被检样品颜色的评价。宜使用乳白色或中性浅灰色（地板和椅子可适当使用暗色）

续表

因素	具体要求
照明	感官评价中照明的来源、类型和强度非常重要。应注意所有房间的普通照明及评价小间的特殊照明。检验区应具备均匀、无影、可调控的照明设施。光源应该是可以选择的，以产生特定的照明条件。例如：色温为6500K的灯能提供良好的、中性的照明，类似于“北方的日光”；色温为5000～5500K的灯具有较高的显色指数，能模仿“中午的日光”
安全设施	应考虑建立与实验室类型相适应的特殊安全设施。若检验有气味的样品，应配备特殊的通风橱；若使用化学药品，应建立化学药品清洗点；若使用烹调设备，应配备专门的防火设施。无论何种类型的实验室，应适当设置安全出口标志

（2）评价小间

① 一般要求　许多食品感官检验要求评价人员独立进行评价。当需要评价人员独立评价时，通常使用独立评价小间以保证在评价过程中减少干扰和避免相互交流。

② 数量　根据检验区实际空间的大小和通常的检验类型确定评价小间数量，并保证检验区内有足够的活动空间和提供样品的空间。

③ 设置　推荐使用固定的小间，也可以使用临时的、移动的评价小间。若评价小间是沿着检验区和准备区的隔墙设立的，则宜在评价小间的墙上开一窗口以传递样品。窗口应该装有静音的滑动门或上下翻转门。窗口的设计应便于样品的传递并保证评价人员看不到样品准备和样品编号的过程。为了方便使用，应在准备区沿着评价小间外壁安装工作台。需要时应在合适的位置安装电器插座，以便在特定检验条件下方便使用需要的电器设备。

若评价人员使用计算机输入数据，要合理配备计算机组件，使评价人员集中精力于感官评价工作。例如，屏幕高度应适合观看，屏幕设置应使眩光最小，一般不设置屏幕保护。在令人感觉舒适的位置安置键盘和其他输入设备，并且不影响评价操作。

评价小间内宜设有信号系统，以使评价人员准备就绪时通知检验主持人，特别是准备区与检验区有隔墙分开时尤为重要。可通过开关灯打开准备区一侧的指示灯或者在送样窗口下移动卡片。样品按照特定的时间间隔提供给评价小组时例外。评价小间可标有数字或符号，以便评价人员对号入座。

④ 布局和大小　评价小间内的工作台应足够大以容纳以下物品：样品、器皿、漱口杯、水池、清洗剂、问答表、笔或计算机输入设备，同时工作台也应有足够的空间，能使评价人员填写问答表或操作计算机输入结果。

工作台长最少为0.9m，宽0.6m。若评价小间内需要增加其他设备时，工作台尺寸应相应加大。工作台要高度合适，以使评价人员舒适地进行样品评价。

评价小间侧面隔板的高度至少应超过工作台表面0.3m，以部分隔开评价员，使其专心评价。隔板也可从地面一直延伸至天花板，从而使评价人员完全隔开，但同时要保证空气流通和清洁。也可采用固定于墙上的隔板围住就座的评价员。

评价小间内应设一舒适的座位，高度与工作台表面相协调，供评价人员就座，若座位不能调整或移动，座位与工作台的距离至少为0.35m，可移动的座位应尽可能安静地移动。

评价小间内配备的水池要在卫生和气味得以控制的条件下才能使用，若评价过程中需要用水，水的质量和温度应该是可控的。抽水型水池可处理废水，但也会产生噪声。

如果相关法律法规有要求，应至少设计一个高度和宽度适合坐轮椅的残疾评价人员使用的专用评价小间。

⑤ 颜色　评价小间内部应涂成无光泽的、亮度因数为15%左右的中性灰色（如孟塞尔

色卡 N4 至 N5），当被检样品为浅色和近似白色时，评价小间内部的亮度因数可为 30%或者更高（如孟塞尔色卡 N6），以降低待测样品颜色与评价小间之间的亮度对比。

(3) 准备区

① 一般要求　准备样品的区域（或厨房）要紧邻检验区，避免评价人员进入检验区时穿过样品准备区而对检验结果造成偏差。各功能区内及各功能区之间布局合理，使样品准备的工作流程便捷高效。准备区内应保证空气流通，以利于排除样品准备时的气味及来自外部的异味。地板、墙壁、天花板和其他设施所用材料应易于维护、无味、无吸附性。准备区建立时，水、电、气装置的放置空间要有一定余地，以备将来位置的调整。

② 设施　准备区需配备的设施取决于要准备的产品类型。通常主要有：工作台；洗涤用水池和其他供应洗涤用水的设施；必要设备，包括用于样品的贮存、样品的准备和准备过程

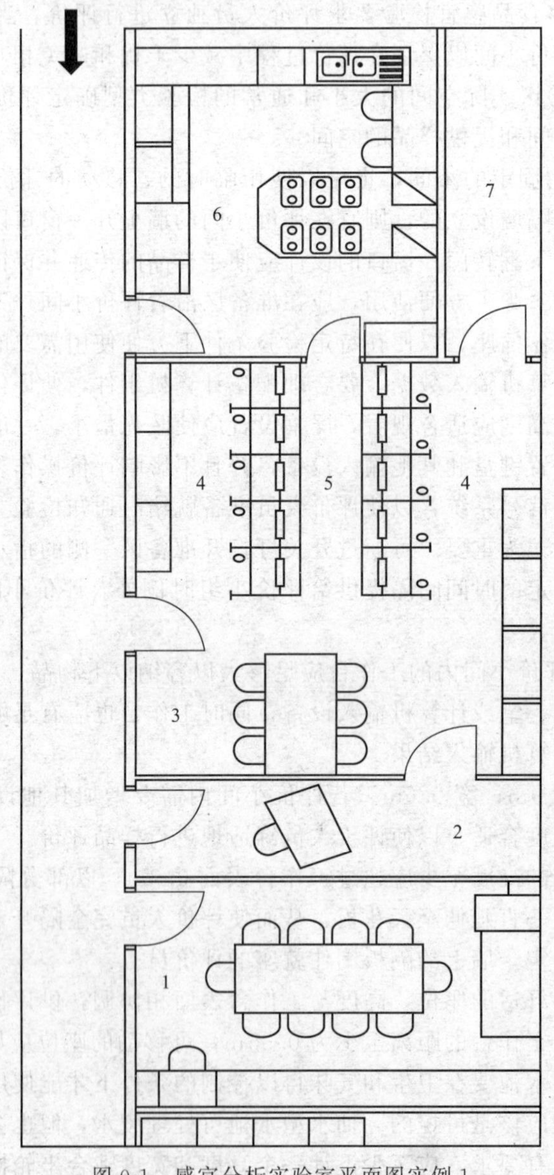

图 0-1　感官分析实验室平面图实例 1

1—会议室；2—办公室；3—集体工作区；4—评价小间；5—样品分发区；6—样品制备区；7—贮藏室

中可控的电器设备，以及用于提供样品的用具（如容器、器皿、器具等），设备应合理摆放，需校准的设备应于检验前校准；清洗设施；收集废物的容器；贮藏设施；其他必需的设施。

用于准备和贮存样品的容器以及使用的烹饪器具和餐具，应采用不会给样品带来任何气味或滋味的材料制成，以避免沾染样品。

（4）办公室

① 一般要求　办公室是感官评价中从事文案工作的场所，应靠近检验区并与之隔开。

② 大小　办公室应有适当的空间，以便进行检验方案的设计、问答表的设计、问答表的处理、数据的统计分析、检验报告的撰写等工作，需要时也能用于与客户讨论检验方案和检验结论。

③ 设施　根据办公室内需进行的具体工作，可配置以下设施：办公桌或工作台、档案柜、书架、椅子、电话、用于数据统计分析的计算器和计算机等。也可配备复印机和文件柜，但不一定放置在办公室中。

④ 辅助区　若有条件，可在检验区附近建立更衣室和盥洗室等，但应建立在不影响感官评价的地方。设置用于存放清洁和卫生用具的区域非常重要。

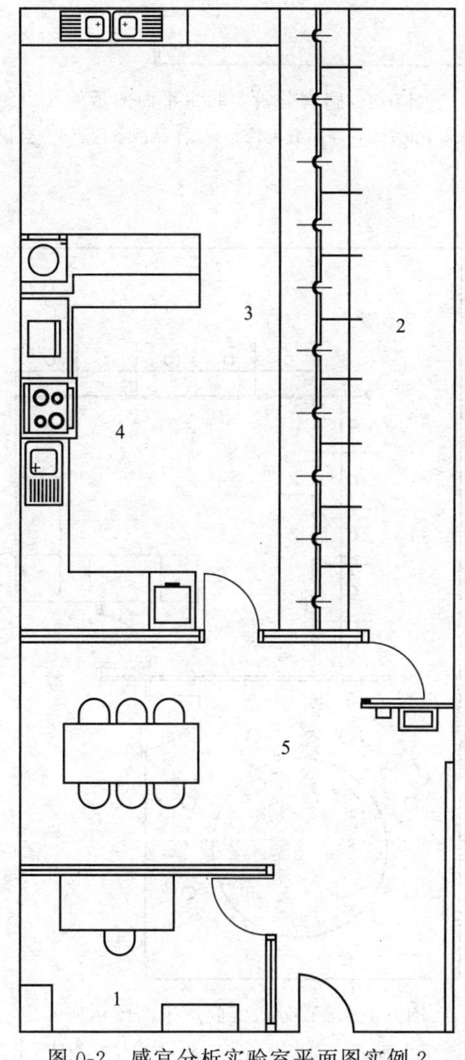

图 0-2　感官分析实验室平面图实例 2

1—办公室；2—评价小间；3—样品分发区；4—样品准备区；5—会议室和集体工作室

感官分析实验室相关的图例见图 0-1～图 0-11。

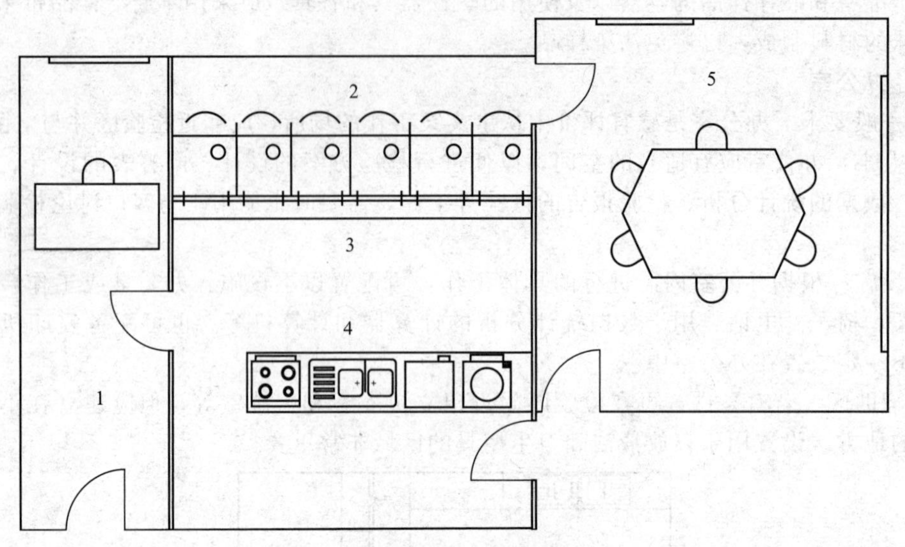

图 0-3 感官分析实验室平面图示例 3

1—办公室；2—评价小间；3—样品分发区；4—样品准备区；5—会议室和集体工作室

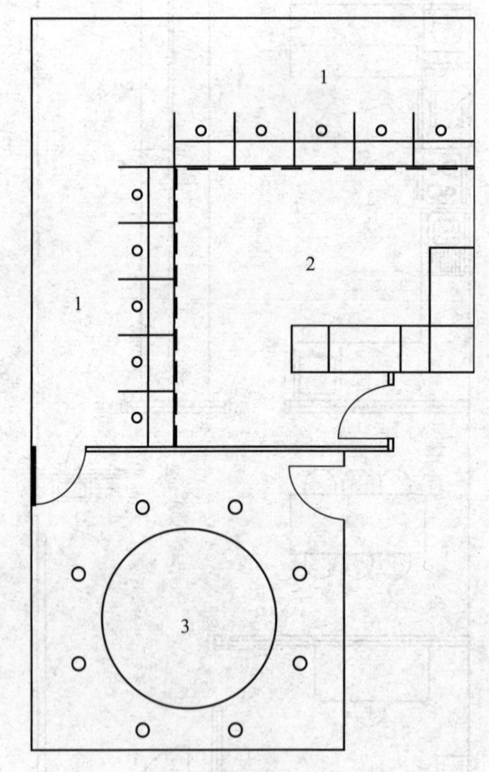

图 0-4 感官分析实验室平面图示例 4

1—评价小间；2—样品准备区；3—会议室和集体工作室

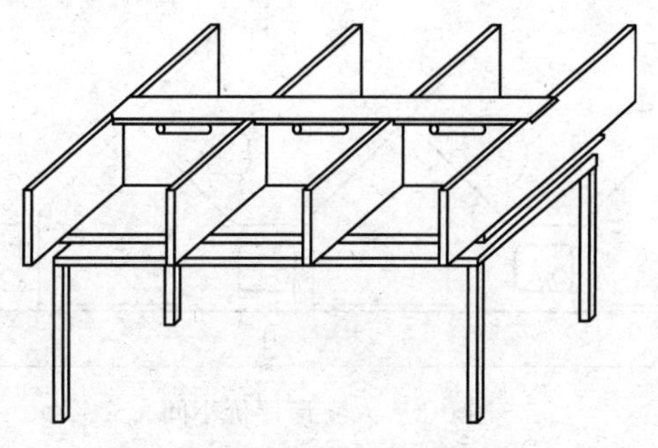

图 0-5　带有可拆卸隔板的桌子

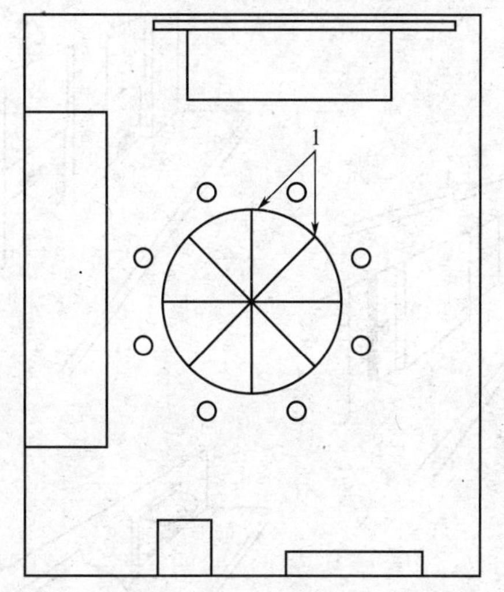

图 0-6　用于个人检验或集体工作的检验区的建筑平面图

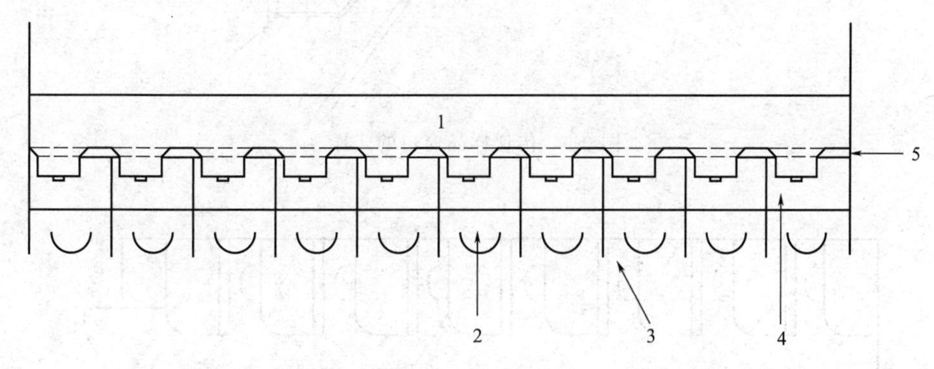

图 0-7　用隔段隔离开的评价小间和工作台平面图

1—工作台；2—评价小间；3—隔板；4—小窗；5—开有样品传递窗口的隔段

（二）感官分析评价员

1. 感官分析评价员的类型

食品感官分析实验种类繁多。各种实验对感官评价人员的要求不完全相同，而且能够参加食品感官实验的人员在感官分析上的经验及相应的训练层次也不相同。根据 GB 10221.1—2012《感官分析——术语》及 GB/T 16291.1—2012《感官分析选拔、培训与管理评价员一般导则》，评价员的类型及定义如表 0-6 所示。

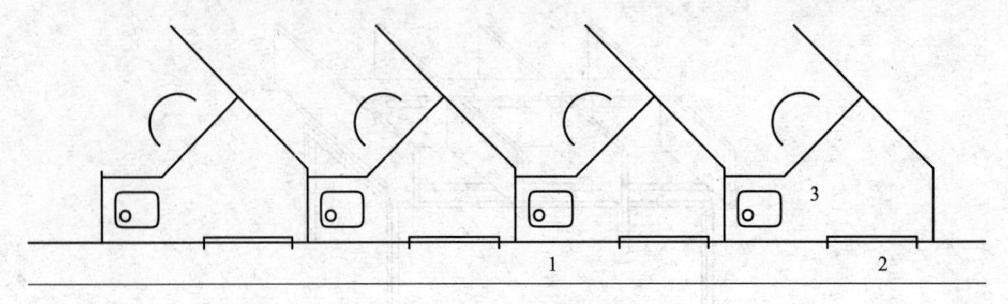

图 0-8　人字形评价小间

1—工作台；2—窗口；3—水池

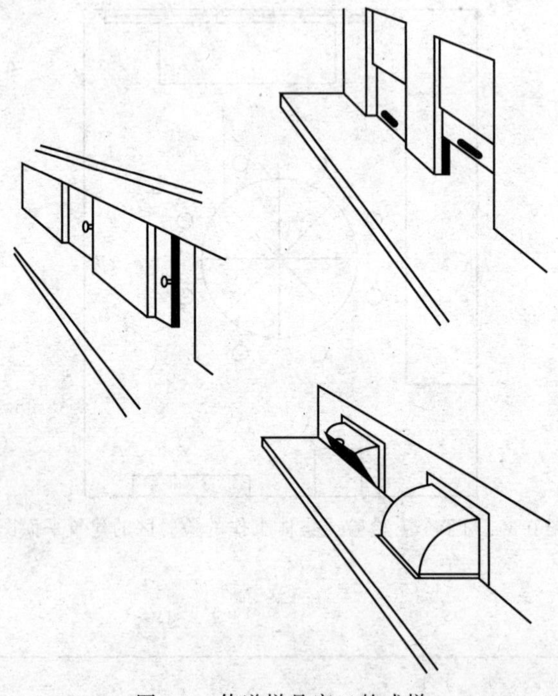

图 0-9　传递样品窗口的式样

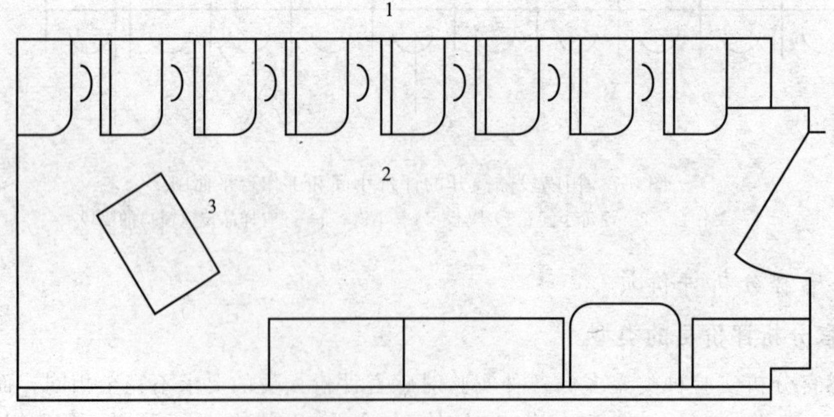

图 0-10　设立检验主持人座位的检验区

1—工作台；2—窗口；3—水池

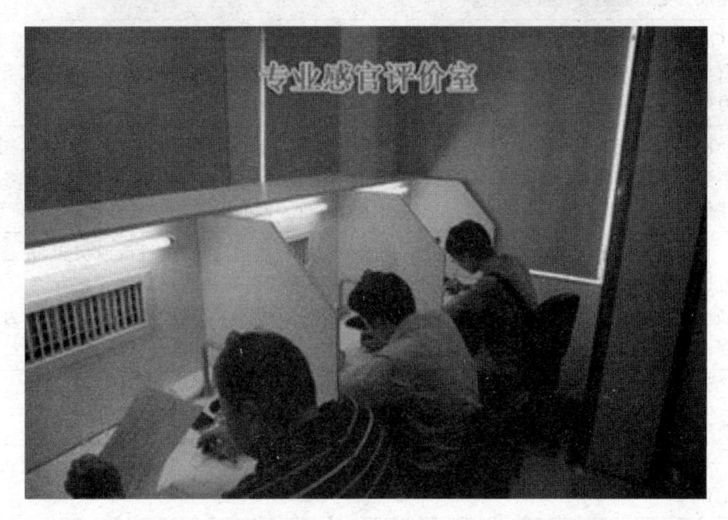

图 0-11　评价小间实例

表 0-6　感官分析评价员的类型

评价员类型	定　　义
评价员	参加感官分析的人员
准评价员	尚不符合特定准则的人员
初级评价员	已参加过感官检验的人员
优选评价员	挑选出的具有较强感官分析能力的评价员
专家	据自己的知识或经验，在相关领域中有能力给出感官分析结论的评价员。在感官分析中有两种类型的专家，即专家评价员和专业专家评价员
专家评价员	具有高度的感官敏感性、经过广泛的训练并具有丰富的感官方法学经验，能够对所设计领域内的各种产品做出一致的、可重复的感官评价的优选评价员

2. 评价员的初选

(1) 目的　初选包括报名、填表、面试等阶段，目的是淘汰那些明显不适合作感官分析评价员的候选者。初选合格的候选评价员将参加筛选检验。

(2) 人数　参加初选的人数一般应是实际需要的评价员人数的 2～3 倍。

(3) 人员基本情况　选择候选人员就是感官检验组织者按照制定的标准和要求在能够参加实验的人员中挑选合适的人选。食品感官分析实验根据实验的特性对感官分析评价实验的人员提出不同的标准和要求。组织者可以通过调查问卷方式或者面谈来了解和掌握每个人的情况。表 0-7 中列出了挑选各类型感官评价人员都必须考虑的几个因素，组织者应了解候选评价员以下情况并依此决定候选评价员是否参加筛选检验。

表 0-7　候选评价员基本情况调查

项目	内　　容
兴趣和动机	那些对感官分析工作以及被调查产品感兴趣的候选人，比缺乏动机和兴趣的候选人可能更有积极性并成为更好的感官评价员
对食品的态度	应确定候选评价员厌恶的某些食品或饮料，特别是其中是否有将来可能评价的对象，同时应了解是否由于文化上、种族上或其他方面的原因而不食用某种食品和饮料，那些对某些食品有偏好的人常常会成为好的描述性分析评价员
知识和才能	候选人应能说明和表达出第一感知，这需要具备一定的生理和才智方面的能力，同时具备思想集中和不受外界影响的能力。如果只要求候选评价员评价一种类型的产品，掌握该产品各方面的知识则利于评价，那么就有可能从对这种产品表现出感官评价才能的候选人中挑选出专家评价员
健康状况	要求候选评价员健康状况良好，没有影响他们感官的功能缺失、过敏或疾病，并且未服用损害感官能力进而影响感官判定可靠性的药物。戴假牙者不宜担任某些质地特性的感官评价，因为假牙能影响对某些质地味道等特性的感官评价。但感冒或某些暂时状态（例如怀孕等）不应成为淘汰候选评价员的理由
表达能力	在选拔描述性检验员时，候选人表达和描述感觉的能力特别重要。这种能力可在面试和筛选检验中显示出来，在选拔描述检验的候选评价员时要特别重视这方面的能力
可用性	候选评价员应能参加培训和持续的感官评价工作。那些经常出差和工作繁重的人不宜从事感官分析工作
个性特点	候选评价员应在感官分析工作中表现出兴趣和积极性。能长时间集中精力工作，能准时参加评价会并在工作中表现出诚实可靠
其他因素	例如姓名、年龄组、性别、国籍、教育背景、现任职务和感官分析经验。吸烟习惯等资料也要记录，但不作为淘汰候选评价员的理由

(4) 获得人员基本情况的途径 候选评价员的有关情况可通过填写各种询问单及面谈获得。询问单的设计应能提供尽量多的信息、应能满足组织者的需要、应能识别出不合格人选、应容易理解、应容易回答。

3. 候选评价员的筛选

候选评价员的面试可提供一个双向交流的机会，候选评价员可以询问有关的问题，接见者可以谈谈有关感官评价程序以及对候选评价员期望的条件等问题。面谈可收集询问单中没有反映出的问题，从而可获得更多的信息。为了使面谈更富有成效，应注意以下几点：

① 接见者应具有感官分析的丰富知识和经验；

② 面谈之前接见者应准备所有要询问的问题和要点；

③ 接见者应创造一个轻松的气氛；

④ 接见者应认真听取并做记录；

⑤ 所问问题的顺序应有逻辑性。

此外，品评员在对进行比较的产品中，总体感官差异与特定感官性质差异进行评价和分析时经常会用到差别检验法，此法特别适用于容易混淆的刺激、产品或者产品的感官性质的分析。它的分析基于频率和比率的统计学原理，根据能够正确挑选出产品差别的受试者的比率来推算出两种产品是否存在差异。差别检验方法广泛应用于食品配方设计、产品优化、成本降低、质量控制、包装研究、货架寿命、原料选择等方面的感官评价。

检验方法包括：定向成对比较检验、三点检验、排序检验等。

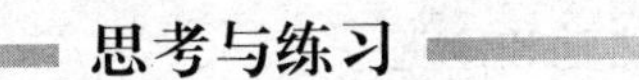

思考与练习

1. 什么是食品感官评定？它有何实际意义？
2. 要执行一项感官检验，需要完成的任务有哪些？
3. 食品感官检验与其他分析方法有什么关系？
4. 食品感官检验的类型有哪些？
5. 如何对感官检验方法进行选择？

项目一 食品感官检验基础训练

背景知识

一、关于感觉

1. 感觉的定义及分类

感觉是生物（包括人类）认识客观世界的本能，是外部世界通过机械能、辐射能或化学能刺激到生物体的受体部位后，在生物体中产生的印象和（或）反应。人类具有多种感觉，这些感觉对外界的化学及物理变化会产生反应。早在两千多年前，人类就将感觉分成五种基本感觉：味觉、嗅觉、视觉、听觉和触觉。除了五种基本感觉外，人类可辨认的感觉还有痛觉、温度觉和疲劳觉等多种感觉，感觉受体可按下列不同的情况分类。

① 机械能受体：听觉、触觉、压觉和平衡。

② 辐射能受体：视觉、热觉和冷觉。

③ 化学能受体：味觉、嗅觉和一般化学感。

在人类产生感觉的过程中，感觉器官直接与客观事物特性相联系。不同的感官对于外部刺激有较强的选择性。感官由感觉受体或一种对外界刺激有反应的细胞组成，这些受体物质获得刺激后，能将这些刺激信号通过神经传导到大脑。感官通常具有下面几个特征：

① 一种感官只能接受和识别一种刺激；

② 只有刺激量在一定范围内才会对感官产生作用；

③ 某种刺激连续施加到感官上一段时间后，感官会产生疲劳、适应现象，感觉灵敏度随之明显下降；

④ 心理作用对感官识别刺激有影响；

⑤ 不同感官在接受信息时会相互影响。

2. 感觉阈值

感官或感受体并不是对所有变化都会产生反应，只有当引起感受体发生变化的外部刺激处于适当范围内时，才能产生正常的感觉。刺激量过大或过小都会造成感受体无反应而不产生感觉或反应过于强烈而失去感觉。例如，人眼只对波长为 380～780nm 的光波产生的辐射能量变化有反应。因此，对各种感觉来说都有一个感受体所能接受的外界刺激变化范围。这种感官或感受体所能接受范围的上下限和对这个范围内最微小变化感觉的灵敏度即感觉阈值。依照测量技术和目的的不同，可以将各种感觉的感觉阈分为两种：绝对阈和差别阈，如表 1-1 所示。

表 1-1　感觉阈分类

分类	定　义
绝对阈（识别阈）	指刚刚能引起感觉的最小刺激量和刚刚导致感觉消失的最大刺激量，称为绝对感觉的两个阈限。低于该下限值的刺激称为阈下刺激，高于该上限值的刺激称为阈上刺激，而刚刚能引起感觉的刺激称为刺激阈或察觉阈。阈下刺激或阈上刺激都不能产生相应的感觉
差别阈	指感官所能感受到的刺激的最小变化量。差别阈不是一个恒定值，它会随一些因素的变化而变化

二、感觉的基本规律

1. 适应现象

它是经常发生在感官上的一种现象。当一种刺激长时间施加在一种感官上后，该感官就会产生适应现象。例如，刚刚进入出售新鲜鱼品的水产店时，会嗅到强烈的鱼腥味，随着在店里逗留时间的延长，所感受到的鱼腥味渐渐变淡。对长期工作在鱼店的人来说甚至可以忽略这种鱼腥味的存在。

2. 对比现象

它包括对比增强现象和对比减弱现象。对比增强现象是指当两个刺激同时或连续作用于同一个感受器官时，由于一个刺激的存在造成另一个刺激增强的现象。例如，在15g/100mL浓度蔗糖溶液中加入17g/L浓度的氯化钠后，会感觉甜度比单纯的15g/100mL蔗糖溶液要高。与对比增强现象相反，若一种刺激的存在减弱了另一种刺激，称为对比减弱现象。例如，在吃过山楂后再吃糖，会觉得糖没那么甜。

3. 协同效应和拮抗效应

协同效应是指当两种或两种以上的刺激同时施加时，感觉水平超出每种刺激单独作用效果叠加的现象。例如，20g/L的味精和20g/L的核苷酸共存时，会使鲜味明显增强，增强的强度超过20g/L味精单独存在的鲜味与20g/L核苷酸单独存在的鲜味的加和。

拮抗效应是指由于某种刺激的存在导致另一种刺激的减弱或消失，称为阻碍作用或拮抗作用。例如，在食用过神秘果后，再食用带酸味的物质，会感觉不出酸味的存在。

4. 掩蔽现象

当两个刺激先后施加时，一个刺激造成另一个刺激的感觉发生本质的变化的现象，称为掩蔽现象。例如，尝过氯化钠或奎宁后，即使再饮用无味的清水也会感觉有甜味。

三、感官检验的影响因素

影响食品感官检验的因素有温度、检验者的年龄和生理情况等。具体情况见表1-2。

表 1-2　感官检验的影响因素

因素	内容	举例
温度	理想的食物温度因食品的不同而异，以体温为中心，一般在±(25～30)℃内	在35℃的气温下，6℃左右的啤酒更显可口。 热菜的温度最好在60～65℃，冷菜则最好在10～15℃
年龄	随着人的年龄的增长，各种感觉阈值都在升高，敏感程度下降，对食物的嗜好也有很大的变化	幼儿喜欢高甜味，初中生、高中生喜欢低甜味，以后随着年龄的增长，对甜味的要求逐步上升
生理	人的生理周期对食物的嗜好也有很大的影响，许多疾病也会影响人的感觉敏感度	平时觉得很好吃的食物，在特殊时期（如妇女的妊娠期）会有很大变化

任务一　制备及呈送样品

【任务目标】

1. 了解样品制备的注意事项；
2. 了解样品呈送常用的中间载体；
3. 能对样品进行正确编号；
4. 能制备用于感官检验的样品。

【任务描述】

某饮品公司一直使用一种含有转基因成分的甜橙香味物质，但欧洲市场最近规定，转基因成分需要在食品成分表中标出。为了防止消费者产生抵触情绪，某公司决定使用一种不含转基因成分的甜橙香味物质，但初步实验表明，不含转基因成分的物质可能甜橙香味没有原来浓，现在研究人员想知道这两种香味物质的甜橙香气是否有所差别。

该工作任务的目的是对含转基因成分和不含转基因成分的两种甜橙香味物质赋予产品甜橙香味特征的相对能力进行测量，检验员要制备样品并合理编号，呈送样品。国标方法为 GB/T 10220—2012《感官分析方法学总论》。

知识准备

一、样品的制备和要求

1. 抽样方法

（1）大容量容器的取样　如果产品是由大槽或槽车等大容量容器盛装，在每个大容量容器内，从上层表面算起，取出 1/10 总深度、1/3 总深度、1/2 总深度、2/3 总深度、9/10 总深度的 5 个局部样品，把在每个容器内所取得的 5 个局部样品集中起来混合均匀，再从中取出 3 个有代表性的样品。

（2）一般容器的取样　如果产品是由桶、坛、罐或瓶子盛装，应按表 1-3 中所列取样容器的最低数，分别从每个容器中取出不同深度的样品，然后集中混合均匀，再从其中抽取 3 个有代表性的样品。

表 1-3　取样数量表

委托分析容器总数/个	取样容器的最低数/个
1～3	每个容器
4～20	3
21～60	4

续表

委托分析容器总数/个	取样容器的最低数/个
61～80	5
81～120	6
120以上	每20个容器取1个

2. 抽样要求

应按照有关抽样标准抽样。在无抽样标准情况下有关方面应协商一致，要使被抽检的样品具有代表性，以保证抽样结果的合理性。在进行感官分析实验时，最好每组实验的样品个数为4～8个，每评价一组样品后，应间歇一段时间再评下一组。样品的数量应依据实验方法和样品种类的不同而定，通常固体样品数量为30～40g，液体样品数量为30mL左右。

3. 样品的制备

样品的制备方法应根据样品本身的情况以及所关心的问题来定。例如，对于正常情况熟吃的食品就按通常方法制备并趁热检验；片状产品检验时不应将其均匀化；尽可能使分给每个评价员的同种产品具有一致性；对风味做差别检验时应掩蔽其他特性，以避免可能存在的交互作用；对同种样品的制备方法应一致，例如，相同的温度、相同的煮沸时间、相同的加水量、相同的烹调方法等；样品制备过程应保持食品的风味，不受外来气味和味道的影响。表1-4列出了几种样品在感官检验时的最佳呈送温度。

表1-4　几种样品在感官检验时的最佳呈送温度

食品种类	最佳温度/℃	食品种类	最佳温度/℃
啤酒	11～15	食用油	55
白葡萄酒	13～16	肉饼、热蔬菜	60～65
乳制品	18～20	汤	68
红葡萄酒、餐味葡萄酒	15	面包、糖果、鲜水果、咸肉	室温
冷冻橙汁	10～13		

二、样品的编号与呈送

样品应编码，例如用随机的三位数字编码并随机地分发给评价员，避免因样品分发次序的不同影响评价员的判断。三位随机数字表见附录六，表内任何号码的出现都有同等的可能性。利用该表抽取样本时，可大幅度简化抽样的烦琐程度。

为防止产生感官疲劳和适应性，一次评价样品的数目不宜过多。具体数目将取决于检验的性质及样品的类型。评价样品时要有一定时间间隔，应根据具体情况选择适宜的检验时间。一般选择上午或下午的中间时间，因为这时评价员敏感性较高。呈送样品时应保证样品在每个位置出现的概率相同，提供给每位品评员的样品编号和品评顺序都应不同。

三、常用的中性载体

对于具有浓郁气味的产品（如香料和调味品）和特别浓的液体产品（如糖浆和某些提取液），不能直接品评，需要用中性载体进行稀释。根据检验的需要，通过处理制备，使样品的某一感官特性能直接评估。

载体及其用量的选择必须避免样品所测特性的改变，即不会产生拮抗作用或协同作用。常用的中性载体有：牛奶、油、面条、大米饭、馒头、菜泥、面包、乳化剂和奶油等。这里存在两种情况：

1. 评估样品本身的性质

方法一：与化学组分确定的物质混合。根据实验目的，确定稀释载体最适宜的温度。将均匀定量的样品用一种化学组分确定的物质（如水、乳糖、糊精等）稀释或在这些物质中分散样品。每一个实验系列的每个样品使用相同的稀释倍数或分散比例。由于这种稀释可能改变样品的原始风味，因此配制时应避免改变其所测特性。当确定风味剖面时，对于相同样品有时推荐使用增加稀释倍数和分散比例的方法。

方法二：添加到中性的食品载体中。在选择样品和载体混合的比例时，应避免两者之间的拮抗或协同效应。将样品定量地混入选用的载体中或放在载体上面。在检验系列中，被评估的每种样品应使用相同的样品/载体比例。根据分析的样品种类和实验目的选择制备样品的温度，但评估时，同一检验系列的温度应与制备样品的温度相同。

2. 评估食物制品中样品的影响

方法三：添加到复杂的食品载体中。一般情况下，使用的是一个较复杂的制品，样品混于其中。在这种情况下，样品将与其他风味竞争。在同一检验系列中评估的每个样品使用相同的样品/载体比例。制备样品的温度应与评估时的正常温度相同（例如冰淇淋处于冰冻状态），同一检验系列的样品温度也应相同。

表 1-5 列出了常见不能直接进行感官分析的食品通常实验方法及条件。

表 1-5　不能直接进行感官分析的食品通常实验方法及条件

样品	实验方法	器皿	数量及载体	温度
果冻片	P	小盘	夹于 1/4 三明治中	室温
油脂	P	小盘	一个炸面包圈或 3～4 个油炸点心	烤热或油炸
果酱	D、P	小杯和塑料匙	30g 夹于淡饼干中	室温
糖浆	D、P	小杯	30g 夹于威化饼干中	32℃
芥末酱	D	小杯和塑料匙	30g 混于适宜肉中	室温
色拉调料	D	小杯和塑料匙	30g 混于蔬菜中	60～65℃
奶油沙司	D、P	小杯	30g 混于蔬菜中	室温
卤汁	D	150mL 带盖杯，不锈钢匙	30g 混于土豆泥中	60～65℃
	DA		60g 混于土豆泥中	65℃
火腿胶冻	P	小杯、碟或塑料匙	30g 与火腿丁混合	43～49℃
酒精	D	带盖小杯	4 份酒精加 1 份水混合	室温
热咖啡	P	陶瓷杯	60g 加入适宜乳、糖	65～71℃

注：D 表示辨别检验；P 表示嗜好检验；DA 表示描述检验。

任务实施

一、准备工作

1. 记录

记录内容包括：样品的来源（名称、制造商、生产日期等）、实验所需样品数量（要求来源一致）、贮存条件（时间、地点、温度、湿度）。

2. 工具

锥形瓶、具塞棕色小瓶、天平、量筒、小烧杯、小托盘、温度计、标签纸、废液缸、餐巾纸、纯净水。

3. 样品

两种甜橙香味物质。

二、样品的制备

① 含有转基因成分的甜橙香味物质和不含有转基因成分的甜橙香味物质分别取样，从1批容器或1个容器中取出在质量上和组成上都具有代表性的样品，以便进行感官评价。

② 室温时是液体的甜橙香味物质，在室温中即可把它注入锥形瓶中，装入量不超过该容器体积的2/3。在室温下是固体的甜橙香味物质，则应置于烘箱内，控制在合适的温度进行液化，然后灌装。在以后操作中，始终使精油保持处于液态的最低温度。两种样品分别用A、B标注。

③ 取锥形瓶中2种甜橙香味物质，用纯净水制成0.5%～1%的水溶液后，分装到棕色具塞小瓶中，并分别在装有两种不同样品的小瓶底部分别贴上A、B标签。

④ 根据随机号码表，选取号码写在标签纸上并贴在装有两种样品的棕色具塞小瓶上。每个样品给出4个编码，以备4组检验之用。

三、样品呈送

1. 确定呈送顺序

根据附录六随机数字表，确定呈送顺序，按呈送顺序排列4组，组合顺序应为AB、BA、AA、BB。

2. 记录

将样品呈送顺序记录在事先准备好的表格中。

3. 呈送样品

将每组的2个样品按随机排列好的顺序码放在托盘中，共4盘，分别呈送给品评员。

任务思考

1. 何种情况下需采用中性载体？

2. 样品编号与呈送中有哪些注意事项？

知识拓展

食品感官分析的组织和管理

食品感官鉴评应在专人组织指导下进行。该组织者必须具有良好的感官识别能力和专业知识水平，熟悉多种实验方法，并能根据实际问题正确地选择实验方法和设计实验方案。根据实验目的的不同，组织者可组织不同的感官鉴评小组，通常感官鉴评小组由生产厂家、实验室、协作会议及地方性和全国性评优组织召集。

① 生产厂家所组织的鉴评小组是为了改进生产工艺、提高产品质量和加强原材料及半成品质量而建立。

② 实验室组织是为开发、研制新产品的需要而设置的。

③ 协作会议组织是为各地区之间同行业经验交流、取长补短、改进和提高本行业生产工艺及产品质量而自发设置的。

④ 产品评优组织的主要任务是评选地方和国家级优质食品，通常由政府部门召集组织。它的鉴评员应该具有广泛的代表性，要包括生产部门、商业销售部门和消费者代表及富有经验的专家型鉴评员，并且要考虑代表的地区分布，避免地区性和习惯性造成的偏差。

⑤ 对生产厂家和研究单位（实验室）组织的鉴评员除具有市场嗜好调查外，一般都如前面介绍的鉴评人员来源于本企业或本单位，协作会议组织的鉴评员来自各协作单位，都应是生产行家。

任务二　味觉的敏感度测定

【任务目标】

1. 了解味觉的基本概念和分类；
2. 了解味觉的产生过程及影响因素；
3. 能够对四种基本味觉的敏感度进行测定。

【任务描述】

某企业拟通过感官评定实验对候选人员进行酸、甜、苦、咸四种基本味觉的敏感度测定，以期选出味觉灵敏的评价员。作为实验组织者应如何设计并组织开展实验。

该工作任务的目的是设计感官评价实验来确定候选者的味觉功能是否正常。可采用相应的敏感性检验来完成。通过向评价员提供不同味感的溶液及浓度递增的样品，品尝后记录味感。国标方法为GB/T 12312—2012《感官分析味觉敏感度的测定方法》。

知识准备

味觉是人的基本感觉之一，一直是人类对食物进行辨别、挑选和决定是否予以接受的主要因素之一，同时由于食品本身所具有的风味对相应味觉的刺激，人类在进食的时候产生相应的精神享受。长期以来，人们提出了作为味觉类别的各种感知特性，但有一点不变，即4种味觉在绝大多数情况下是足够了，这些典型的味觉是指甜、咸、酸和苦。人们还提议把其他一些味觉加入这一组基本味觉类别中，主要有金属味、涩味和鲜味。鲜味是由谷氨酸单钠刺激产生的一种口腔感觉，涩味是一种化学引起的触觉的复合感觉，金属味很难理解，有时它可以表达为甜味剂（如乙酰磺胺酸钾）的副口味，有时它也是一种表述符，用于表述特定的病理复发性幻觉味觉紊乱和烧嘴综合征。关于4种典型味觉对于描述所有的味觉是否充分，现在仍在争论中，但对大多数味觉体验给予了充分的表述，并提供了对实际感官评价相当有用的普通参照材料。传统的味觉分类促进了对于发现营养或危险物质存在的信号功能，如甜味中的碳水化合物的能量源、咸味中的钠、酸和苦的感觉可能会引起对酸类或毒素危险的警觉。现在普遍接受的机理是：呈味物质分别以质子键、离子键、氢键和范德华力形成4类不同化学键结构，对应酸、咸、甜、苦4种基本味。

任务实施

一、品评方案设计

1. 四种基本味的识别

制备甜（蔗糖）、咸（氯化钠）、酸（柠檬酸）和苦（咖啡碱）四种呈味物质的两个或三个不同浓度的水溶液，按规定号码排列顺序。然后，依次品尝各样品的味道，辨别四个杯子中分别装的是什么味感的溶液。

2. 四种基本味的阈值实验

制备一种呈味物质（蔗糖、氯化钠、柠檬酸或者咖啡碱）的一系列浓度的水溶液。然后，按浓度增加的顺序依次品尝，以确定这种味道的觉察阈，并要求品评人员辨别后由低至高排出浓度顺序。

二、品评步骤

1. 味觉鉴别实验

(1) 实验准备

① 实验用具　烧杯、漱口杯、吐液杯、托盘、记号笔、250mL容量瓶4个、500mL容量瓶10个、50mL烧杯10个、100mL烧杯1个、500mL烧杯1个、5mL移液管2支、10mL移液管2支、20mL移液管2支、50mL移液管2支、25mL量筒1个、50mL量筒1个、电子天平、洗瓶、滴管、吸耳球、漏斗、药匙。

② 实验试剂　水、蔗糖储备液、氯化钠储备液（0.08g/100mL和0.15g/100mL）、柠檬酸储备液、咖啡因储备液。按表1-6规定制备四种味感物质储备液。按表1-7稀释储备液，配置每种基本味道溶液。

③ 编号　将水及四种基本味觉稀释液各30mL加入事先用随机编号法进行编号的10个烧杯中。

④ 呈送　将10杯试样放在托盘中，以随机顺序从左到右依次呈送给品评员。需为每位品评员准备两组试液。

表 1-6　四种基本味储备液

基本味道	参比物质		浓度/(g/L)
酸	DL-酒石酸(结晶) 柠檬酸(一水化合物结晶)	M=150.1 M=210.1	2 1
苦	盐酸奎宁(二水化合物) 咖啡因(一水化合物结晶)	M=196.9 M=212.12	0.020 0.200
咸	无水氯化钠	M=58.46	10
甜	蔗糖	M=342.3	20

注：1. M 为物质的分子量。

2. 酒石酸和蔗糖溶液，在实验前几小时配制。

3. 试剂均为分析纯。

表 1-7　四种基本味稀释液浓度及识别的编码排列

样品	基本味	呈味物质	实验溶液/(g/100mL)	样品	基本味	呈味物质	实验溶液/(g/100mL)
A	酸	柠檬酸	0.02	F	甜	蔗糖	0.60
B	甜	蔗糖	0.40	G	苦	咖啡碱	0.03
C	酸	柠檬酸	0.03	H	—	水	
D	苦	咖啡碱	0.02	J	咸	NaCl	0.15
E	咸	NaCl	0.08	K	酸	柠檬酸	0.04

⑤ 记录　将样品种类、浓度、编号记录在事先准备好的准备表中，见表 1-8。

表 1-8　四种基本味觉训练实验准备表

编号：________　评价员：________　实验日期：________

第一次	物质	浓度	试液编号	第二次	浓度	试液编号
1				1		
2				2		
3				3		
…				…		
10				10		

(2) 测定　评价员先用清水漱口，之后按随机提供的顺序喝一小口试液含于口中，并做口腔运动，让试液接触到整个舌头。辨别味道后，将试液吐到吐液杯中，并用清水漱口。品尝后，填写记录表 1-9。更换试液，重复上述实验步骤。

表 1-9　四种基本味测定记录

编号：________　评价员：________　实验日期：________

第一次	试液编号	味觉	第二次	试液编号	味觉
1			1		
2			2		
3			3		
…			…		
10			10		

2. 味感阈值实验

(1) 实验准备

① 实验用具　烧杯 31 个、漱口杯、吐液杯、托盘、记号笔、250mL 容量瓶 1 个、100mL 容量瓶 9 个、50mL 烧杯 9 个、100mL 烧杯 1 个、5mL 移液管 1 支、10mL 移液管 2 支、20mL 移液管 4 支、50mL 移液管 2 支、25mL 量筒 1 个、电子天平、洗瓶、滴管、吸球、漏斗、药勺、玻璃棒。

② 实验试剂　水、氯化钠储备液（10g/100mL）、氯化钠实验系列试液（0.00g/100mL、0.02g/100mL、0.04g/100mL、0.06g/100mL、0.08g/100mL、0.10g/100mL、0.12g/100mL、0.14g/100mL、0.16g/100mL、0.18g/100mL、0.20g/100mL）。

③ 编号　将稀释后的氯化钠实验系列试液各 15mL 倒入事先用随机编号法进行编号的 11 个烧杯中。

④ 呈送　将 11 杯试样放在托盘中，按照浓度由低到高的顺序从左到右依次呈送给品评员，以避免对评品员的心理干扰。需为每位品评员准备两组试液，以备平行实验。

⑤ 记录　将样品种类、浓度、编号记录在事先准备好的准备表中，见表 1-10。

表 1-10　味阈实验准备表

编号：________　　评价员：________　　实验日期：________

物质	氯化钠										
序号	1	2	3	4	5	6	7	8	9	10	11
浓度											
编号											

(2) 测定　品评员以纯净水作为对照，按从低到高的浓度进行排序，依次品尝。先用清水漱口，将一小口（约 15mL）试液含于口中，在口中停留一段时间并做口腔运动，让试液接触到整个舌头。辨别味道后，将试液吐到吐液杯中，并用清水漱口。品尝后按表 1-11 及表 1-12 填写记录。依据咸味阈值测定实验，依次做甜、酸、苦等另外三种味觉的阈值测定实验。

表 1-11　咸味反应记录表

咸味刺激阈的测定

姓名：________　样品：________

问题：您会拿到一系列浓度的咸味样品。这些样品按照浓度的增加顺序排列。首先用对照水来漱口以适应它的味道。不要吞咽样品。按照从左到右的顺序对这些样品依次进行评估，不允许再次评估。

请用下面的符号打分：

－：无味；＋：味道感知（刺激阈）

样品顺序	水	1	2	3	4	5
样品编号		123	324	243	112	567
回答						

表 1-12　咸味反应记录总表

浓度/(g/100mL)	测定人数(或人数)													
	1	2	3	4	5	6	7	8	9	10	11	12	13	14
0.00														
0.02														
0.04														
0.06														
0.08														
0.10														
0.12														
0.14														
0.16														
0.18														
0.20														
阈值														

注：阈值以“－”到出现“＋”所对应的两者浓度的平均值来确定。

(3) 数据处理

$$\overline{X}=\frac{\sum X_i}{R} \tag{1-1}$$

式中　$\overline{X}$——平均刺激阈值，g/L；

X_i——第 i 个人的刺激阈，g/L；

R——品评员人数。

三、品评结果分析及优化

根据评价员的品评结果，统计该评价员的觉察阈、识别阈和差别阈值，确定候选者的味觉功能是否正常。

注意事项：

① 要求评价员细心品尝每种溶液，如果溶液不咽下需含在口中停留一段时间。每次品尝后用水漱口，如果要再品尝另一种味液，需等待 1min 后再品尝。

② 实验期间样品和水温尽量保持在 20℃。

③ 实验样品的组合，可以是同一浓度系列的不同味液样品，也可以是不同浓度系列的同一味感样品或二三种不同味感样品，每批次样品数一致。

④ 样品以随机数编号，无论以哪种组合，各种浓度的实验溶液都应被品评过，浓度顺序应从低浓度逐步到高浓度。

任务思考

1. 常说的味觉包括哪四种？
2. 味觉是如何产生的？

任务三　嗅觉辨别实验

【任务目标】

1. 了解嗅觉基本知识；
2. 了解两种典型的气味分类法；
3. 能够对不同气味进行辨别，掌握匹配实验的方法。

【任务描述】

某企业拟通过基础测试、辨香测试、等级测试和配对实验检验候选评价员对于不同气味的嗅觉辨别能力。作为实验组织者应如何设计并组织开展实验。

该工作任务的目的是设计感官评价实验来确定候选者的嗅觉功能是否正常。可采用基础测试、辨香测试、等级测试、配对实验完成。通过向评价员提供样品，就香味类型程度等在报告上作答并用专业术语描述。

知识准备

鼻腔是人类感受气味的嗅觉器官，在鼻腔上部有一块对气味异常敏感的区域，称为嗅感区或嗅裂。嗅感区内的嗅黏膜是嗅觉感受体。空气中气味物质的分子在呼吸作用下，首先进入嗅感区吸附和溶解在嗅黏膜表面，进而扩散至嗅毛，被嗅细胞所感受，然后嗅细胞将所感受到的气味刺激通过传导神经以脉冲信号的形式传递到大脑，从而产生嗅觉。

按通常的概念，气味就是“可以闻到的物质”。有些物质人类嗅不出气味，但某些动物能嗅出其气味，这类物质按上述定义就很难确定是否为气味物质。有些学者根据气味被感觉的过程给气味提出一个现象学上的定义，即“气味是物质或可感受物质的特性”。海宁(Henning) 曾提出过气味的三棱体概念，他所划分的六种基本气味分别占据三棱体的六个角（见图 1-1）。海宁相信所有气味都是由这六种基本气味以不同比例混合而成的，因此每种气味在三棱体中有各自的位置。除此之外，还有一些按气味分子外形和电荷大小或按气味在一定温度下蒸气压大小进行分类的方法。所有这些方法都存在一些缺陷，不能准确而全面地对所有气味进行划分。表 1-13 为两种典型的气味分类法。

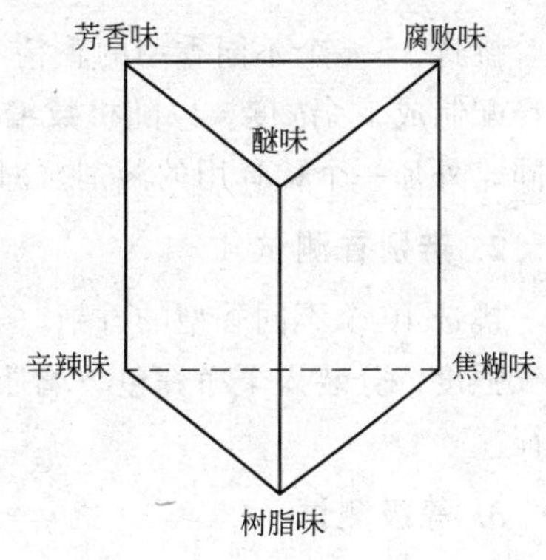

图 1-1　气味三棱体

表 1-13　两种典型的气味分类法

索额底梅克(Zwardemaker)分类法		舒茨(Schutz)分类法	
气味类别	实例	气味类别	实例
芳香味	樟脑、柠檬醛	芳香味	水杨酸甲酯
香脂味	香草	羊脂味	乙硫醇

续表

索额底梅克(Zwardemaker)分类法		舒茨(Schutz)分类法	
刺激辣味	洋葱、硫醇	醚味	1-丙醇
羊脂味	辛酸、奶酪	甜味	香草
恶臭味	粪便	腐败味	丁酸
腐败味	某些茄属植物气味	油腻味	庚醇
		焦煳味	愈疮木酚
醚味	水果味、醋酸	金属味	己醇
焦煳味	吡啶、苯酚	辛辣味	苯甲酸

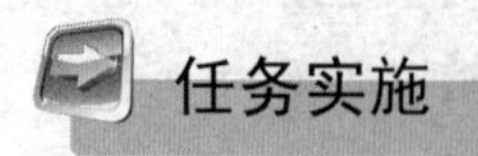

任务实施

一、品评方案设计

通过基础测试、辨香测试、等级测试和配对实验检验候选评价员的嗅觉辨别能力。嗅觉的个体差异很大，有嗅觉敏锐者和迟钝者。嗅觉敏锐者也并非对所有气味都敏锐，因不同气味而异，且易受身体状况和生理的影响。

二、品评步骤

1. 基础测试

挑选3～4个不同香型的香精（如柠檬、苹果、茉莉、玫瑰），用无色溶剂（如丙二醇）稀释配制成1%浓度。以随机数编码，让每个评价员得到4个样品，其中有两个相同，一个不同，外加一个稀释用的溶剂（对照样品）。

2. 辨别香测试

挑选10个不同香型的香精（其中有2～3个比较接近易混淆的香型），适当稀释至相同香气强度，分装入干净棕色玻璃瓶中，贴上标签名称，让评价员充分辨别并熟悉它们的香气特征。

3. 等级测试

将上述辨香实验的10个香精制成两份样品，一份写明香精名称，另一份只写编号，让评价员对20瓶样品进行分辨评香。并填写下表：

标明香精名称的样品号码	1	2	3	4	5	6	7	8	9	10
你认为香型相同的样品编号										

4. 配对实验

在评价员经过辨香实验熟悉了评价样品后，任取上述香精中5个不同香型的香精稀释制备成外观完全一致的两份样品，分别写明随机数码编号。让评价员对10个样品进行配对实验，并填写下表。

实验名称：辨香配对实验

实验日期：____年____月____日

实验员：____________________

经仔细辨香，填入上下对应你认为两者相同的香精编号，并简单描述其香气特征。

相同的两种香精的编号					
它的香气特征					

三、品评结果分析及优化

① 参加基础测试的评价员最好有100%的选择正确率，如经过几次重复还不能觉察出差别，则不能入选评价员。

② 等级测试中可用评分法对评价员进行初评，总分为100分，答对一个香型得10分。30分以下者为不合格；30～70分者为一般评香员；70～100分者为优选评香员。

③ 配对实验可用差别实验中的配偶实验法进行评估。

任务思考

1. 辨香测试的基本内容是什么?
2. 两种气味分类法的主要内容是什么?

项目二　粮油及其制品的感官检验

背景知识

一、粮食

我国传统粮食有广义和狭义之分，广义上粮食是指供食用的谷物、豆类和薯类的统称。联合国粮食及农业组织（下称粮农组织）的粮食概念就是指谷物，包括麦类、粗粮类和稻谷类三大类。狭义的粮食是指谷物类，即禾本科作物，包括稻谷、小麦、玉米、大麦、高粱、燕麦和黑麦等，习惯上还包括蓼科作物中的荞麦。

中国主要的居民口粮有大米（分籼米、粳米和糯米三类）和面粉（一种由小麦磨成的粉末）。我国的米制品生产有了较快的发展，在市场上，米饭类有袋装米饭、罐装米饭、杯装米饭、自熟米饭、冷冻饭团等；方便粥类如糙米糊、糙米粥、冲调糙米片、婴幼儿营养米粉、八宝粥等；用籼米制作的米线、米粉条、方面米粉等；用糯米制作的汤圆、粽子和年糕等；以米果为主的各类膨化休闲食品等。此外还有米面包和米饮料等；面制品主要有蒸煮制品（如馒头、包子、面条、水饺）、煎炸制品（如锅贴、馅饼、油条、麻花）、焙烤制品（如烧饼、烙饼、面包、饼干）、冲调制品（如炒面、油茶）四大类。深加工方面面粉可以分离出小麦淀粉和谷蛋白粉，小麦淀粉广泛应用在食品、纺织、医药、轻工和化工等行业，谷蛋白粉是天然的强筋添加物，也是各种仿生食品、蛋白食品的重要原料，具有较高的经济附加值。从小麦糊粉与麦麸中分离小麦胚芽，制取胚芽油、胚蛋白和维生素E，是天然的食品营养强化剂。其特点为：营养丰富；常食不厌、供应充足；成本较低、便于流通；容易发热、陈化、霉变。

我国谷物制品感官评价起步较晚，目前还没有形成系统完善的评价体制，存在很大的不足。一方面，目前我国谷物制品品质检验很大程度上是消费者检验，而不是专业的评价员检验，评价员的培训也不系统，专业实验室很少，检验程序缺乏科学性；另一方面，由于人们很难对感官分析方法进行标准化，评价者在感觉上的差异性也大大降低了不同地区、不同实验室间所得结果的可比性。

二、油脂

油脂是油和脂肪的统称，从化学成分上来讲油脂都是高级脂肪酸与甘油形成的酯，是烃的衍生物。动物的脂肪组织和油料植物的籽核是油脂的主要来源。

自然界中的油脂是多种物质的混合物，无固定的熔沸点，其主要成分是一分子甘油与三分子高级脂肪酸脱水形成的酯，称为甘油三酯。其中，油是不饱和高级脂肪酸甘油酯，脂肪是饱和高级脂肪酸甘油酯。植物油在常温常压下一般为液态，称为油，而动物脂肪在常温常压下为固态，称为脂。油脂不但是人类的主要营养物质和主要食物之一，也是一种重要的工业原料。

1. 动物油脂概述

我国常用的动物油脂是奶油、猪油等。奶油分很多种类：鲜奶油又称生奶油，呈液状，是从新鲜牛奶中分离出脂肪的高浓度奶油；黄油是从奶油产生的，将奶油进一步用离心器搅拌就制成黄油，黄油里还有一定的水分，不含乳糖，蛋白质含量也极少；酸奶油是通过细菌的作用，对奶油进行发酵，使其乳酸的含量在0.5%左右。猪油属于油脂中的“脂”，常温下为白色或浅黄色固体，我国常用其烹饪以增加菜品香味，或用于制作起酥类糕点。

2. 植物油概述

人类的膳食中需要保证油脂的含量。如果人体长时期摄入油脂不足，体内长期缺乏脂肪，即会营养不良、体力不佳、体重减轻，甚至丧失劳动能力。食用植物油脂是人类的重要副食品，主要用于烹饪、糕点、罐头食品等，还可以加工成菜油、人造奶油、烘烤油等供人们食用。

我国食用植物油质量标准体系规定，市场上的一般食用植物油（橄榄油和特种油脂除外）共分为一级、二级、三级和四级四个等级，如大豆油、菜籽油、棉籽油、米糠油、玉米油、葵花籽油、浸出花生油、浸出油茶籽油等分为一～四级，压榨花生油、压榨油茶籽油、芝麻油等则只有一级和二级之分。

任务一　大豆油的感官检验

【任务目标】

1. 了解大豆油感官检验的基本内容；
2. 掌握大豆油感官检验的基本方法；
3. 能够在教师的指导下，以小组协作方式对大豆油进行感官检验；
4. 能够正确运用评分法进行大豆油感官鉴别；
5. 能够独立查阅资料，对芝麻油、花生油等油脂进行感官检验。

【任务描述】

广州市食品药品监督管理局对中山、珠海等地的大排档、粮油店使用的食用油进行抽检，作为检验员应如何根据国家标准对这些食用油产品进行感官质量判断。

品评员的任务是依据国家标准GB 1535—2003《大豆油》的描述，从色泽、气味、滋味、透明度、水分和杂质六个方面对大豆油进行感官检验，因涉及对产品多个感官指标的强度及其差异进行评鉴，故选择使用评分检验法。

知识准备

一、大豆油的感官要求

1. 气味和滋味

根据其气味和滋味，可以鉴别该种油脂制取的原料、方法和精炼程度；可以判别该油存放时间的长短，以及是否氧化变质和酸败。一般纯净、新加工的油脂，嗅之均有其正常的特有气味和滋味。但经过精炼的高级烹调油，由于经过真空脱臭处理，特有的气味被脱除，故油脂呈现清新气味。鉴别油脂的气味，一般是在20℃下，将油脂滴在手掌上，摩擦发热可嗅出气味，氧化和酸败的油脂可明显嗅到哈喇味；油脂的滋味一般直接用舌舔尝，氧化和酸败的油脂带有辛辣刺激味，严重酸败的油脂带有恶臭味。

① 气味鉴别　优质大豆油具有大豆油固有的气味；次质大豆油其固有气味平淡，微有异味如青草味等；劣质大豆油有霉味、焦味、哈喇味等不良气味。

② 滋味鉴别　优质大豆油具有大豆固有的滋味，无异味；次质大豆油滋味平淡或稍有异味；劣质大豆油有苦味、酸味、辣味及其他刺激味或不良滋味。

2. 颜色

植物油脂的颜色是由油料籽粒含有的色素物质溶解于油脂中而呈现的颜色。一般冷榨的油脂颜色较浅，热榨和预榨浸出的油脂颜色较深。植物油脂经过精炼脱色油脂的色泽都很清。从植物油脂的颜色不仅可以看到油脂的纯净程度，而且可以帮助了解其品质状态。一般同种油脂的色泽越浅，品质越纯，质量越好。优质大豆油呈黄色至橙黄色，次质大豆油油色呈棕色至棕褐色。

3. 透明度

品质优良的植物油脂在室温下应无絮状悬浮物，呈完全透明状。若植物油脂中含有高熔点物质（如蜡、蛋白质等）或含有水分、磷脂及杂质，或精炼油中残留有肥皂等，则油脂透明度下降，室温下呈微浊或浊状。将油脂装在无色透明的玻璃瓶（或塑料瓶）中，对着光源观察，有无悬浮物即可鉴别。优质大豆油完全清晰透明；次质大豆油稍浑浊，有少量悬浮物；劣质大豆油油液浑浊，有大量悬浮物和沉淀物。

4. 水分和杂质

水分和杂质对植物油的透明度、安全保管都有很大影响。植物油脂经过精炼，水分和杂质的含量在一、二级油中都不超过0.05%。一般若是含有0.3%左右的水分即可使油脂变色、浑浊甚至酸败变质。

二、大豆油的感官检验方法——评分检验法

运用评分检验法进行品评。要求评价员把样品的品质特性以数字标度形式加以评价的一种检验法称为评分检验法。在评分检验法中，所使用的数字标度为等距标度或比率标度。它不同于其他方法的是绝对性判断，即根据评价员各自的评价基准进行判断。用评分检验法进行感官评价时，首先应该确定所使用的标度类型，使评价员对每一个评分点所代表的意义有共同的认识，样品出示顺序可以是随机的。一个评分出现的粗糙评分现象也可由增加评价员人数来克服。

1. 适用范围

用于鉴评一种或多种产品的一个或多个感官指标的强度及其差异大小，特别适用于评价新产品的特性。

2. 评分方法

① 9分制评分法　评价结果可转换成数值。例如：非常不喜欢=1，很不喜欢=2，不

喜欢=3，不太喜欢=4，一般=5，稍喜欢=6，喜欢=7，很喜欢=8，非常喜欢=9。

② 平衡评分法　例如：非常不喜欢=−4，很不喜欢=−3，不喜欢=−2，不太喜欢=−1，一般=0，稍喜欢=1，喜欢=2，很喜欢=3，非常喜欢=4。

③ 5分制评价法　例如：无感觉=0，稍稍有感觉=1，稍有感觉=2，有感觉=3，有较强的感觉=4，有非常强的感觉=5。

9分制、平衡打分及5分制主要用于对某种样品的某特性进行比较，感官评价员感觉上从喜欢到不喜欢的程度用数值形式充分表达。此外还有10分制评分法和百分制评分法，这两种方法主要用于对某样品综合打分，当满分为10分或者100分时就是食品的最佳状态。以样品能达到的品质状态和最好状态比较进行评分，数据处理较方便。

三、大豆油的感官评定标准

大豆油的感官评定标准如表2-1所示。

表2-1　大豆油的感官质量标准（GB/T 1535—2003）

项目		质量指标			
		一级	二级	三级	四级
色泽	（罗维朋比色槽25.4mm）≤	—	—	黄70 红4.0	黄70 红6.0
	（罗维朋比色槽133.4mm）≤	黄20 红2.0	黄35 红4.0	—	—
气味、滋味		无气味、口感好	气味、口感良好	具有大豆油固有的气味和滋味，无异味	具有大豆油固有的气味和滋味，无异味
透明度		澄清、透明	澄清、透明	—	—
水分及挥发物/%　≤		0.05	0.05	0.10	0.20
不溶性杂质/%　≤		0.05	0.05	0.05	0.05

注：1. 划有"—"者不做检测。

2. 摘自国家标准GB/T 1535—2003，以原件为准。

任务实施

一、品评方案设计

1. 实验设计

对学生进行分组，一部分设定为备样员，另一部分设定为评价员。每一组推选出一名品评组长，首先向评价员介绍实验样品的特性，简单介绍该样品的生产工艺过程和主要原料，然后提供一个典型样品让大家进行品评，进行该分析的品评小组由4～6名受过培训的品评人员组成，对一个产品的能够被感知到的所有气味和风味、它们的响度、出现的顺序以及余味进行描述、讨论，达成一致意见后，由品评小组组长进行总结，并形成书面报告。本次实验设计大豆油感官检验的重点是气味和滋味，色泽、杂质和透明度作为参考。

2. 用具准备

100mL 烧杯 5 只、150mL 烧杯 5 只、25mL 具塞比色管 5 只、钢勺、酒精灯、水浴锅、滴管、玻璃插油管、玻璃棒、白色背景板、滤纸、纯净水等，超市购买的某品牌大豆油。

3. 样品准备

将大豆油混匀并过滤，之后将样品倒入 150mL 烧杯中，油层高度不低于 5mm；另将样品约 25mL 倒入具塞比色管中，将装有样品的烧杯和比色管放置于水浴锅中，使蒸气压在周围温度下达到平衡，将样品随机编号并放至托盘中，按照从左到右的顺序呈送给品评员，每组 5 个。

4. 注意事项

采用这种检验方法，品评小组长的地位比较关键，他应该具有对现有结果进行综合和总结的能力。为减少个人因素的影响，建议品评小组的组长由品评人员轮流担任。

二、品评步骤

1. 建立描述词汇

在老师的引导下组织讨论，选择适用的标度类型，选定 4～8 个能描述大豆油产品上述感官特性的特征名词，并确定强度等级范围，重复 7～10 次，形成一份大家都认可的词汇描述表，如表 2-2 所示。

表 2-2 大豆油评分标准

项目	标准	最高分	扣分
色泽	色清透明，晶亮 色清透明，有微黄感 色清微浑浊，有悬浮物	10 分	0 分 1～2 分 3 分以上
透明度	完全清澈透明 稍浑浊，有少量悬浮物 油液浑浊，有大量悬浮物和沉淀物	10 分	0 分 1～2 分 3 分以上
水分含量	水分不超过 0.2% 水分超过 0.2% 水分含量较高	25 分	0 分 1～2 分 4～7 分
杂质和沉淀	油色不变，无沉淀或微量沉淀，其杂质含量不超过 0.2%，磷脂含量不超标 油色不变，有悬浮物或沉淀物，杂质含量不超过 0.2%，磷脂含量超标 油色变深，有大量悬浮物及沉淀物，有机械性杂质，加热到 280℃时，油色变黑，有较多沉淀物析出	25 分	0 分 1～2 分 4～7 分
气味	具有大豆油固有气味 气味平淡，微有异味，如青草味等 有霉味、焦味、哈喇味等不良气味	15 分	0 分 1～2 分 3～6 分
滋味	具有大豆固有的滋味，无异味 气味平淡或微有异味 有苦味、酸味、辣味及其他刺激味或不良滋味	15 分	0 分 1～2 分 3～6 分

2. 色泽评价

手持装有样品的烧杯，先对着自然光线观察，再置于白色背景板前借其反射光线观察，在大豆评分表中“色泽”一行记录实验结果。表 2-3 供参考，也可自行设计。

表 2-3 大豆油描述性检验记录表

样品名称：________ 评价员：________ 检验日期：________

编号	1	2	3	4	5
色泽(10 分)					
气味(10 分)					
杂质和沉淀(25 分)					
滋味(25 分)					
透明度(15 分)					
水分含量(15 分)					
总分					
评语					
备注					

3. 透明度评价

将 25mL 充分混合均匀的样品置于比色管中，手持装有样品的比色管，将其置于白色背景板前，借其反射光线观察，在大豆评分表 2-3 中“透明度”一行记录实验结果。

4. 水分含量评价

(1) 方法一：取样判定法 取 1 支干燥洁净的玻璃插油管，用大拇指将玻璃管上口堵住，斜插入装有大豆油样品的比色管底部；放开大拇指，微微摇动，停留片刻后再用大拇指堵住管口，再次提起后观察管内情况，在表 2-3 中“水分含量”一行记录实验结果。

(2) 方法二：烧纸验水法 取 1 支干燥洁净的玻璃插油管，用食指将玻璃管上口堵住，斜插入装有大豆油样品的比色管底部，松开食指，抽取少许底部沉淀物；取出插油管，将抽取的油样涂在滤纸上；将滤纸点燃，听其发出的声音，观察其燃烧现象。在表 2-3 中“水分含量”一行记录实验结果。

5. 杂质和沉淀评价

(1) 方法一：加热观察法 取油样于钢勺内，置于酒精灯上加热，温度不超过 160℃；撇去油沫，观察大豆油样品的色泽。在表 2-3 中“杂质和沉淀”一行记录实验结果。

(2) 方法二：高温加热观察法 取油样于钢勺内，置于酒精灯上加热，温度达到 280℃；撇去油沫，观察大豆油样品的色泽。在表 2-3 中“杂质和沉淀”一行记录实验结果。

6. 气味评价

(1) 方法一：开封鉴别法 将大豆油桶放置在桌面上，在开封的瞬间，品评员将鼻子凑近容器口，闻其气味。评价应按风味先弱后强的原则进行，以免造成评价员的嗅觉疲劳，一旦确定以后即盖上盖子，在表 2-3 中“气味”一行记录实验结果。

(2) 方法二：摩擦鉴别法 用滴管取 1～2 滴油样置于手掌或手背上，手掌合拢快速摩擦至发热后闻其气味。在表 2-3 中“气味”一行记录实验结果。

(3) 方法三：加热鉴别法 用钢勺取油样，加热至 50℃时闻其气味。在表 2-3 中“气味”一行记录实验结果。

7. 滋味评价

应先漱口，然后用玻璃棒取少量油样涂在舌头上，品尝其滋味，品尝后将油吐到废旧的纸杯中。在表 2-3 中“滋味”一行记录实验结果。

三、品评结果分析及优化

1. 水分含量结果分析

利用取样判定法，常温下若油脂清晰透明，则水分和杂质含量小于 0.3%；若出现浑浊，则水分和杂质含量大于 0.4%；若油脂出现明显的浑浊并有悬浮物，则水分和杂质含量大于 0.5%。

利用烧纸验水法，燃烧时如产生油星四溅现象，并发出“啪啪”的爆炸声，则说明样品水分含量高。

2. 杂质和沉淀结果分析

利用加热观察法，若油色没有变化，也没有沉淀，说明杂质少，一般少于 0.2%；若油色变深，杂质约为 0.49%；若勺底有沉淀，说明杂质多，一般大于 1%。

利用高温加热观察法，若油色没有变化，也没有沉淀，说明油中无磷脂；若油色变深，有微量析出物，说明磷脂含量较高；若油色变黑，有大量析出物，说明磷脂含量超标；若油脂变成绿色，则是因为油脂中铜含量过多。

3. 气味评价结果分析

可参考表 2-4 中大豆油气味、滋味定义进行评分。

表 2-4 参考大豆油气味、滋味定义

风味	定义
奶油味	即指被评审油样具有新鲜甜奶油的芳香，绝无陈化或酸败的奶油味，使人嗅之能引起食欲且有愉悦之感
豆腥味	是豆油产品的风味，浓烈时亦称“野草味”，令人作呕不愉快
油腻味	这种风味常发生在储存已久的油脂中，它具有尖锐的、苦涩的或令人作呕的风味
鱼腥味	类似鱼肝油的风味，味浓或强烈时使人厌恶作呕
氧化油味	该风味是因油脂被氧化(尤其是棉籽油、米糠油)，酸败时所特有的风味，非常令人讨厌，亦称“金属味”
青草味	类似绿色青草的收敛性和苦味引起的风味，当油脂经日光暴晒，就会产生青草味，当风味较浓烈，亦可将此术语改为“辣味”
蘑菇味	该风味是由油脂中的一种亚油酸裂解得到的化合物产生的，类似新鲜蘑菇清新、鲜美、使人愉快的风味
温和味	类似新鲜的山核桃风味，味淡时使人愉悦，当风味强烈时就像橡胶在高温情况下所产生的气味，使人讨厌

4. 滋味评价结果分析

不正常的油脂会带有酸、辛辣等滋味和焦苦味，正常的油脂无异味。

5. 综合分析

通过对表 2-4 汇总的数据进行计算、整合，可得出色泽、气味、滋味、透明度、水分和杂质及总分七个方面对大豆油进行感官检验的分数，进而对产品多个感官指标的强度及其差异进行评鉴。

任务思考

大豆油可以借助介质或载体感官评定吗？

技能拓展

花生油与芝麻油的感官检验

一、花生油的感官检验

(1) 色泽鉴别 良质花生油呈淡黄至棕黄色；次质花生油呈棕黄色至棕色；劣质花生油呈棕红色至棕褐色，并且油色暗淡，在日光照射下有蓝色荧光。

(2) 透明度鉴别 良质花生油清晰透明；次质花生油微浑浊，有少量悬浮物；劣质花生油油液浑浊。

(3) 水分含量鉴别 良质花生油水分含量在0.2%以下；次质花生油水分含量在0.2%以上。

(4) 杂质和沉淀物鉴别 良质花生油有微量沉淀物，杂质含量不超过0.2%，加热至280℃时油色不变深，有沉淀析出；劣质花生油有大量悬浮物及沉淀物，加热至280℃时油色变黑，并有大量沉淀析出。

(5) 气味鉴别 良质花生油具有花生油固有的香味（未经蒸炒直接榨取的油香味较淡），无任何异味；次质花生油固有的香气平淡，微有异味，如青豆味、青草味等；劣质花生油有霉味、焦味、哈喇味等不良气味。

(6) 滋味鉴别 良质花生油具有花生油固有的滋味，无任何异味；次质花生油固有的滋味平淡，微有异味；劣质花生油具有苦味、酸味、辛辣味及其他刺激性或不良滋味。

二、芝麻油的感官检验

芝麻油又叫香油，分机榨香油和小磨香油两种。机榨香油色浅而香淡，小磨香油色深而香味浓。另外，芝麻经蒸炒榨出的油香味浓郁，未经蒸炒榨出的油香味较淡。

(1) 色泽鉴别 进行芝麻油色泽的感官鉴别时，可取混合搅拌得很均匀的油样置于直径50mm、高100mm的烧杯内，油层高度不低于5mL，放在自然光线下进行观察，然后置于白色背景下借反射光线再观察。良质芝麻油呈棕红色至棕褐色；次质芝麻油色泽较浅（掺有其他油脂）或偏深；劣质芝麻油呈褐色或黑褐色。

(2) 透明度鉴别 良质芝麻油清澈透明；次质芝麻油有少量悬浮物，略浑浊；劣质芝麻油油液浑浊。

(3) 水分含量鉴别 良质芝麻油水分含量不超过0.2%，次质芝麻油水分含量超过0.2%。

(4) 杂质和沉淀物鉴别 良质芝麻油有微量沉淀物，其杂质含量不超过0.2%，将油加热到280℃时，油色无变化且无沉淀物析出；次质芝麻油有较少量沉淀物及悬浮物，其杂质含量超过0.2%，将油加热到280℃时，油色变深，有沉淀物析出；劣质芝麻油有大量的悬浮物及沉淀物存在，油被加热到280℃时，油色变黑且有较多沉淀物析出。

（5）气味鉴别 良质芝麻油具有芝麻油特有的浓郁香味，无任何异味；次质芝麻油特有的香味平淡，稍有异味；劣质芝麻油除有芝麻油微弱的香气外，还有霉味、焦味、油脂酸败味等不良气味。

（6）滋味鉴别 感官鉴别芝麻油的滋味时，应先漱口，然后用洁净玻璃棒粘少许油样滴于舌头上进行品尝。良质芝麻油具有芝麻固有的滋味，口感滑爽，无任何异味；次质芝麻油具有芝麻固有的滋味，但是显得淡薄，微有异味；劣质芝麻油有较浓重的苦味、焦味、酸味、刺激性辛辣味等不良滋味。

任务二　大米的感官检验

【任务目标】

1. 了解大米感官检验的基本内容；
2. 掌握大米感官检验的基本方法；
3. 能够在教师的指导下，以小组协作方式对大米进行感官检验；
4. 能够正确运用描述性检验法等对大米进行感官鉴别；
5. 能够独立查阅资料，对米粉进行感官检验。

【任务描述】

某公司利用收购的不同水稻原料生产出三批不同的袋装大米产品，作为感官品评员，请对该产品进行感官评定，并根据质量优劣判定其等级，以便确定大米的销售价格。

品评员的任务是对大米进行感官品质鉴别，并判定等级。感官检验是大米质量检验的第一步，依据国家标准GB/T 5009.36—2003《粮食卫生标准的分析方法》和GB/T 15682—2008《粮油检验　稻谷、大米蒸煮食用品质感官评价方法》，通过描述性检验法对大米进行感官检验。

知识准备

一、大米的感官要求

1. 色泽鉴别

进行大米色泽感官鉴别时，应将样品在黑纸上撒一薄层，仔细观察其外观并注意有无生虫及杂质。优质大米呈清白色或精白色，具有光泽，呈半透明状；次质大米呈白色或微淡黄色，透明度差或不透明；劣质大米霉变的米粒色泽差，表面呈绿色、黄色、灰褐色或黑色等。

2. 外观鉴别

优质大米大小均匀、坚实丰满，粒面光滑、完整，很少有碎米、腹白（米粒上乳白色不透明部分叫腹白，是由于稻谷未成熟，淀粉排列疏松，糊精较多而缺乏蛋白），无虫、不含杂质；次质大米米粒大小不均，饱满程度差，碎米较多，有爆腰和腹白粒，粒面发毛、生虫、有杂质，带壳含量超过 20 粒/kg；劣质大米有结块、发霉现象，表面可见霉菌丝，组织疏松。

3. 气味鉴别

进行大米气味鉴别时，可取少量样品于手掌上，用嘴向其中哈一口热气，然后立即嗅其气味。优质大米具有正常的香气味，无其他异味；次质大米微有异味；劣质大米有霉变气味、酸臭味、腐败味及其他异味。

4. 滋味鉴别

进行大米滋味的感官鉴别时，可取少量样品进行细嚼或予以磨碎后再品尝，遇到可疑情况时可将样品加水蒸煮后再品尝。优质大米味佳、微甜、无任何异味；次质大米乏味或微有异味；劣质大米有酸味、苦味及其他不良滋味。食味品质：大部分大米以蒸煮食用作为消费方式，因此食味品质被作为评价大米品质最重要的指标，一直深受稻农、生产商、消费者、销售商及科研工作者的普遍关注。

5. 新鲜程度鉴别

新米是指用当年生产的稻谷经碾磨加工出来的大米，陈大米是指非当年生产的稻谷经碾磨加工出来的或存放时间超过半年以上的大米。新大米的色泽白、富有光泽、气味清新、韧性强、不易断裂，做成的饭口感好、香味浓、有韧性，饱腹时间长。而陈大米的皮层变厚、光泽减少、米粒坚硬、脆性大、易断裂，做成米饭口感差、粗糙、没有香味、营养价值下降，饱腹时间短。

由于大米的产地、品种、种植条件差异很大，国标并没有制定过细的大米感官标准，GB/T 5009.36—2003《粮食卫生标准的分析方法》中对于大米的感官检验技术要求为："具有正常粮食的色泽气味，不得有发霉变质的现象。"

二、大米的感官检验方法——描述性检验

描述性检验法是根据感官所能感知到的食品的各项感官特征，以专业术语形成对产品的客观描述。描述性检验是对一种食品感官特征的描述过程。当评价食品时要考虑所有能被感知的感觉——视觉、听觉、嗅觉、触觉等。对评价员要求较高，需具备描述食品品质特征及次序的能力，需具备描述食品品质特征的专有名词的定义与其在食品中的实质含义的能力，需具备对食品的总体印象、总体风味强度及总体差异的分析能力。

三、大米的感官评定标准

大米感官评价依据 GB/T 5009.36—2003《粮食卫生标准的分析方法》和 GB/T 20569—2006《稻谷储存品质判定规则》进行评价，大米品质感官评价依据 GB/T 15682—2008《粮油检验稻谷、大米蒸煮食用品质感官评价方法》中的品评方法执行。大米质量优劣的评价标准见表 2-5。

表 2-5　大米感官评价标准

分类＼项目	色泽	外观	气味	滋味
优质大米	清白色或精白色，具有光泽，呈半透明状	大小均匀，坚实丰满，粒面光滑、完整，很少有碎米、爆腰、腹白，无虫，不含杂质	具有正常大米香味，无异味	味佳、微甜，无任何异味
次质大米	呈白色或微黄色，透明度差或不透明	米粒大小不均，饱满程度差，碎米较多，有爆腰和腹白粒，粒面发毛，生虫，有杂质，带壳粒含量超过 20 粒/kg	微有异味	乏味或微有异味
劣质大米	其中霉变的米粒色泽差，表面呈绿色、黄色、灰褐色、黑色等	有结块、发霉现象，表面可见霉菌丝，组织疏松	有霉变气味、酸臭味、腐败味及其他异味	有酸味、苦味及其他不良滋味

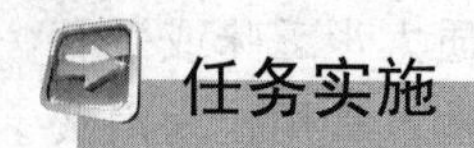

任务实施

一、品评方案设计

大米的感官检验方法可概述为：对生大米外观、气味、形状的鉴别；对蒸煮后的大米进行食味品质等指标的鉴别，其中食味品质是最重要的指标。操作方法是以商品大米直接作为试样，在规定条件下蒸煮成米饭，品评人员根据大米质量评价标准对米饭的气味、外观结构、适口性、滋味及冷饭质地等指标进行感官鉴定。

1. 实验设计

一部分学生设定为备样员，另一部分设定为评价员并分组，每一组推选出一名品评组长。首先向评价员介绍实验样品的特性，简单介绍该样品的生产工艺过程和主要原料稻谷。进行该分析的品评小组由 10 名受过培训的品评人员组成，对一个产品的能够被感知到的感官特征进行描述，最后讨论达成一致意见后，由品评小组组长进行总结，并形成书面报告。

2. 用具准备

电炉：220V，2kW，或相同功率的电磁炉。

蒸饭皿：60mL 以上带盖铝（或不锈钢）盒，或直热式电饭锅：3L，500W。

3. 参照样品的选择

稻谷参照样品：选取稻谷脂肪酸值（以 KOH 计）不大于 20mg/100g（干基）的样品。

大米参照样品：选取符合 GB/T 1354—2009《大米》中规定的标准三等精度的新鲜大米样品 3～5 份，经米饭制作，选出色、香、味正常，综合评分在 75 分左右的样品 1 份，作为每次品评的参照样品。

4. 品评的要求

辨别米饭气味：趁热将米饭置于鼻腔下方，适当用力地吸气，仔细辨别米饭的气味；观察米饭外观，观察米饭表面的颜色、光泽和饭粒完整性。

辨别米饭的适口性：用筷子取米饭少许放入口中，细嚼 3～5s，边嚼边用牙齿、舌头等各感觉器官仔细品尝米饭的黏性、软硬度、弹性、滋味等。

冷饭质地：米饭在室温下放置 1h 后，品尝判断冷饭的黏弹性、黏结成团性和硬度。

二、品评步骤

1. 米饭的制备

称样：称取每份 10g 试样于蒸饭皿中。试样份数按评价员每人 1 份准备。

洗米：将称量后的试样倒入沥水筛，将沥水筛置于盆内，快速加入 300mL 水，顺时针搅拌 10 圈，逆时针搅拌 10 圈，快速换水重复上述操作一次。再用 200mL 蒸馏水淋洗 1 次，沥尽余水，放入蒸饭皿中。洗米时间控制在 3～5min。

加水浸泡：籼米加蒸馏水量为样品量的 1.6 倍，粳米加蒸馏水量为样品量的 1.3 倍。加水量可依据米饭软硬适当增减。浸泡水温 25℃左右，浸泡 30min。

蒸煮：蒸锅内加入适量的水，用电炉（或电磁炉）加热至沸腾，取下锅盖，再将盛放样品的蒸饭皿加盖后置于蒸屉上，盖上锅盖，继续加热并开始计时，蒸煮 40min，停止加热，焖制 20min。

将制成的不同试样的蒸饭皿放在白瓷盘上（每人 1 盘，每盘 4 份试样），趁热品尝。

2. 分项检验

① 外观鉴别　用眼看大米的均匀度、杂质和不完善粒的多少，色泽是否正常，有无虫害或霉变等情况。先把大米摊在纸面上，把视线先集中在一点上仔细观察，再慢慢地放大视线进行比较。

② 气味鉴别　取少量大米，摊在纸面或手掌上闻其气味，如果觉得不好辨别，可以握在手掌中升温 10～20s，立即嗅辨气味是否正常。必要时可以将大米在 60～70℃温水中保温数分钟，取出嗅辨气味是否正常。优质的大米应色泽洁白、富有光泽、颗粒均匀，应具有新鲜粮食香味，不可有霉味、陈米味及其他异味。

③ 口感鉴别　取大米 40g，放入 400mL 68～72℃的水中，快速搅拌 5s，弃去浮在表面的杂质和下层的大米，倾其上清液，冷却至室温立即进行口感品评。优质的大米口感干净，有大米的香味；差的大米口感粗糙，后味较涩，有纸味、哈喇味等一些不愉快的味道，嗅其气味有一种类似酸酸的米粉味。

各项感官检测项目描述词汇如表 2-6 所示。

表 2-6　大米各项感官检测项目描述词汇

<table>
<tr><th>项目</th><th colspan="2">指标</th><th>描述词汇</th></tr>
<tr><td rowspan="3">色泽</td><td colspan="2">颜色</td><td>清白色、精白色、白色、苍白、灰白、斑白、微淡黄、黄色、灰褐色、绿色、黑色</td></tr>
<tr><td colspan="2">透明度</td><td>透明、半透明、不透明</td></tr>
<tr><td colspan="2">光泽</td><td>有光泽、微有光泽、无光泽</td></tr>
<tr><td rowspan="4">外观</td><td rowspan="3">粒形</td><td>形态</td><td>完整、丰满、饱满、部分碎裂、部分凹陷、断裂、不规则</td></tr>
<tr><td>大小</td><td>均匀、较均匀、不均匀、大、长、小、圆</td></tr>
<tr><td>粒面</td><td>光滑、完整、粗糙、发霉、发毛、爆腰(有裂纹)</td></tr>
<tr><td colspan="2">腹白</td><td>无腹白、少量腹白、大面积腹白</td></tr>
<tr><td>气味</td><td colspan="2">香气</td><td>似有香气、微有香气、香气不足、浓郁、余香、喷香、爆香、纯正无味、霉味、酸味、腐败味、异味</td></tr>
<tr><td rowspan="2">滋味</td><td colspan="2">甜度</td><td>香甜、腻甜、微甜、无甜味、甘甜、回甜、微酸、酸败、味苦、苦甜</td></tr>
<tr><td colspan="2">口感</td><td>香醇、浓厚、余味、粗糙、细腻、润滑、绵软、干硬</td></tr>
</table>

三、品评结果分析及优化

评价人员在记录表（表 2-7～表 2-9）中按要求填写相应的编号和描述词即可。

表 2-7　大米色泽和外观评价结果判断表

样品名称：　　　　　评价员：　　　　　检验日期：

项目 \ 描述词汇 \ 样品号		1	2	3
色泽	颜色			
	透明度			
	光泽			
外观	粒形			
	腹白			
说明：请将规定的描述词汇中符合样品特征的词汇填写在表格中				

表 2-8　大米气味评价结果判断表

样品名称：　　　　　评价员：　　　　　检验日期：

项目 \ 描述词汇 \ 样品号	1	2	3
气味			
说明：请将规定的描述词汇中符合样品特征的词汇填写在表格中			

表 2-9　大米滋味评价结果判断表

样品名称：　　　　　评价员：　　　　　检验日期：

项目 \ 描述词汇 \ 样品号		1	2	3
滋味	甜度			
	口感			
说明：请将规定的描述词汇中符合样品特征的词汇填写在表格中				

任务思考

1. 评分法的特点和适用范围是什么？

2. 有的食品直接品评的效果并不理想，需要改变形态或借助介质，这样的食品还有哪些？本次实验中可否采用“蛋炒饭”的形式检验大米的食味品质？

3. 结合你的生活经验，讨论如何才能蒸煮出色香味俱佳的米饭？

技能拓展

米粉的感官检验

一、感官指标

米粉是中国南方地区非常流行的美食。米粉是以大米为原料，经浸泡、蒸煮和压条等工序制成的条状、丝状米制品。米粉质地柔韧，富有弹性，水煮不糊汤，干炒不易断，配以各种菜码或汤料进行汤煮或干炒，爽滑入味，深受广大消费者的喜爱。米粉品种众多，可分为排米粉、方块米粉、波纹米粉、银丝米粉、湿米粉和干米粉等。米粉的感官指标应符合表 2-10 的规定。

表 2-10　米粉感官指标

项目	指标
色泽	灰白色色泽
气味	米粉香味，无霉味、酸味及其他异味
形状	条状或片状，无杂质混入
口感	不粘牙，不牙碜，柔软滑爽

二、感官检验

1. 色泽、气味检验

在白天于明亮无眩目光的室内，将样品平摊在搪瓷盘内，按 GB/T 5492—2008《粮油检验　粮食、油料的色泽、气味、口味鉴定》的规定进行检验。

2. 形状杂质检验

在白天于明亮无眩目光的室内，将样品平摊在搪瓷盘内，观察试样形状及有无杂物混入。

3. 口感检验

取试样 30g 加水 10 倍，煮沸 5min，仔细品尝米粉的口感是否符合感官指标的要求。

任务三　面粉的感官检验

【任务目标】

1. 了解面粉感官检验的基本内容；
2. 掌握面粉感官检验的基本方法；
3. 能够在教师的指导下以小组协作方式对面粉进行感官检验；
4. 能够正确运用排序检验法对面粉进行感官鉴别；
5. 能够独立查阅资料，对方便面及挂面进行感官检验。

【任务描述】

杭州某食品公司新引进一条面粉加工生产线，生产的面粉拟销售到各大超市和食品厂，作为公司感官品评员，请对该产品进行感官评定，并与市面上现有的另一品牌面粉产品作感官评定比较，检验两者是否存在显著差异。

品评员的任务是依据国家标准 GB/T 5009.36—2003《粮食卫生标准的分析方法》的描述从外观、气味、熟食口感、触感四个方面对面粉进行感官检验，因涉及等级评定和两种产品的差异显著性分析，故使用评分法进行检验。

知识准备

一、面粉的感官要求

1. 色泽鉴别

进行面粉色泽的感官鉴别时，将样品在黑纸上撒一薄层，然后与适当的标准颜色或标准样品做比较，仔细观察其色泽异同。优质面粉色泽呈白色或微黄色，不发暗，无杂质的颜色；次质面粉色泽暗淡；劣质面粉色泽呈灰白或深黄色，发暗，色泽不均。

2. 组织状态鉴别

进行面粉组织状态的感官鉴别时，将面粉样品在黑纸上撒一薄层，仔细观察有无发霉、结块、生虫及杂质等，然后用手捻捏，以试手感。优质面粉呈粉末状，不含杂质，手指捻捏时无粗粒感，无虫子和结块，置于手中紧握后放开不成团；次质面粉手捏时有粗粒感，生虫或有杂质；劣质面粉吸潮后霉变，有结块或手捏成团。

3. 气味鉴别

取少量样品置于手中，用嘴哈气使之稍热，为了增强气味，也可将样品置于有塞的瓶中，加入 60℃的热水，紧塞片刻，然后将水倒出嗅其气味。优质面粉具有面粉的正常香气，无其他异味；次质面粉微有异味；劣质面粉有霉变味、酸味、煤油味或其他异味。

4. 滋味鉴别

取少量样品细嚼，如必要可将样品加水煮沸后品尝。优质面粉味道可口，淡而微甜，没有发酸、刺喉、发苦、发甜以及外来滋味，咀嚼时没有沙沙声；次质面粉有苦味、酸味、发甜或其他异味，有刺喉感。

二、面粉的感官检验方法——评分法

评分检验法是一种常用的感官评价方法，由专业的感官评价人员用一定的尺度进行评分。进行评分检验时检验人员通常由 10～20 名感官评价人员构成。评分检验法主要用于鉴评一种或多种产品的一个或多个感官指标的强度及其差异大小。该方法常用于评价产品整体的质量指标，也可以评价产品的一个或几个质量指标。

评分检验法是要求评价员将样品的品质特性以特定标度的形式来进行评价的一种方法。因此在用评分检验法进行感官评价前，首先应该明确采用标度的类型，使鉴评人员对每个评分点所代表的具体意义有相同或相近的理解，以便于检验结果能够反映产品真实的感官质量上的差异。

评价时，可以使用数字标度为等距标度或比率标度，为克服粗糙的评分现象可以通过增加评价人员人数来解决。评分检验法可以采用的标度形式包括：5 分制评分法、9 分制评分法、10 分制评分法、百分制评分法、平衡评分法。鉴评人员根据样品的某种特性给每个样品打分，然后将评价人员的评价结果通过对应关系转换成分值。通过复合比较，来分析各个样品的各个特性间的差异情况。9 分制评分法和平衡评分法的评价结果与分值转换分别见表 2-11 和表 2-12。

表 2-11　9 分制评分法评价结果与分值转换表

结果	非常不喜欢	很不喜欢	不喜欢	不太喜欢	一般	较喜欢	喜欢	很喜欢	非常喜欢
分值	1	2	3	4	5	6	7	8	9

表 2-12　平衡评分法评价结果与分值转换表

结果	非常不喜欢	很不喜欢	不喜欢	不太喜欢	一般	较喜欢	喜欢	很喜欢	非常喜欢
分值	−4	−3	−2	−1	0	1	2	3	4

在对评分结果分析处理时，当样品只有 2 个时可用简单的 t 检验。若样品数量为 3 个或 3 个以上时需采用方差分析并根据 F 检验结果来判断样品间的差异性。

三、面粉的感官评定标准

GB/T 1355—1986《小麦粉》、GB/T 5009.36—2003《粮食卫生标准的分析方法》、GB/T 5492—2008《粮油检验　粮食、油料的色泽、气味、口味鉴定》及 GB/T 20571—2006《小麦存储品质判定规则》中都对小麦、小麦粉（以下简称面粉）的感官特征进行了描述，综合以上标准，面粉的感官检验可以概述为从气味、色泽、口味三方面检验，其中口味鉴定应重点参考 GB/T 20571—2006《小麦存储品质判定规则》中规定的面粉“蒸煮品质”的鉴别方法。该方法规定小麦粉制成馒头，对其气味、色泽、食味、弹性、韧性、黏性和比容进行品质评定的实验。品评结果用品尝评分值表示。

任务实施

一、品评方案设计

1. 实验设计

实验结合国家标准的规定节选了部分操作性强的内容，作为本次实验设计的支撑。其中“馒头的鉴别”是重要的口味鉴别方法，但因用时较长，可根据实际情况决定是否操作。

2. 用具准备

两种不同品牌的高筋面粉、蒸煮用器材等。

二、品评步骤

1. 实验的组织

对学生进行分组，一部分设定为备样员，另一部分设定为评价员，每一组推选出一名品评组长，首先向评价员介绍实验样品的特性，简单介绍该样品的生产工艺过程和主要原料。进行该分析的品评小组由 4～6 名受过培训的品评人员组成，对样品进行品评，达成一致意见后，由品评小组组长进行总结，并形成书面报告。

品评前首先由组织者培训品评员，统一面粉的感官指标和计分方法，使每个评价员掌握统一的评分标准和计分方法，并讲解品评要求。

2. 分项检验

① 视觉检验　用手取少量面粉放在手掌上，在散射光下用肉眼鉴别面粉的色泽。正常的面粉呈白色或微黄色，不发暗、无杂色；不正常的面粉色泽呈灰白色（或叫呆白色）或深黄色，发暗，色泽不均匀。在观察完面粉的色泽后，用另一只手掌将面粉轻轻按平，观察麸星，并记录。

② 嗅觉检验　用手取少量面粉放在手掌中，嘴对着面粉哈气，立即用鼻嗅辨气味是否正常，并记录。

③ 熟食味觉检验

a. 方法一　从平均样品中取约 50g 面粉（相当于用手抓一把的数量）放入洁净的搪瓷碗中，加入相当于样品一半或略多一半的室温水（或自来水），用筷子或玻棒搅和，再用手和成面团，制成 5 个拇指大小的面饼，放入已沸腾的锅里煮 5～6min，待面饼漂在水面上时添加少许凉水，再煮沸后即可起锅。起锅后分别品尝。

b. 方法二　GB/T 20571—2006《小麦存储品质判定规则》中规定面粉的口味鉴定方法是把面粉加工成馒头并对其进行感官检验。

馒头的制备：取 200g 面粉，将 1.6g 酵母溶于 40mL、38℃的蒸馏水中，混合后再加入适量蒸馏水（根据面团的吸水情况进行调整）。启动和面机搅拌，至面筋初步形成后取出，记录和面时间，和好的面团温度应为 30℃±1℃。发酵 45min 后揉至成型，醒发 15min。向蒸锅内加 1L 水，用电炉加热至沸腾，上汽蒸 20min，取出馒头，盖上纱布冷却 60min 后测量。

品尝记录：馒头品尝评分记录表见表 2-13。

表 2-13　馒头品尝评分记录表

项目	得分标准	样品编号			
		1	2	3	4
表面色泽（15 分）	正常：12～15 分；稍暗：6～11 分；灰暗：0～10 分				
弹性（10 分）	手指按压回弹性好：8～10 分；手指按压回弹性弱：5～7 分；手指按压不反弹或按压困难：0～4 分				
气味（20 分）	正常发酵麦香味：16～20 分；气味平淡，无香味：13～15 分；有轻微异味：10～12 分；有明显异味：1～9 分；有严重异味：0 分				
食味（20 分）	正常小麦固有的麦香：16～20 分；滋味平淡：13～15 分；有轻微异味：10～12 分；有明显异味：1～9 分；有严重异味：0 分				
韧性（10 分）	咬劲强：8～10 分；咬劲一般：5～7 分； 咬劲差，切时掉渣或咀嚼干硬：0～4 分				
黏性（10 分）	爽口不粘牙：8～10 分；稍黏：5～7 分； 咀嚼不爽口，很黏：0～4 分				
品尝评分值					

最后以品评的平均值作为小麦蒸煮品尝评分值，计算结果取整数。

④ 触觉检验　用手直接接触面粉，以鉴别面粉的精细度、水分、面粉筋力等。

精细度：用拇指和食指捏一小撮面粉轻轻地摩擦，面粉均匀向四周散开。

水分：用手轻抓一把面粉，有少量面粉从指缝中自然溢出，松开后不成团，证明面粉水分低；如成团结块则证明水分含量高。

面筋：取10g面粉，加入4～5mL水和成面团，用双手拇指和食指轻拉，感觉拉力强、延伸度长表明面粉筋力好，反之则面粉水分高、不耐贮存。

以上指标计分方法如表2-14所示。

表2-14 计分方法

项目	评分标准
色泽	①呈白色或微黄色，得20分 ②凡呈灰白色（或叫呆白色）或深黄色、发暗、色泽不均匀酌情扣1～10分 ③青灰白色，底色发暗，不得分 ④雪白透亮，折射荧光，不得分
气味	①有面粉固有的清香味，得10分 ②有苦味、酸味、霉味、哈喇味等异味酌情扣1～6分
熟食味觉（方法3）	①口感细腻、有弹性、有回甜得20分 ②出现牙碜现象，酌情扣1～15分 ③有酸味，酌情扣1～10分
水分含量	①手捏面粉呈粉末状、无颗粒感、松手后不结块得10分 ②若易成团、结块、发黏酌情扣1～10分
面筋（同一品种）	①拉力强、延伸度长得10分 ②拉力弱、易断裂酌情扣1～5分

三、品评结果分析及优化

将n位感官评价人员的鉴评结果及评分差统计在表2-15中，并用t检验法对两种产品是否存在显著性差异进行比较。

表2-15 评价结果

评价员		1	2	3	4	5	6	7	8	9	10	合计	平均值
样品	A	a_1	b_1	c_1	d_1	e_1	f_1	g_1	h_1	i_1	j_1	k_1	x_1
	B	a_2	b_2	c_2	d_2	e_2	f_2	g_2	h_2	i_2	j_2	k_2	x_2
评分差	d_i	a_1-a_2	…	…	…	…	…	…	…	…	…	…	$(a_1-a_2)/10$
	d_i^2	$(a_1-a_2)^2$	…	…	…	…	…	…	…	…	…	…	$(a_1-a_2)^2/10$

用t检验法对两种产品的显著性差异进行分析：

$$t=\frac{\overline{d}}{\sigma_e/\sqrt{n}} \tag{2-1}$$

$$\sigma_e=\sqrt{\frac{\sum(d_i-\overline{d})^2}{n-1}}=\sqrt{\frac{\sum d_i^2-(\sum d_i)^2/n}{n-1}} \tag{2-2}$$

计算出t值，判断差异是否显著。

将感官评价人员的鉴评结果及评分差统计在表中，并用t检验法对两种产品是否存在显著性差异进行比较，根据评价员的自由度$n-1$，查附录四t分布表，若测定值t小于5%显著水平相应的临界值 t_{n-1}（0.05）和1%显著水平下相应的临界值 t_{n-1}（0.01），则可推断A、B两种样品在5%和1%水平下均没有显著差异，反之则差异显著。

任务思考

小组合作，设计挂面熟食检验的方法。

技能拓展

挂面的简易感官检验

① 把成筒的挂面放在手掌上墩一墩，如挂面筒中不掉出来碎短条，则是好挂面。

② 从挂面中抽出一小把挂面，在手上轻轻摔打，不断则是好挂面。

③ 从挂面筒中任意抽出一根，迅速将面条折断，仔细观察断裂处，若是齐茬，是好挂面，反之则是次挂面。

④ 从筒中抽出一根挂面，两手握住两端轻轻对折，如挂面条弯成弧仍不断裂则是好挂面，如果稍一折就断成两截则是次挂面，这种挂面煮时大多数断条，因为质量好的挂面应是硬而有韧，挺而不脆。

方便面的感官检验

依据GB/T 25005—2010《感官分析　方便面感官评价方法》的描述，方便面感官评价包括外观评价和口感评价两个过程。外观评价即在面饼未泡（煮）之前，由评价员主要利用视觉感官评价方便面的色泽和表观状态；口感评价即在规定条件下将面饼泡（煮）后，由评价员利用口感触觉和味觉感官评价方便面的复水性、光滑性、软硬度、韧性、黏性、耐泡性等。评价的方法可采用评分法，评价的结果采用统计检验法处理异常值后进行分析统计。样品制备的方法是将5倍于面饼质量的沸水（蒸馏水）注入容器中，冲泡或者煮制4min左右。方便面感官评价评分规则见表2-16。

表2-16　方便面感官评价评分规则

感官特征	评价标度		
	低	中	高
	1～3	4～6	7～8
色泽	有焦、生现象，亮度差	颜色不均匀，亮度一般	颜色标准、均匀、光亮
表观状态	起泡分层严重	有起泡或分层	表面结构细密、光滑
复水性	复水差	复水一般	复水好
光滑性	很不光滑	不光滑	适度光滑
软硬度	太软或太硬	较软或较硬	适中无硬心
韧性	咬劲差、弹性不足	咬劲和弹性一般	咬劲合适、弹性适中
黏性	不爽口、发黏或夹生	较爽口、稍粘牙或稍夹生	咀嚼爽口、不粘牙、无夹生
耐泡性	不耐泡	耐泡性较差	耐泡性适中

注：评价结果保留到小数点后一位。

数据处理取单项平均分后汇总为总评分。

项目三　肉及其制品的感官检验

背景知识

肉指动物体的可食部分，不仅包括动物的肌肉组织，还包括可食用的内脏器官，广义而言肉还包括禽肉、鱼肉等。国外常将畜肉称为红肉，把禽肉和鱼肉称为白肉。在食品加工中，将动物可食部分从形态上分为肌肉组织、脂肪组织、结缔组织和骨骼组织。肉在食品加工业中一般指畜禽宰杀后除去血、皮（也有保留皮的）、毛、内脏、头、蹄的胴体，包括肌肉、脂肪、骨骼或软骨、腱、筋膜、血管、淋巴、神经和腺体等。完全由肌肉组织组成的肉称为瘦肉或精肉；脂肪组织多的肉称为肥肉；我国常将胴体称为白条肉；根据分割后相应部位可分为肩颈肉（前槽肉）、臀腿肉（后腿肉）、背腰肉（外脊）、肋腹肉（五花）、前臂和小腿肉（肘子）、前颈肉等，这些未经其他处理的肉又称原料肉；以肉或可食内脏为原料加工制造的产品称为肉制品。肉制品根据制作工艺分为以下几大类。

1. 腌腊制品种类

肉经腌制、酱渍、晾晒（或不晾晒）、烘烤等工艺制成的生肉类制品，食用前需经加工的有咸肉类、腊肉类、酱（封）肉类、风干肉类。酱（封）肉是咸肉和腊肉制作方法的延伸和发展。

2. 酱卤制品种类

肉加调料和香辛料，以水为加热介质，煮制而成的熟肉类制品。有白煮肉类、酱卤肉类、糟肉类。

3. 熏烧烤制品种类

肉经腌、煮，再以烟气、高温空气、明火或高温固体为介质，干热加工制成的熟肉类制品，有烟熏肉类、烧烤肉类。熏、烤、烧三种作用往往互为关联，极难分开。以烟雾为主者属熏烤；以火苗或以盐、泥等固体为加热介质煨制而成者属烧烤。

4. 干制品种类

瘦肉先经熟加工，再成型干燥，再经熟加工制成的干、熟肉类制品。可直接食用，成品为小的片状、条状、粒状、絮状或团粒状。有肉松类、肉干类和肉脯类。

5. 油炸肉制品种类

油炸肉制品门类主要特征是以食用油作为加热介质。经过加工调味或挂糊的肉（包括生原料、半成品、熟制品）或只经干制的生原料，以食用油为加热介质，经高温炸制（或浇淋）而成的熟肉类制品。油炸制品有：上海狮子头、炸猪皮、炸乳鸽和油淋鸡等。

6. 香肠制品种类

香肠是一种利用非常古老的食物生产和肉食保存技术的食物，是将动物的肉绞碎成条状，再灌入肠衣制成的长圆柱体管状食品。中国的香肠有着悠久的历史，主要品种有：中国腊肠类、发酵肠类、熏煮肠类、肉粉肠类，还有生鲜香肠、肝肠、水晶肠等。

7. 火腿制品种类

用大块肉经腌制加工而成的肉类制品。虽然中国火腿与西式火腿在工艺上差异很大，但在名称上是一致的，有利于归纳和检索，在“类”这一层次，无疑是符合工艺一致性的原则的。有中国火腿类、发酵火腿类、熏煮火腿类、压缩火腿类等。

任务一　猪肉新鲜度的感官检验

【任务目标】

1. 了解猪肉的感官评价指标；
2. 了解其他肉类的感官评价标准；
3. 能使用“A”-“非A”检验法判断猪肉的感官品质；
4. 能够与小组成员协作制定注水肉的感官检验步骤，并完成检验内容。

【任务描述】

某销售肉食铺被消费者投诉销售一批不新鲜的猪肉，食品监督部门叫停该批次产品，并对这些产品是否为不新鲜猪肉进行检验，请按照检验步骤对该产品的感官质量进行判断。

品评员依据GB/T 2707—2016《食品安全国家标准　鲜（冻）畜、禽产品》、GB/T 5009.44—2003《肉与肉制品卫生标准的分析方法》和GB 9959.1—2001《鲜、冻片猪肉》中的标准，从外观、气味、弹性、脂肪四个方面通过“A”-“非A”检验法对比待测样品与优质样品之间的区别，从而进行判断，根据其鉴定结果初步确定猪肉的质量。

知识准备

一、猪肉的感官评定要求

一般将猪肉分为新鲜肉、次鲜肉、变质肉三级。在进行感官检查时，要注意光线明亮、温度适宜、空气清新、周围不得有挥发性物质。当长时间检查大批样品时会引起感官上的疲劳，应适当休息。对畜禽肉进行感官检验时一般首先是眼看其外观、色泽，特别应注意肉的表面和切口处的颜色与光泽，是否色泽灰暗，是否存在淤血、水肿、囊肿和污染等情况。其次是嗅肉品的气味，不仅要了解肉表面上的气味，还应感知其切开时和试煮后的气味，注意是否有腥臭味。最后用手指按压、触摸以感知其弹性和黏度，结合脂肪以及试煮后肉汤的情况，才能对肉进行综合性的感官评定和检验。

二、猪肉的感官检验方法——“A”-“非A”检验法

感官人员要先熟悉样品“A”以后，再将一系列样品呈送给这些检验人员，样品中有“A”，也有“非A”，要求参评人员对每个样品做出判断，哪些是“A”，哪些是“非A”，这种检验方法被称为“A”-“非A”检验法。这种是与否的检验方法，也称为单向刺激检验。此方法适用于确定原料、加工、处理、包装和储藏等各环节的不同所造成的两种产品之间存在的细微的感官差别，特别适用于具有不同外观或后味样品的差异检验，也适用于确定检评员对产品某一种特性的灵敏性。

1. 方法特点

① 此检验本质上是一种顺序成对差别检验或简单差别检验。评价员先评价第一个样品，然后评价第二个样品，要求评价员指明这些样品感觉上是相同还是不同。此实验的结果只能表明评价员可觉察到样品的差异，但无法知道样品品质差异的方向。

② 此实验中，样品有4种可能的呈送顺序，如AA、BB、AB、BA。这些顺序要能够在品评员之间交叉随机化。在呈送给品评员的样品中，分发给每个品评员的样品数应相同，但样品“A”的数目与样品“非A”的数目不必相同。每次实验中，每个样品要被呈送20～50次。每个品评者可以只接受一个样品，也可以接受两个样品，一个“A”，另一个“非A”，还可以连续品评10个样品。每次评定的样品数量视检验人员的生理疲劳程度而定，受检验的样品数量不能太多，应以较多的品评人数来达到可靠的目的。

③ 评价员必须经过训练，以便理解评分表所描述的任务，但他们不需要接受特定感官方面的评价训练。通常需要10～50名品评人员参加实验，他们要经过一定的训练，做到对样品“A”和“非A”比较熟悉。

④ 需要强调的一点是，参加检验评定的人员一定要对样品“A”和“非A”非常熟悉，否则没有标准的参照，结果将失去意义。

⑤ 检验中，每次样品出示的时间间隔很重要，一般是相隔2～5min。

2. 问答表

“A”-“非A”检验法问答表的一般形式见表3-1。

表3-1 “A”-“非A”检验法问答表的一般形式

“A”-“非A”检验样品准备工作表

姓名：________　　样品：________　　日期：________

实验指令：

①在实验之前对样品“A”和“非A”进行熟悉，记住它们的口味

②从左到右依次品尝样品，在品尝完每一个样品之后，在其编码后面相对应位置上打√

注意：在品评人员所得到的样品中，“A”和“非A”的数量是相同的

样品顺序号	编号	该样品是	
		“A”	“非A”
1	590		
2	303		
3	546		
4	742		
5	567		
6	197		

3. 结果分析与判断

对鉴评表进行统计，并汇入表 3-2 中进行结果分析。

表 3-2 结果统计表

判别 \ 样品判别数	“A”	“非 A”	累计
判为“A”的回答数	n_{11}	n_{12}	n_1
判为“非 A”的回答数	n_{21}	n_{22}	n_2
累计	n'_1	n'_2	n

表中：n_{11}——样品本身是“A”，鉴评员也认为是“A”的回答总数；

n_{22}——样品本身是“非 A”，鉴评员也认为是“非 A”的回答总数；

n_{21}——样品本身是“A”，而鉴评员认为是“非 A”的回答总数；

n_{12}——样品本身是“非 A”，而鉴评员认为是“A”的回答总数；

n_1、n_2——第 1、2 行回答数之和；

n'_1、n'_2——第 1、2 列回答数之和；

n——所有回答数。

统计结果用 χ^2 检验来进行解释。

三、猪肉的感官评定标准

猪肉的感官评价标准见表 3-3。

表 3-3 猪肉感官评价标准

项目 \ 分类	新鲜猪肉	次鲜猪肉	变质猪肉
外观	表面有一层微干或微湿的外膜，呈暗灰色，有光泽，切断面湿、不粘手，肉汁透明	表面有一层风干或潮湿的外膜，呈暗灰色，无光泽，切断面的色泽比新鲜的肉暗，有黏性，肉汁浑浊	表面外膜极度干燥或粘手，呈灰色或淡绿色，发黏并有霉变现象，切断面呈暗灰色或淡绿色，很黏，肉汁严重浑浊
气味	具有鲜猪肉正常的气味	在肉的表层能嗅到轻微的氨味、酸味或酸霉味，但在肉的深层没有这些气味	腐败变质的肉，不论在肉的表层还是深层均有腐臭气味
弹性	质地紧密却富有弹性，用手指按压凹陷后会立即复原	肉质比新鲜肉柔软、弹性小，用指头按压凹陷后不能完全复原	由于自身分解严重，组织失去原有的弹性而出现不同程度的腐烂，用指头按压后凹陷，不但不能复原，有时手指还可以把肉刺穿
脂肪	脂肪呈白色，具有光泽，有时呈肌肉红色，柔软而富有弹性	脂肪呈灰色，无光泽，容易粘手，有时略带油脂酸败味和哈喇味	脂肪表面污秽，有黏液，霉变呈淡绿色，脂肪组织很软，具有油脂酸败气味
肉汤	肉汤透明、芳香，汤表面聚集大量油滴，油脂的气味和滋味鲜美	肉汤浑浊，汤表面浮油滴较少，没有鲜香的滋味，常略带有轻微的油脂酸败的气味及味道	肉汤浑浊，汤内漂浮着有如絮状的烂肉片，汤表面几乎无油滴，具有浓厚的油脂酸败或显著的酸败臭味

任务实施

一、品评方案设计

1. 方法选择

“A”-“非 A”检验法。

2. 实验设计

对 30 个学生进行分组，设定 10 人为备样员，设定 20 人为评价员，首先向评价员介绍实验样品的特性，简单介绍该样品来源，然后提供一个标准样品让大家进行品评，充分熟悉其特性，记住口味。然后由备样员给出 10 个样品，每个样品编出三位数的代码，每个样品给出三个编码，作为三次重复检验之用，随机数码取自随机数表，并按任意顺序进行供样。实验检验时，提供给每个感官评定人员的样品数应该相同，但是样品“A”的数量和样品“非 A”的数量可以不相同。在每次实验中，每个样品要被呈送 20～50 次。每次感官评定者可以只接受一个样品，也可以接受 2 个样品，一个“A”，另一个“非 A”，还可以连续感官评定 10 个样品。每次评定样品数量视检验人员的感官疲劳程度而定。

3. 用具准备

干燥洁净无异味的白瓷盘 10 个、普通白色薄纸 10 张、一次性手套 10 副、小刀 10 把、餐巾纸 10 张。

二、品评步骤

1. 样品呈送

准备 10 份待检样品，每个样品均提前编好三位数的代码，每个样品给出 3 个编码，以备 3 次平行检验，编号根据随机数表，每组 10 个样品中“A”与“非 A”数量不必相等，按照任意顺序供样。

将不同的样品按编号分别码放到白瓷盘中，样品数量不得少于 100g，一组 10 个，由备样员呈送给评价员。

2. 外观观察

在自然光线下观察样品的外观，观察时除了观察外膜颜色、色泽外，还需要注意观察是否有水光。

3. 黏性检验

用薄纸贴在样品表面维持 15s 左右，将纸揭下。正常的新鲜猪肉有一定的黏性，贴上的纸不易揭下；非新鲜猪肉则容易揭下。

4. 切面及气味检验

用小刀将肉切开，观察切面及脂肪的颜色，并且嗅闻样品的气味。

5. 弹性检验

戴上一次性手套，用手按压样品，判断样品的弹性。

6. 记录

按要求记录相应的编号和判断结果，填入“A”-“非 A”检验法问答表中。

三、品评结果分析及优化

品评结果如表 3-4 所示，假设鉴评员的判断与样品本身的特性无关。

表 3-4　品评结果

样品判别数 / 判别	“A”	“非 A”	累计
判为“A”的回答数	n_{11}	n_{12}	$n_{11}+n_{12}=n_1$
判为“非 A”的回答数	n_{21}	n_{22}	$n_{21}+n_{22}=n_2$
累计	$n_{11}+n_{21}=n_1'$	$n_{12}+n_{22}=n_2'$	n

① 当回答总数为 $n \leqslant 40$ 或 n_{ij} $(i=1,2;\ j=1,2) \leqslant 5$ 时，根据 χ_0^2 的统计量为：

$$\chi_0^2=\frac{[|n_{11}n_{22}-n_{12}n_{21}|-n/2]^2 n}{n_1' n_2' n_1 n_2} \tag{3-1}$$

② 当回答总数是 $n>40$ 和 $n_{ij}>5$ 时，χ_0^2 的统计量为：

$$\chi_0^2=\frac{[n_{11}n_{22}-n_{12}n_{21}]^2 n}{n_1' n_2' n_1 n_2} \tag{3-2}$$

将 χ_0^2 统计量与 χ^2 分布临界值比较：

当 $\chi_0^2 \geqslant \chi^2=3.84$，即认为样品“A”与“非 A”在 5%显著水平有显著差异；

当 $\chi_0^2 \geqslant \chi^2=6.63$，即认为样品“A”与“非 A”在 1%显著水平有显著差异。

因此，在此选择的显著水平上拒绝原假设，即鉴评员的判断与样品特性相关，即认为样品“A”与“非 A”有显著差异。

当 $\chi_0^2 < \chi^2=3.84$，即认为样品“A”与“非 A”在 5%显著水平无显著差异；

当 $\chi_0^2 < \chi^2=6.63$，即认为样品“A”与“非 A”在 1%显著水平无显著差异。

因此，在此选择的显著水平上接受原假设，即认为鉴评员的判断与样品本身特性无关，即认为样品“A”与“非 A”无显著性差异。

任务思考

1. 据中央电视台《焦点访谈》栏目曝光河北省石家庄市牛肉生产过程存在私屠乱宰、大量注水现象，因此为控制本地牛肉质量，现需对市场所售的牛肉进行感官检验，以判断其感官品质。请根据“A”-“非 A”检验法的要求分小组设计检验步骤和记录表（提示：可上网查阅有关牛肉的国家标准和注水牛肉的鉴别方法）。

2. 请各小组根据第 1 题中设计的检验步骤和记录表，完成对市场所售的牛肉进行感官品质鉴别的工作。

技能拓展

牛肉、鸡肉、猪副产品等的感官检验

1. 牛肉的感官评价标准

牛肉的感官评价标准见表3-5。

表3-5 牛肉的感官评价标准

项目＼等级	优质	劣质
色泽	肌肉有光泽，红色均匀，脂肪洁白或淡黄色	肌肉色稍暗，刀切面尚有光泽，脂肪缺乏光泽
气味	具有牛肉正常的气味	稍有氨味或者酸味
黏度	外表微干或有风干的膜，不粘手	外表干燥或粘手，刀切面上有湿润现象
弹性	用手指按压后的凹陷能完全恢复	用手指按压后的凹陷恢复慢，且不能完全恢复到原状
煮沸后肉汤	透明澄清，脂肪团聚于肉汤表面，具有牛肉特有的香味和鲜味	肉汤稍有浑浊，脂肪呈小滴状浮于肉汤表面，鲜味差或无鲜味

2. 鸡肉的感官评价标准

鸡肉的感官评价标准见表3-6。

表3-6 鸡肉的感官评价标准

项目＼等级	新鲜	次鲜	变质
眼睛	眼睛饱满，角膜有光泽	眼球皱缩凹陷，晶体稍显浑浊	眼球干缩、凹陷，角膜浑浊污秽
色泽	口腔黏膜有光泽，呈淡玫瑰红色，洁净，无异常气味，外表光泽自然	色泽转暗，切面有光泽	体表无光泽，有黏液，口腔呈灰色，带有霉斑，头颈部带暗褐色，或有腐败气味
气味	具有正常的固有气味	仅在腹腔内可嗅到轻度不快味，无其他异味	体表或腹腔均有不快或腐败气味
黏度	外表微干或微湿润，不粘手	表面干燥或粘手，新切面湿润	表面干燥或湿润发黏，新切面发黏
弹性	结实富有弹性，指压后的凹陷能立即恢复	指压后的凹陷恢复较慢，且不完全恢复	肉质松散，指压后的凹陷不能恢复，且留有明显的痕迹
肉汤	汤汁澄清透明、芳香，脂肪团聚于表面，具有香味	肉汤稍有浑浊，脂肪呈小滴浮于表面，香味差或无褐色	肉汤浑浊，有白色或黄色絮状物，脂肪浮于表面者很少，香味差，甚至还有酸败脂肪的气味

3. 咸肉的感官评价标准

咸肉的感官评价标准见表3-7。

表 3-7 咸肉的感官评价标准

项目＼等级	良质	次质	劣质
外观	外表干燥、清洁	外表稍湿润、发黏，有时带有霉点	外表湿润、发黏，有霉点或其他变色现象
组织状态	肉质致密而结实，切面平整、有光泽	质地稍软，切面尚平整，光泽较差	质地松软，肌肉切面发黏，无光泽
色泽	肌肉呈红色或暗红色，脂肪切面呈白色或微红色	肌肉呈咖啡色或暗红色，脂肪微带黄色	色泽不均，多呈酱色，脂肪呈黄色或灰绿色，骨骼周围常带有灰褐色
气味	具有咸肉固有的风味	脂肪有轻度酸败味，骨周围组织稍有酸味	脂肪有明显哈喇味及酸败味，肌肉有腐败臭味

任务二 火腿的感官检验

【任务目标】

1. 了解火腿的分级感官评价标准；
2. 学会运用分类检验法的原理与方法评定食品的品质；
3. 了解其他肉制品的感官评价标准；
4. 能使用分类检验法完成对火腿的分级感官质量判断并进行分级。

【任务描述】

某厂家按计划生产一批特级火腿，现需食品监督部门检验这批火腿的品质是否达标，其中第一个检验内容就是火腿感官鉴别，试按照检验步骤，依据相应等级的感官标准，对该产品的等级进行判断。

依据 GB/T 5009.44—2003《肉与肉制品卫生标准的分析方法》从外观、色泽、组织状态、气味四个方面对火腿进行感官质量判断。本任务是对产品等级的判断，所以选择使用分类检验法，按照检验步骤，依据相应等级的感官标准，对该产品的等级进行判断。一旦遇到不合格的情况，应及时调整产品等级或暂停销售。

知识准备

一、火腿的感官检验方法——分类检验法

评价员品评样品后，划出样品应属的预先定义的类别，这种评价的方法称为分类检验法。它是先由专家根据某样品的一个或多个特征，确定出样品的质量或其他特征类别，再将样品归纳入相应类别或等级的办法。此法是使样品按照已有的类别划分，可在任何一种检验方法的基础上进行。

1. 方法特点

① 此法是以过去积累的已知结果为根据，在归纳的基础上进行产品分类。

② 当样品打分有困难时，可用分类法评价出样品的好坏差异，得出样品的级别、好坏，也可以鉴定出样品的缺陷等。

2. 问答表

把样品以随机的顺序出示给评价员，要求评价员按顺序鉴评样品后，根据评价表中所规定的分类方法对样品进行分类。分类检验法问答表的一般形式见表 3-8。

表 3-8 分类检验法问答表的一般形式

姓名：　　　　　日期：　　　　　样品类型：

<table>
<tr><td colspan="5">实验指令：
①从左到右依次品尝样品
②品尝后把样品划入你认为应属的预先定义的类别</td></tr>
<tr><td>样品</td><td>一级</td><td>二级</td><td>三级</td><td>合计</td></tr>
<tr><td>A
B
C
D</td><td></td><td></td><td></td><td></td></tr>
<tr><td>合计</td><td></td><td></td><td></td><td></td></tr>
</table>

二、火腿的感官评定标准

火腿可根据其外观、色泽、组织状态、气味等几个方面的指标分为特级、一级、二级、三级和四级，具体划分标准可见表 3-9。

表 3-9 火腿的分级感官检验指标

<table>
<tr><td colspan="2">项目
分类</td><td>外观</td><td>色泽</td><td>组织状态</td><td>气味</td></tr>
<tr><td rowspan="5">火腿</td><td>特级</td><td>腿皮整齐，腿爪细，腿心肌肉丰满，腿上油头小，腿形整洁美观</td><td rowspan="2">肌肉切面为深玫瑰色、桃红色或暗红色，脂肪呈白色、淡黄色或淡红色</td><td rowspan="2">结实而致密，具有弹性，指压凹陷能立即恢复，基本上不留痕迹，切面平整、光滑</td><td rowspan="2">具有正常火腿特有的香气</td></tr>
<tr><td>一级</td><td>全腿整洁美观，油头较小，无虫蛀和虫咬伤痕</td></tr>
<tr><td>二级</td><td>腿爪粗，皮稍厚，味稍咸，腿形整齐</td><td>肌肉切面呈暗红色或深玫瑰红色，脂肪切面呈白色或淡黄色，光泽较差</td><td>肉质较致密，略软，尚有弹性，指压凹陷恢复较慢，切面平整</td><td rowspan="2">稍有酱味、花椒味或豆豉味，无明显的哈喇味，可有微弱酸味</td></tr>
<tr><td>三级</td><td>腿爪粗，加工粗糙，腿形不整齐，稍有破伤、虫蛀伤痕，并有异味</td><td rowspan="2">肌肉切面呈酱色，上有斑点，脂肪切面呈黄色或黄褐色，无光泽</td><td rowspan="2">组织状态疏松稀软，甚至呈黏糊状，尤以骨髓及骨周围组织更加明显</td></tr>
<tr><td>四级</td><td>脚粗皮厚，骨头外露，腿形不整齐，稍有伤痕、虫蛀或异味</td><td>具有腐败臭味或严重的酸败味及哈喇味</td></tr>
</table>

任务实施

一、品评方案设计

1. 方法选择

采用分类检验法，确定待检样品的类别，评价员按顺序评价样品后，将样品进行分类，比较两种或多种产品，归入不同类别的分布，计算各类别的期待值。根据实际测定值与期待值之间的差值，得出每一种产品应属的级别，再根据 χ^2 检验判断各个级别之间是否具有显著性差异。

2. 实验设计

对学生进行分组，一半作为备样员，另一半作为品评员；之后再交换身份。

3. 用具准备

白瓷盘 4 个、一次性手套 4 副、小刀 4 把、小叉子 4 个。

二、品评步骤

① 备样员准备 4 个样品，每个样品用三位随机数字编号，每个样品给出 3 个编码，以备 3 次重复检验。每份样品数量不得少于 25g，实验准备员将样品放入白瓷盘中，先给出 4 个样品，并按任意顺序进行呈送，要求评价员品评样品后，将样品归到应属的预先定义的级别中。

② 在自然光线下观察样品的外观，然后用小刀切开火腿，观察肌肉切面，戴上一次性手套，用手指按压样品，判断样品的组织状态；用鼻子嗅闻样品的气味。

③ 每位评价员按火腿的分级感官指标进行分级评价，并在火腿分级感官检验记录表 3-8 中记录相应的编号和判断结果。

三、品评结果分析及优化

每位感官评价员将评价的结果填入问答记录表（表 3-8）中，根据结果最终将每一种样品划入每一类别的次数 Q_{ij} 统计在分类检验法结果汇总表中（见表 3-10）。

表 3-10　分类检验法结果汇总表

姓名：　　　　日期：　　　　样品类型：

实验指令：
①从左到右依次品尝样品
②品尝后把样品划入你认为应属的预先定义的类别

样品	特级	一级	二级	三级	四级
A	Q_{11}	Q_{21}	Q_{31}	Q_{41}	Q_{51}
B	Q_{12}	Q_{22}	Q_{32}	Q_{42}	Q_{52}
C	Q_{13}	Q_{23}	Q_{33}	Q_{43}	Q_{53}
D	Q_{14}	Q_{24}	Q_{34}	Q_{44}	Q_{54}
合计	N_1	N_2	N_3	N_4	N_5

然后用χ^2检验比较两种或多种样品落入不同类别的分布，从而得出每一种产品应属的级别。

假设各样品的级别分布相同，由上表分别计算各级别的期待值：E_{ij}＝该级别的实际测定值/样品种类数。假设各样品的级别分布相同，那么各级别的期待值：E_{ij}＝(该级别的实际测定值/样品总数)×评价员总数，则可以将样品级别期待值综合统计为表3-11。

表3-11 样品级别的期待值E_{ij}

样品＼等级	特级	一级	二级	三级	四级
A	E_{11}	E_{21}	E_{31}	E_{41}	E_{51}
B	E_{12}	E_{22}	E_{32}	E_{42}	E_{52}
C	E_{13}	E_{23}	E_{33}	E_{43}	E_{53}
D	E_{14}	E_{24}	E_{34}	E_{44}	E_{54}
合计	N_1	N_2	N_3	N_4	N_5

计算出各样品在每一等级的实际测定值与期待值的差$Q_{ij}-E_{ij}$，并将结果填入表3-12中。

表3-12 实际测定值与期待值的差$Q_{ij}-E_{ij}$

样品＼等级	特级	一级	二级	三级	四级
A	$Q_{11}-E_{11}$	$Q_{21}-E_{21}$	$Q_{31}-E_{31}$	$Q_{41}-E_{41}$	$Q_{51}-E_{51}$
B	$Q_{12}-E_{12}$	$Q_{22}-E_{22}$	$Q_{32}-E_{32}$	$Q_{42}-E_{42}$	$Q_{52}-E_{52}$
C	$Q_{13}-E_{13}$	$Q_{23}-E_{23}$	$Q_{33}-E_{33}$	$Q_{43}-E_{43}$	$Q_{53}-E_{53}$
D	$Q_{14}-E_{14}$	$Q_{24}-E_{24}$	$Q_{34}-E_{34}$	$Q_{44}-E_{44}$	$Q_{54}-E_{54}$
合计	N_1	N_2	N_3	N_4	N_5

如表3-12所示，若样品作为某一级别的实际测定值大大高于期待值，则该样品应为这一等级。

用χ^2检验来确定这不同级别间有无显著差异：

$$\chi^2=\sum_{i=1}^{i}\sum_{j=1}^{j}\frac{(Q_{ij}-E_{ij})^2}{E_{ij}} \tag{3-3}$$

自由度f＝(样品数－1)×(级别数－1)。

查附录三得出χ^2（f，0.05）和χ^2（f，0.01）。

若计算值$\chi^2>\chi^2$（6，0.05），且计算值$\chi^2>\chi^2$（6，0.01），则可以得出这4个级别之间在1%和5%显著水平有显著性差异，也就是说这4种样品可以分成不同等级。等级越高品质最佳。反之，则无显著差异。

任务思考

1. 使用分类检验法之前，评价员是否需要了解并掌握样品的相关特征？请简述原因。

2. 从市场采集三种不同品牌的广式腊肠样品，根据其感官特征确定这三种样品的级别。请根据分类检验法和相关文件的要求分小组设计检验步骤和记录表，完成对市场所售的三种不同品牌的广式腊肠样品的感官品质等级鉴别工作。

技能拓展

一、常见腌腊肉制品的感官检验

常见腌腊肉制品的感官评价标准见表3-13。

表3-13 常见腌腊肉制品的感官评价标准

分类	项目	外观	色泽	组织状态	气味
香肠	优质	肠衣干燥而完整，并紧贴肉馅，表面有光泽	切面有光泽，肉馅呈红色或玫瑰色，脂肪呈白色或微带红色	切面平整坚实，肉质紧密而富有弹性	具有香肠特有的风味
	次质	肠衣稍有湿润或发黏，易与肉馅分离，表面色泽稍暗，有少量霉点，但抹拭后不留痕迹	部分肉馅有光泽，深层呈咖啡色，脂肪呈淡黄色	组织稍软，切面平齐但有裂隙，外围部分有软化现象	风味略减，脂肪有轻度酸败味或肉馅带有酸味
	劣质	肠衣湿润、发黏，极易与肉馅分离，表面色泽稍暗，有少量霉点，但抹拭后不留痕迹	肉馅无光泽，肌肉碎块的颜色灰暗，脂肪呈黄色或黄绿色	组织松软，切面不齐，裂隙明显，中心部分有软化现象	有明显的脂肪酸败气味或其他异味
咸肉	优质	外表干燥、清洁	肌肉呈红色或暗红色，脂肪切面呈白色或微红色	肉质致密而结实，切面平整，有光泽	具有咸肉固有的风味
	次质	外表稍湿润、发黏，有时带有霉点	肌肉呈咖啡色或暗红色，脂肪带黄色	质地稍软，切面尚平整，光泽较差	脂肪有轻度酸败味，骨周围组织稍有酸味
	劣质	外表湿润、发黏，有霉点或其他变色现象	色泽不均匀，多呈酱色，无光泽，脂肪呈黄色或灰绿色，骨骼周围常带有灰褐色	质地松软，肌肉切面发黏	脂肪有明显哈喇味及酸败味，肌肉有腐败臭味
灌肠	优质	肠衣干燥而完整，并紧贴肉馅，表面有光泽	切面有光泽，肉馅呈红色或玫瑰色，脂肪呈白色或微带红色	切面平整坚实，肉质紧密而富有弹性	具有灌肠特有的风味
	次质	肠衣稍有湿润或发黏，易与肉馅分离，表面色泽稍暗，有少量霉点，但抹拭后不留痕迹	部分肉馅有光泽，深层呈咖啡色，脂肪呈淡黄色	组织松软，切面平齐但有裂隙，外围部分有软化现象	风味略减，脂肪有轻度酸败味或肉馅带有酸味
	劣质	肠衣湿润、发黏，极易与肉馅分离并易撕裂，表面霉点严重，摸拭后仍有痕迹	肉馅无光泽，肌肉碎块颜色灰暗，脂肪呈黄色或黄绿色	组织松软，切面不齐且裂隙明显，中心部分有软化现象	明显的脂肪酸败气味或其他异味
广式腊味（腊肠、腊肉）	优质	表面可有霉斑，摸拭后无痕迹，切面有光泽	色泽稍淡，肌肉呈暗红色或咖啡色，脂肪呈淡黄色	肉质干爽，结实致密，坚韧而有弹性，指压后无明显凹痕	具有广式腊味固有的正常风味
	次质	表面可有霉斑，抹拭后无痕迹，切面有光泽	色泽暗淡，肌肉呈暗红色或咖啡色，脂肪呈淡黄色	肉质轻度变软，但尚有弹性，指压后凹痕尚易恢复	风味略减，伴有轻度脂肪酸败味
	劣质	表面有霉点，抹拭后仍有痕迹	肌肉灰暗无光泽，脂肪呈黄色	肉质松软，无弹性，指压后凹痕不易恢复，肉表面附有黏液	有明显脂肪酸败味或其他异味

二、肉松的感官评定标准

评价员在正常光线下，用不锈钢镊子拨开观察。从肉松形态、色泽、杂质和滋味及气味四个方面分别对两种样品进行鉴评；

形态：呈绒状、柔软而蓬松，允许有少量结头，不允许有焦头和筋头；

色泽：呈金黄色或淡黄色，不允许有焦黄色或暗灰色；

杂质：肉眼观察无杂质；

滋味及气味：具有本品应有的香味，鲜味可口，甜咸适中，不允许有焦煳味、霉味及其他异味。

三、常见酱卤肉制品的感官检验

酱卤肉制品是以鲜、冻肉或整只畜禽胴体为原料，配以调味料，经调味、煮制或炒制等工艺加工而成的熟肉制品，主要包括白煮肉类、酱卤肉类、肉松类（肉松、油酥肉松、肉粉松）和肉干类等。

1. 白煮肉类、酱卤肉类

该类产品工艺相对简单，主要包括选料、调味和煮制等过程，形成地方特色，代表品种有北京酱肘子、无锡酱排骨、南京盐水鸭、镇江肴肉、苏州酱汁肉、糟制鹅、符离集烧鸡、道口烧鸡、德州扒鸡、上海白斩鸡、酱牛肉、白水羊头等。以烧鸡为例对该类产品的感官特性及感官检验方法做一介绍。

（1）感官特性 鸡体完整、无破损，两端皆尖，呈元宝形，肉质软硬适度、一咬齐茬、熟烂离骨，皮色柿红、微带嫩黄、肉丝粉白，鲜香醇厚、风味独特，无羽毛、气管、鸡血、鸡爪、内脏及其他添加物，无可见杂质。

（2）感官检验方法 取样品置于洁净白瓷盘中，在自然光线下用肉眼观察其各部位色泽、形态、杂质及其他，品其滋味。

2. 肉干类

肉干类产品工艺主要包括选料、煮制切块、配料、复煮、烘烤等过程；按原料分有猪肉干、牛肉干等。以牛肉干为例对该类产品的感官特性及感官检验方法做一介绍。

（1）感官特性 具有牛肉干的香辣风味和气味。

（2）感官检验方法 将待检样品放入洁净的白瓷盘中，目测其形态色泽，并用不锈钢尺量其长度、宽度和厚度，观察是否符合要求。

形态：呈片状、粒状，具体尺寸根据规格而定，大小基本一致，允许有小于1/2的不规则片（粒），总数不超过25%，但不允许有碎屑、筋腱。

色泽：呈棕黄色或浅褐色，色泽基本一致，允许有色差，但不允许有暗褐色、灰紫色和花斑色。

杂质：肉眼观察无杂质。

滋味和气味：具有牛肉干应有的香辣味，不得有血腥味、霉味、酸败味及其他异味。

项目四 乳及乳制品的感官检验

背景知识

一、乳及乳制品的概述

乳是哺乳动物为哺育幼儿从乳腺分泌的一种白色或微黄色的不透明液体，含有幼儿生长发育所需的全部营养成分，尤其是蛋白质和矿物质。

随着生活水平的提高，人们对乳及乳制品质量、风味、口感和功能性都有了更高的要求，加速了乳制品行业的发展，使乳制品种类繁多，而且不断有新的乳制品出现，丰富了乳制品市场。根据市场上产品的形式分类，乳制品包括以下八大类：

1. 液态乳

包括灭菌乳、巴氏杀菌乳、调制乳。

2. 发酵乳

包括发酵乳、风味发酵乳。

3. 乳粉

包括乳粉、调制乳粉。

4. 炼乳

包括淡炼乳、加糖炼乳、调制炼乳。

5. 乳脂肪类

包括稀奶油、奶油、无水奶油。

6. 干酪类

包括干酪、再制干酪。

7. 冰淇淋

包括全乳脂冰淇淋、半乳脂冰淇淋、植脂冰淇淋。

8. 其他乳制品

包括乳清粉、乳清蛋白粉、干酪素和乳糖等。

二、乳及乳制品的感官鉴别与食用原则

乳与乳制品的营养价值较高，又极易因微生物生长繁殖而受污染，导致乳制品质量的不良变化，因此对于乳制品质量的要求较高。经感官鉴别已确认了品级的乳制品，即可按如下

食用原则做处理。

① 凡经感官鉴别认为是良质的乳及乳制品，可以销售或直接供人食用。但未经有效灭菌的新鲜乳不得市售和直接供人食用。

② 凡经感官鉴别认为是次质的乳及乳制品均不得销售和直接供人食用，可根据具体情况限制作为食品加工原料。

③ 凡经感官鉴别认为是劣质的乳及乳制品，不得供人食用或作为食品工业原料，可限作非食品加工用原料或销毁处理。

④ 经感官鉴别认为除色泽稍差外，其他几项指标为良质的乳品，可供人食用。但这种情况较少，因为乳及乳制品一旦发生质量改变，其感官指标中的色泽、组织状态、气味和滋味四项均会有不同程度的改变。在乳及乳制品的四项感官鉴别指标中，若有一项表现为劣质品级即应按③所述方法处理。如有一项指标为次质品级，而其他三项均识别为良质品级，即应按②所述的方法处理。

任务一　灭菌乳的感官检验

【任务目标】

1. 了解灭菌乳感官要求和评定标准；
2. 掌握灭菌乳的感官评定方法；
3. 掌握配偶法；
4. 能够在教师的指导下，以小组协作方式采用配偶法对灭菌乳进行感官检验。

【任务描述】

液态乳是乳制品工业的重要产品之一。液态乳具有饮用方便、营养保留度高、加工成本低、能耗少等优点。从饮食的营养和健康角度出发，液态乳的需求量明显增加。灭菌乳在整个液态乳的销售中占有很大的份额，因为灭菌乳保质期长、保藏和运输条件要求不高、方便携带。市面上出售的灭菌乳来自不同品牌大大小小的乳企业。某企业想对两种不同品牌的灭菌乳进行感官品质鉴别，作为一名品评员，该如何应用评定标准来判断其是否存在差异呢？

感官检验是食品分析检验的第一步，感官检验可以通过直观地判断灭菌乳口感风味的好坏来进行选择，甚至不合格的或者变质的可以直接放弃选择。根据GB 25190—2010《食品安全国家标准　灭菌乳》所规定的感官要求，从色泽、气味、滋味和组织状态四个方面进行感官检验。品评员的任务是对两种灭菌乳的品质进行感官检验后判断是否存在差异，可选用差别检验中的配偶检验法。

知识准备

一、灭菌乳的感官检验方法——配偶法

配偶实验法是指把两组样品逐个取出，各组的样品进行两两归类的检验方法。

1. 方法特点

配偶试验法适用于检验品评员识别能力，也可用于识别样品间的差异。

对评价员没有硬性规定必须培训，评价员人数可根据检验的目的和要求来决定。

检验前，各组样品的顺序必须是随机的，但每组样品的数目可不尽相同，如A组有 m 个样品，B组中可有 m 个样品，也可有 $m+1$ 或 $m+2$ 个样品，但配对数只能是 m 对。

2. 问答表设计

首先确定待检食品或样品的类别，评价员按顺序评价样品后，对样品进行两两归类，填写配偶法品评结果记录表，示例见表4-1，也可自行设计。

表4-1 配偶法品评结果记录表

配偶法
姓名：________ 样品：________ 日期：________
实验指令 ①从左到右依次品尝样品 ②品尝完归类样品，把结果写在下面的横线上
实验结果：
________和________ ________和________ ________和________ ________和________

3. 结果分析

待所有评价员完成评价任务后，由工作人员将所有评价员（个数为 n）的评价表收集并统计出正确的配对数平均值 S_0，并按配偶法检验表表4-2和表4-3分析结果，得出有无差异的结论，此正确的配对数平均值与表中相应的某显著性水平的数相比较，若大于或等于表中的数，则说明在该显著水平上，样品间有显著性差异，否则无差异。

① m 对样品重复配对，即由两个以上品评员进行配对时，若大于或等于表4-2中的相应值，说明在5%显著水平样品间有差异。

表4-2 配偶法检验表1（5%显著水平）

n	S_0	n	S_0
1	4.00	10	1.64
2	3.00	11	1.60
3	2.33	12	1.58
4	2.25	13	1.54
5	1.90	14	1.52
6	1.86	15	1.50
7	1.83	20	1.43
8	1.75	25	1.36
9	1.67	30	1.33

注：此表为 m 个和 m 个样品配对时的检验表。适用范围：$m \geqslant 4$，重复次数 n。

表 4-3　配偶法检验表 2（5%显著水平）

m		
	$m+1$	$m+2$
3 4 5 6 以上	3 3 3 4	3 3 3 3

注：此表为 m 个和（$m+1$）个或（$m+2$）个样品配对时的检验表。

② m 个样品与 m 个或（$m+1$）个或（$m+2$）个样品配对时，若大于或等于表 4-2 中 $n=1$ 栏或表 4-3 中的相应值，说明在 5%显著水平样品间有差异，或者说品评员在此显著水平有识别能力。

例如：

① 由 4 名评价员对 8 种食品进行了感官评价，采用配偶法对评价结果进行分析，统计结果见表 4-4。

表 4-4　配偶法结果统计表

评价员	样品							
	A	B	C	D	E	F	G	H
1	B	C	E	D	A	F	G	B
2	A	B	C	E	D	F	G	H
3	A	B	F	C	E	D	H	C
4	B	F	C	D	E	G	A	H

由表 4-4 得出，四个人正确配对数的平均值 $S=(3+6+3+4)/4=4$，查表 4-3 中 $n=4$ 时，$S_0=2.25$，$S>S_0$ 说明这 8 个产品在 5%水平有显著差异。

② 由 4 名评价员对 8 种食品进行了感官评价，8 种样品与 10 种样品配偶检验，经计算四个人正确配对数的平均值 S 为 2，查表 4-3，$m=6$ 以上，$m+2$ 栏的临界值 S_0 为 3，$S<S_0$，说明这 8 个产品在 5%水平无显著差异。

二、灭菌乳的感官评定标准

灭菌乳是指以生牛（羊）乳为原料，添加或不添加复原乳，在连续流动的状态下，加热到至少 132℃并保持很短时间的灭菌，再经无菌灌装等工序制成的液体产品。GB 25190—2010《食品安全国家标准　灭菌乳》对灭菌乳的感官要求从色泽、气味、滋味和组织状态进行了明确的规定，见表 4-5。

表 4-5　灭菌乳感官要求

项目	要求
色泽	呈乳白色或微黄色
气味、滋味	具有乳固有的香味，无异味
组织状态	呈均匀一致液体，无凝块，无沉淀，无正常视力可见异物

任务实施

一、品评方案设计

1. 实验设计

对学生进行分组，一组设定为备样员，另一组设定为品评员。首先向品评员介绍实验样品的特性及其生产用途，然后提供一个典型样品让大家进行品评。在完成上述工作后，分组进行独立感官检验。之后双方互换工作任务。

2. 用具准备

50mL 烧杯若干、灭菌乳样品、漱口水。

二、品评步骤

1. 实验分组

每组 8 人，轮流进入准备区和感官分析实验区。

2. 样品编号

备样员给每组各样品随机编号并装入 50mL 烧杯。样品可以用数字、拉丁字母或字母和数字结合的方式进行编号。随机数码取自随机数表，并按任意顺序供样。

3. 品评员评价

(1) 色泽和组织状态 品评员拿到编好号的样品后，在自然光下垂直视线或平行视线观察色泽，取适量样品徐徐倾入 50mL 烧杯中，在自然光下观察色泽和组织状态。

(2) 气味和滋味 先闻其气味，然后用温开水漱口，再品尝样品的滋味。

(3) 参考灭菌乳感官评定标准对样品进行感官评定 对样品进行两两归类并记录结果，品评结果记录表示例见表 4-6，也可自行设计。

表 4-6 配偶实验法问答表的一般形式

<table>
<tr><td colspan="2">配偶实验</td></tr>
<tr><td>姓名：________</td><td>日期：________</td></tr>
<tr><td colspan="2">实验指令：
①有两组样品，要求从左到右依次品尝
②品尝之后，归类样品</td></tr>
<tr><td>A 组
256
583
596
154</td><td>B 组
658
456
369
489</td></tr>
<tr><td colspan="2">归类结果</td></tr>
<tr><td colspan="2">________和________
________和________
________和________
________和________</td></tr>
</table>

4. 注意事项

① 保证呈送样品容器的外观、形状、大小、颜色的一致性，减少不相关信息对品评员造成的影响，避免产生误差。

② 样品呈送顺序应该保证平均和随机。

三、品评结果分析及优化

① 每组小组长将本小组品评员的记录表汇总后，解释编码含义，并统计出正确的配对数。

② 由组长将所有评价员的结果汇总统计做表。

③ 计算出正确配对数平均值，并按配偶实验法检验表分析结果，判断样品之间是否具有显著差异。

任务思考

1. 灭菌乳的感官评定方法包括哪些内容?
2. 灭菌乳的感官评价内容包含哪些方面?
3. 试述配偶法的主要步骤。

任务二　发酵乳的感官检验

【任务目标】

1. 了解发酵乳感官要求和评定标准；
2. 掌握发酵乳感官评定方法；
3. 掌握定量描述和感官剖面检验法；
4. 能够在教师的指导下，以小组协作方式采用定量描述和感官剖面检验法对发酵乳进行感官检验。

【任务描述】

随着人们生活水平的提高以及对食品营养学的关注，发酵乳以其特有的营养价值、风味和多重保健功效受到越来越多的消费者喜爱。发酵乳含有更多的人体必需的氨基酸、矿物质和维生素，乳酸菌的协同发酵作用不仅赋予发酵乳独特的风味，而且调理肠道菌群、促进钙磷吸收和提高人体免疫功能。现有某企业一批发酵乳产品消费者反映口味偏酸、不够甜，企业欲改良配方以满足消费者的要求，作为产品感官评定小组的一员将如何通过感官检验为产品的改良提供一些参考依据?

品评员根据 GB 19302—2010《食品安全国家标准　发酵乳》所规定的感官要求，将从色泽、气味、滋味和组织状态四个方面进行感官检验，可以直观地判断发酵乳的口感风味是否符合感官要求，如有不适可及时改进。可采用描述性检验中的定量描述和感官剖面检验法。

知识准备

一、发酵乳的感官评定方法

1. 发酵乳的感官评定原理

根据 GB 19302—2010《食品安全国家标准 发酵乳》，从色泽、气味和滋味及组织状态三个方面对发酵乳进行感官检验。

2. 发酵乳的感官评定方法

（1）色泽和组织状态 取适量样品于 50mL 烧杯中，在自然光下观察色泽和组织状态。

（2）气味和滋味 先闻气味，然后用温开水漱口，再品尝样品的滋味。

二、发酵乳的感官检验方法——定量描述和感官剖面检验法

1. 方法特点

要求评价员尽量完整地对形成样品感官特征的各个指标强度进行描述的检验方法称为定量描述检验。这种检验可以使用简单描述实验所确定的术语词汇，描述样品整个感官印象的定量分析。这种方法可单独或结合地用于品评气味、风味、外观和质地。

定量描述实验［或称作定量描述分析（quantitative descriptive analysis，QDA)］是 20 世纪 70 年代发展起来的，其特点是其数据不是通过一致性讨论而产生的，评价小组领导者不是一个活跃的参与者，同时使用非线性结构的标度来描述评估特性的强度，通常称为 QDA 图或蜘蛛网图，并利用该图的形态变化定量描述试样的品质变化。

定量描述和感官剖面检验法依照检验方法的不同可分为一致方法和独立方法两大类型。一致方法的含义是，在检验中所有的评价员（包括评价小组组长）都是一个集体的一部分，而工作目的是获得一个评价小组赞同的综合结论，使对被评价的产品的风味特点达到一致的认识。可借助参比样品来进行，有时需要多次讨论方可达到目的。独立方法是由评价员先在小组内讨论产品的风味，然后由每个评价员单独工作，记录对食品感觉的评价成绩，最后用统计的平均值作为评价的结果。无论是一致方法还是独立方法，在检验开始前，评价组织者和评价员应完成的工作包括：制定记录样品特性的目录、确定参比样、规定描述特性的词汇、建立描述和检验样品的方法。

此种方法的检验内容通常有以下几点：

① 特性特征的鉴定 用叙词或相关的术语描述感觉到的特性特征。

② 感觉顺序的确定 记录显示和察觉到的各特性特征所出现的顺序。

③ 强度评价 每种特性特征所显示的强度，特性特征的强度可用多种标度来评估。

④ 余味和滞留度的测定 样品被吞下（或吐出）后出现的与原来不同的特性特征称为余味，样品已被吞下（或吐出）后继续感觉到的特性特征称为滞留度。

⑤ 综合印象的评估 综合印象是对产品的总体评估，通常用三点标度评估，即以低、中、高表示。

⑥ 强度变化的评估 评价员在接触到样品时所感受到的刺激到脱离样品后存在的刺激的感觉强度的变化，如食品中的甜味、苦味的变化等。

2. 问答表设计

定量描述和感官剖面检验法是属于说明食品质和量兼用的方法，多用于判断两种产品之

间是否存在差异和差异存在的方面以及差异的大小、产品质量控制、质量分析、新产品开发和产品质量改良等方面。因此在进行描述时都会面临下面几个问题：

① 一个产品的什么品质在配方改变时会发生变化？

② 工艺条件改变时对产品品质可能会产生什么样的变化？

③ 这种产品在贮藏过程中会有什么变化？

④ 在不同地域生产的同类产品会有什么区别？

根据这些问题，这种方法的实施通常需要经过三个过程：

① 决定要检验单产品的品质是什么；

② 组织一个鉴评小组，开展必要的培训和预备检验，使评价员熟悉和习惯将要用于该项检验的尺度标注和有关术语；

③ 评价这种有区别的产品在被检验的品质上有多大程度的差异。

3. 结果分析

定量描述法不同于简单描述法的最大特点是利用统计法数据进行分析。统计分析的方法随所用对样品特性特征强度评价的方法而定。强度评价的方法主要有以下几种。

数字评估法：0=不存在，1=刚好可识别，2=弱，3=中等，4=强，5=很强。

标度点评估法：弱┆｜｜｜｜强，在每个标度的两端写上相应的叙词，其中间级数或点数根据特性特征改变。

直线评估法：例如在100mm长的直线上，距每个末端大约10mm处，写上叙词（如弱-强），评价员在线上做一个记号表明强度，然后测量评价员做的记号与线左端之间的距离(mm)，表示强度数值。

评价人员在单独的品评室对样品进行评价，实验结束后，将标尺上的刻度转换为数值输入计算机，经统计分析得出平均值，然后用标度点评估法或直线评估法并作图。定量描述分析和感官剖面检验同时一般还附有一个图，图形常有扇形图、圆形图和直线形评估图等。

下面举例具体分析复合果肉酸奶风味剖面检验报告。

① 根据感官评定评分标准，评价员及时记录分数，最后将评价员各项强度指标得分汇总，示例见表4-7。

表4-7　复合果肉酸奶风味剖面检验报告

特性特征(感觉顺序)		强度指标
风味	酸味	4
	草莓	1
	奶香味	3
	甜度	2
	蓝莓	1

② 绘图。根据表4-7的数值，画出不同类型的复合果肉酸奶风味剖面图，如图4-1所示。

三、发酵乳的感官评价标准

发酵乳是指以生牛（羊）乳或乳粉为原料，经杀菌、发酵制成的pH值降低的产品。

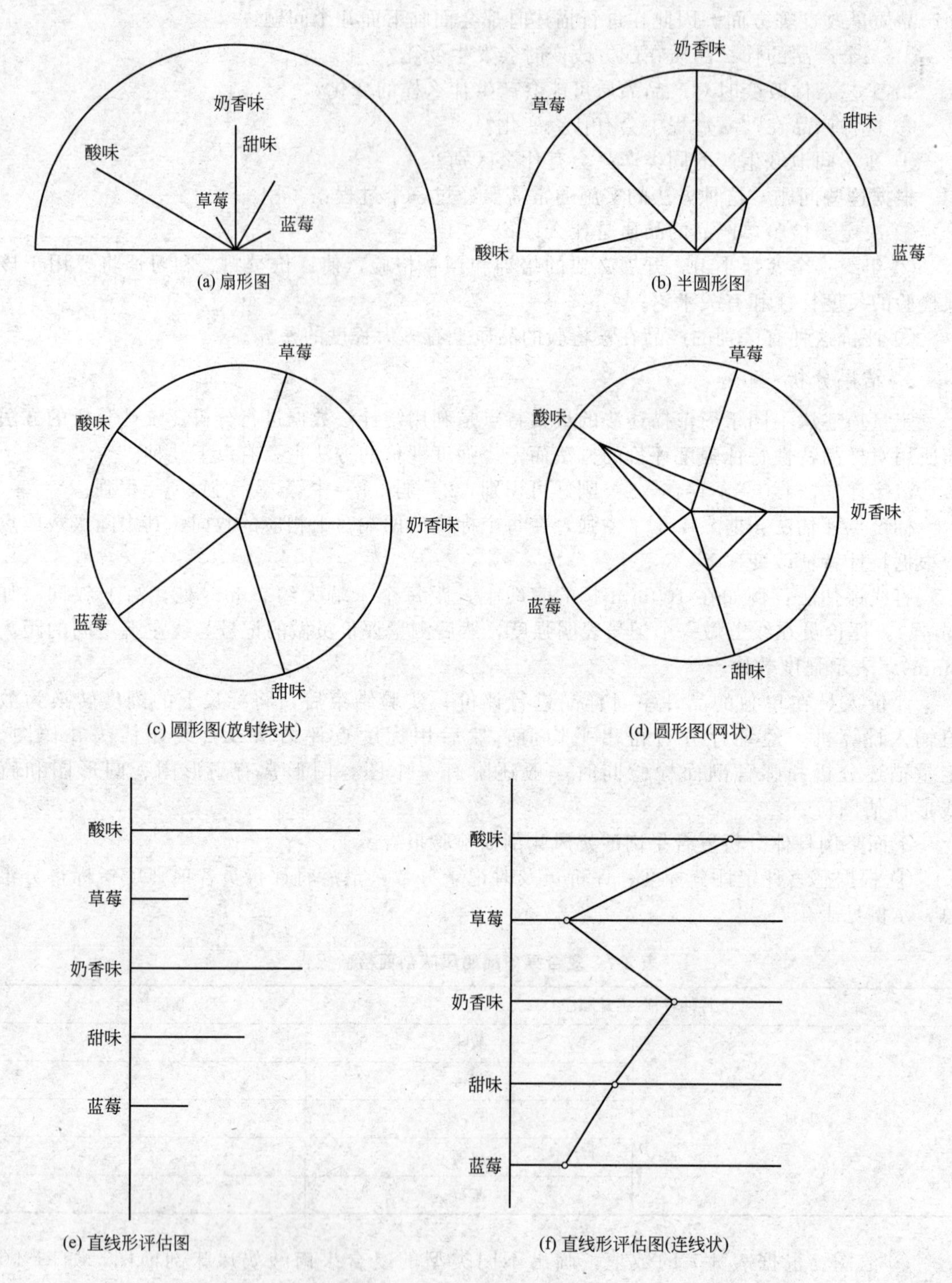

图 4-1 复合果肉酸奶风味剖面图

注：用线的长度表示每种特性强度，按顺时针方向或上下方向表示特性感觉的顺序

GB 19302—2010《食品安全国家标准 发酵乳》对发酵乳的感官要求从色泽、气味和滋味及组织状态进行了明确的规定，见表 4-8。

表 4-8　发酵乳的感官要求

项目	要求
色泽	色泽均匀一致，呈乳白色或微黄色
气味和滋味	具有发酵乳特有的气味、滋味
组织状态	组织细腻、均匀，允许有少量乳清析出；风味发酵乳具有添加成分特有的组织状态

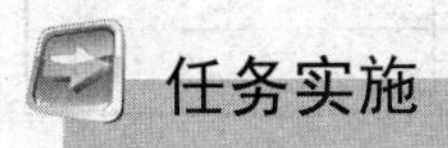

任务实施

一、品评方案设计

1. 实验设计

对学生进行分组，一组设定为备样员，另一组设定为品评员。首先向品评员介绍实验样品的特性及其生产用途，然后提供一个典型样品让大家进行品评。在老师的引导下，选定4～8个能表达出该类产品特征的名词，并确定强度等级范围，通过评价后统一学生的认识。在完成上述工作后，分组进行独立感官检验。之后双方互换工作任务。

2. 用具准备

50mL 烧杯、酸牛乳样品、漱口水。

二、品评步骤

1. 实验分组

每组 6 人，轮流进入准备区和感官分析实验区。

2. 样品编号

备样员准备不同品牌的搅拌型和凝固型酸乳各 5 种，给每个样品随机编号并装入 50mL 烧杯。用数字、拉丁字母或字母和数字结合的方式进行编号，并按任意顺序供样。

3. 品评员评价

① 根据表 4-8 发酵乳的感官要求，将凝固型发酵乳和搅拌型发酵乳的感官评价项目进一步细化，制定出凝固型发酵乳感官评分标准（见表 4-9）、搅拌型发酵乳感官评分标准（见表 4-10）。

表 4-9　凝固型发酵乳感官评分标准

项目	特征	得分
色泽 （10 分）	呈均匀乳白色、微黄色或果料固有的颜色	10～8 分
	淡黄色	7～6 分
	浅灰色或灰白色	5～4 分
	绿色、黑色斑点或有霉菌生长，异常颜色	3～0 分
气味、滋味 （40 分）	具有酸牛乳固有的滋味和气味或相应的果料味，酸味和甜味比例适当	40～35 分
	过酸或过甜	34～20 分
	有涩味	19～10 分
	有苦味	9～5 分
	有异常滋味或气味	4～0 分

项目	特征	得分
组织状态（50分）	组织细腻、均匀，表面光滑，无裂纹，无气泡，无乳清析出	50～40分
	组织细腻、均匀，表面光滑，无气泡，有少量乳清析出	39～30分
	组织粗糙，有裂纹，无气泡，有少量乳清析出	29～20分
	组织粗糙，有裂纹，有气泡，有乳清析出	19～10分
	组织粗糙，有裂纹，有大量气泡，乳清析出严重，有颗粒	9～0分

表 4-10 搅拌型发酵乳感官评分标准

项目	特征	得分
色泽（10分）	呈均匀乳白色、微黄色或果料固有的颜色	10～8分
	淡黄色	7～6分
	浅灰色或灰白色	5～4分
	绿色、黑色斑点或有霉菌生长，异常颜色	3～0分
气味、滋味（40分）	具有酸牛乳固有的滋味和气味或相应的果料味，酸味和甜味比例适当	40～35分
	过酸或过甜	34～20分
	有涩味	19～10分
	有苦味	9～5分
	有异常滋味或气味	4～0分
组织状态（50分）	组织细腻，凝块细小均匀滑爽，无气泡，无乳清析出	50～40分
	组织细腻、凝块大小不均匀，无气泡，有少量乳清析出	39～30分
	组织粗糙，不均匀，无气泡，有少量乳清析出	29～20分
	组织粗糙，不均匀，有气泡，有乳清析出	19～10分
	组织粗糙，不均匀，有大量气泡，乳清析出严重，有颗粒	9～0分

② 品评员拿到编好号的样品后，在自然光下垂直视线或平行视线观察色泽和组织状态；一只手将酸乳置于鼻子附近，用另一只手扇动闻其气味；用温开水漱口后品尝样品的滋味。注意每个样品评价后需漱口方可评价下一个样品。品评员参考发酵乳感官评分标准对样品进行感官评定并记录结果。品评结果记录表示例见表 4-11，也可自行设计。

表 4-11 定量描述检验法品评结果记录表

<table>
<tr><td colspan="3">定量描述检验法
姓名：________ 样品：________ 日期：________</td></tr>
<tr><td rowspan="3">特性特征</td><td>感觉顺序</td><td>强度</td></tr>
<tr><td></td><td></td></tr>
<tr><td></td><td></td></tr>
</table>

三、品评结果分析及优化

① 每组小组长将本小组检验员的记录表汇总后，解除编码密码，统计出各个样品的评

定结果；

② 用统计法分别进行误差分析，评价检验员的重复性、样品间差异；

③ 讨论协调后得出每个样品的总体评估；

④ 根据各强度指标得分绘制 QDA 图。

任务思考

1. 发酵乳的感官评价内容包含哪些方面？
2. 定量描述和感官剖面检验法的检验包括哪些内容？

任务三　乳粉的感官检验

【任务目标】

1. 了解乳粉感官要求和评定标准；
2. 掌握乳粉感官评定方法；
3. 掌握选择检验法；
4. 能够在教师的指导下，以小组协作方式采用选择检验法对乳粉进行感官检验。

【任务描述】

乳粉是乳制品工业的重要产品之一。乳粉加工的主要目的是将容易腐败变质的液态乳品转化成便于长期储存且没有质量损失的产品。乳粉产品具有营养丰富，品质稳定，易于贮藏、搬运、长途运输、跨区域销售等特点。现有某企业一批产品，消费者反映有蒸煮味，企业欲从加工工艺上进行改进来改善产品特性。作为一名品评员，面对 5 种不同加工工艺的乳粉产品，该如何进行感官品质鉴别来确定最佳工艺条件？如何通过感官检验为产品的改良提供一些参考依据？

感官检验是食品分析检验的第一步，感官检验可以直观地判断乳粉的口感风味是否恰到好处，不合格的或者变质变味的可以直接退回。品评员的任务是根据 GB 19644—2010《食品安全国家标准　乳粉》所规定的感官要求，从色泽、气味、滋味、组织状态和冲调性等各个方面进行感官检验，通过对乳粉的品质进行感官检验，为选择最佳的加工工艺条件提供参考依据。选用差别检验法中的选择检验法。

知识准备

一、乳粉的感官评定方法

1. 乳粉的感官评定原理

根据 GB 19644—2010《食品安全国家标准　乳粉》中提及的感官检验内容，可参考

表 4-13乳粉感官评价标准，从色泽、气味、滋味和组织状态四个方面对乳粉进行感官检验。

2. 乳粉的感官评定方法

(1) 色泽和组织状态 取适量试样置于 50mL 烧杯中，在日光灯或自然光线下观察色泽和组织状态。

(2) 气味和滋味 用清水漱口，取定量冲调好的样品用鼻子闻气味，最后喝一口 (5mL) 仔细品尝再咽下。

(3) 乳粉冲调性实验 乳粉的冲调性可通过下沉时间、热稳定性、挂壁及团块来判定。

① 下沉时间 首先量取 60～65℃的蒸馏水 100mL 放入 200mL 烧杯中，称取 13.6g 待检乳粉迅速倒入烧杯中，同时启动秒表开始计时。待水面上的乳粉全部下沉后结束计时，记录乳粉下沉时间。下沉时间直接反映的是乳粉的可湿性，质量较好的乳粉的下沉时间在 30s 以内，即可湿性好。如果乳粉接触水后在表面形成了大的团块，下沉时间超过 30s，则认为乳粉的可湿性较差。

② 热稳定性、挂壁和团块检验 检验完“下沉时间”后，立即用大号塑料勺沿容器壁按每秒钟转两周的速度进行匀速搅拌，搅拌时间为 40～50s，然后观察复原乳的挂壁情况；将 2mL 复原乳倾倒到黑色塑料盘中观察小白点情况；最后观察容器底部是否有不溶团块。优质乳粉无挂壁现象，没有或有极少量（不多于 10 个）小白点，无团块。根据出现挂壁的严重程度、小白点的数量和出现的团块的多少可以判定乳粉冲调性能的优劣。

二、乳粉的感官检验方法——选择检验法

1. 定义

从三个以上样品中，选择出一个最喜欢或最不喜欢的样品的检验方法称为选择检验法。

2. 应用领域和范围

选择检验法主要用于嗜好调查，不适用于一些味道很浓或延缓时间较长的样品，这种方法在做品尝时，要特别强调漱口，在做第二次检验之前必须彻底地洗漱口腔，不得有残留物和残留味的存在。实验简单易懂，不复杂，技术要求低。

3. 对品评员要求

对评价员没有硬性规定必须培训，一般在 5 人以上，最多可选择 100 人以上。

4. 品评要点

样品以随机顺序呈送给评价员，按照组织方的要求做出评价，并进行统计分析。

5. 结果分析与判断

① 求数个样品间有无差异，根据检验判断结果，用如下公式求值：

$$\chi_0^2=\sum_{i=1}^{m}\frac{\left(x_i-\frac{n}{m}\right)^2}{\frac{n}{m}} \tag{4-1}$$

式中，m 表示样品数；n 表示参加检验评价员数；x_i 表示 m 个样品中最喜好其中某个样品的人数。

当 $\chi_0^2 \geqslant \chi^2(f, \alpha)$（$f$ 为自由度，$f=m-1$，α 为显著水平），说明 m 个样品在 α 显著水平存在差异。

当 $\chi_0^2<\chi^2(f,\alpha)$（$f$ 为自由度，$f=m-1$，α 为显著水平），说明 m 个样品在 α 显著水平不存在差异。

② 求被多数人判断为最好的样品与其他样品间是否存在差异，根据检验判断结果，用如下公式求值：

$$\chi_0^2=\left(x_i-\frac{n}{m}\right)^2\frac{m^2}{(m-1)n} \tag{4-2}$$

当 $\chi_0^2\geqslant\chi^2(f,\alpha)$，说明此样品与其他样品之间在 α 显著水平存在差异。反之，无差异。

例如，样品 A 与其他三种同类样品进行比较，结果如表 4-12 所示，由 80 位评价员进行评价，求各个样品间是否有差异？样品 X 与其他样品是否有差异？样品 X 与样品 A 是否有差异？

表 4-12　选择检验法评价结果统计表

样品	A	X	Y	Z	合计
评价员数	26	32	16	6	80

① 4 个样品间有无差异，由式(4-1) 得出：

$$\chi_0^2=\sum_{i=1}^{m}\frac{\left(x_i-\frac{n}{m}\right)^2}{\frac{n}{m}}=\frac{m}{n}\sum_{i=1}^{m}\left(x_i-\frac{n}{m}\right)^2$$

$$=\frac{4}{80}\times\left[\left(26-\frac{80}{4}\right)^2+\left(32-\frac{80}{4}\right)^4+\left(16-\frac{80}{4}\right)+\left(6-\frac{80}{4}\right)^2\right]$$

$$=19.6$$

$$f=4-1=3$$

查附录三，可知 $19.6>\chi^2(3,0.05)=7.815$，说明 4 个样品在 0.05 显著水平存在显著差异。

② 求被多数人判断为最好的样品与其他样品间是否存在差异，根据检验判断结果，由式(4-2) 得出：

$$\chi_0^2=\left(x_i-\frac{n}{m}\right)^2\frac{m^2}{(m-1)n}=\left(32-\frac{80}{4}\right)^2\frac{4^2}{(4-1)\times 80}=9.6$$

查附录三，可知 $9.6>\chi^2(3,0.05)=7.815$，说明样品 X 与其他样品在 0.05 显著水平存在显著差异。

③ 求样品 X 与样品 A 是否有差异，由式(4-2) 得出：

$$\chi_0^2=\left(x_i-\frac{n}{m}\right)^2\frac{m^2}{(m-1)n}=\left(32-\frac{58}{2}\right)^2\frac{2^2}{(2-1)\times 58}=0.62$$

查附录三，可知 $0.62<\chi^2(1,0.05)=3.841$，说明样品 X 与样品 A 在 0.05 显著水平不存在显著差异。

三、乳粉感官评定标准

乳粉是指以生牛（羊）乳为原料，经加工制成的粉状产品。GB 19644—2010《食品安全国家标准　乳粉》对乳粉的感官要求从色泽、气味、滋味和组织状态进行了明确的规定，见表 4-13。

表 4-13　乳粉感官要求

项目	要求
色泽	呈均匀一致的乳黄色
气味、滋味	具有纯正的乳香味
组织状态	干燥均匀的粉末

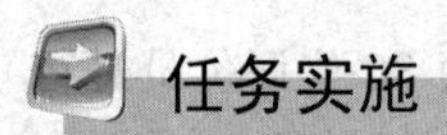

任务实施

一、品评方案设计

1. 实验设计

对学生进行分组，一组设定为备样员，另一组设定为品评员。首先向品评员介绍实验样品的特性及其生产用途，然后提供一个典型样品让大家进行品评。在完成上述工作后，分组进行独立感官检验。之后双方互换工作任务。

2. 用具准备

平皿、50mL 烧杯、250mL 量筒、黑色塑料盘、汤匙、玻璃棒、酒精灯、秒表、乳粉样品、蒸馏水、一次性塑料杯、漱口水。

二、品评步骤

1. 实验分组

每组 6 人，轮流进入准备区和感官分析实验区。

2. 样品准备

备样员准备 5 种不同品牌的乳粉样品，给每个样品随机编号后，将乳粉装入平皿中，样品可以用数字、拉丁字母或字母和数字结合的方式进行编号，并按任意顺序供样。备好随机编号的样品供评价员做冲调性实验使用。

3. 品评员评价

品评员拿到编好号的乳粉样品后，端起平皿，通过鼻闻和口尝，分别对样品的气味和滋味进行感官评价。

通过摇晃在光线下观察，对样品色泽和组织状态进行感官评价。

接着做乳粉冲调性实验，具体步骤为将蒸馏水用酒精灯加热至 60～65℃，用 250mL 量筒量取 100mL 放入 200mL 烧杯中，称取 13.6g 乳粉迅速倒入烧杯的同时启动秒表计时，当水面上的乳粉全部下沉后停止计时，记录下沉时间。然后用玻璃棒沿容器壁按每秒钟转两周的速度匀速搅拌 40～50s，观察复原乳的挂壁情况，再用 10mL 量筒量取 2mL 复原乳倾倒到黑色塑料盘中观察小白点情况，最后观察容器底部是否有不溶团块。

然后用清水漱口，取定量冲调好的样品用鼻子闻气味，喝一口（约 5mL）仔细品尝其滋味再咽下。注意每个样品评价后需漱口方可评价下一个样品。评品员根据乳粉感官评定标准对样品进行感官评定并记录结果。要求选出最喜欢的那种。

4. 品评结果记录表

示例如表 4-14 所示。也可自行设计。

表 4-14 选择检验法问答表的一般形式

<table>
<tr><td colspan="4">选择检验法
姓名：________ 样品：________ 日期：________</td></tr>
<tr><td colspan="4">实验指令
从左到右依次品尝样品，在品尝完每一个样品之后，在你最喜欢的样品编码后面相对应位置上打√</td></tr>
<tr><td colspan="4">样品编号</td></tr>
<tr><td></td><td></td><td></td><td></td></tr>
<tr><td></td><td></td><td></td><td></td></tr>
</table>

三、品评结果分析及优化

① 每组小组长将本小组品评员的记录表汇总后，解释编码含义，统计出各个样品的评定结果。

② 由组长将所有评价员的结果汇总统计在表。

③ 进行 χ^2 检验，判断各个样品之间是否具有显著差异。

任务思考

1. 乳粉的感官评价内容包含哪些方面?
2. 试述选择检验法的应用范围及主要步骤。

技能拓展

一、鲜牛乳感官评定

鲜牛乳感官评定标准见表 4-15。

表 4-15 鲜牛乳感官评定标准

项目	级别	特征
色泽	良质	为乳白色或稍带微黄色
	次质	色泽较良质鲜乳差，白色中稍带青色
	劣质	呈浅粉色或显著的黄绿色，或色泽灰暗
气味	良质	具有鲜乳特有的乳香味，无其他任何异味
	次质	乳中固有的香味稍差或有异味
	劣质	有明显的异味，如酸臭味、牛粪味、金属味、鱼腥味、汽油味等

续表

项目	级别	特征
滋味	良质	具有鲜乳特有的纯香味，滋味可口而稍甜，无其他任何异常滋味
	次质	有微酸味（说明乳已开始酸败），或有其他轻微的异味
	劣质	有酸味、咸味、苦味等
组织状态	良质	呈均匀的流体，无沉淀、凝块和机械杂质，无黏稠和浓厚现象
	次质	呈均匀的流体，无凝块，但可见少量微小的颗粒，脂肪黏聚表面呈液化状态
	劣质	呈稠而不均匀的溶液状，有凝乳结成的致密凝块或絮状物

二、牛乳感官描述

纯牛乳、发酵酸牛乳、酸性调味乳感官描述词语见表 4-16 和表 4-17。

表 4-16　纯牛乳感官描述词语

感官指标	描述词汇
色泽	乳黄色、乳白色、深黄色、暗红色
气味、滋味	奶香味（新鲜、纯正、柔和、浓郁、平淡、刺激、不自然）、奶油味（较强、轻微）、甜度（较强、轻微）、咸味（较强、轻微）、焦香味、麦香味、坚果味、椰香味、水果香、干粉味、留香（持久、短）、余味（好、差） 其他异味：塑料膜味、香精味、蒸煮味、焦煳味、陈旧味、苦味、膻味、油脂氧化味、饲料味、青草味、奶臭味、辣味、锅垢味、牛舍味、枣味、咖啡味、霉味、腥味、金属味
组织状态	均匀流体、挂壁（轻微、严重）
口感	爽滑、稀薄、糊口、稠厚、油腻、涩、收敛

表 4-17　发酵酸牛乳和酸性调味乳感官描述词语

感官指标	描述词汇
色泽	乳黄色、乳白色、调配颜色（自然、不自然）
气味、滋味	奶香味（新鲜、纯正、柔和、浓郁、平淡、刺激、不自然）、发酵香（好、差）、奶油味（较强、轻微）、甜度（较强、适当、较弱）、酸度（较强、适当、较弱）、留香（持久、短）、余味（好、差）、调配风味（协调、不协调） 其他异味：香精味、蒸煮味、苦味、膻味、饲料味、青草味、奶臭味、酸臭味、锅垢味、牛舍味、金属味
组织状态	均匀流体、挂壁（轻微、严重）
口感	爽滑、稀薄、糊口、稠厚、油腻、酸涩、颗粒粗糙感

三、炼乳和奶油的感官要求

炼乳和奶油的感官要求见表 4-18 和表 4-19。

表 4-18　炼乳的感官要求

项目	要求			检验方法
	淡炼乳	加糖炼乳	调制炼乳	
色泽	呈均匀一致的乳白色或乳黄色，有光泽		具有辅料应有的色泽	取适量试样置于 50mL 烧杯中，在自然光下观察色泽和组织状态。闻其气味，用温开水漱口，品尝滋味
气味、滋味	具有乳的气味和滋味	具有乳的香味，甜味纯正	具有乳和辅料应有的气味和滋味	
组织状态	组织细腻，质地均匀，黏度适中			

表 4-19　奶油的感官要求

项目	要求	检验方法
色泽	呈均匀一致的乳白色、乳黄色或相应辅料应有的色泽	取适量试样置于50mL烧杯中，在自然光下观察色泽和组织状态。闻其气味，用温开水漱口，品尝滋味
气味、滋味	具有稀奶油、奶油、无水奶油或相应辅料应有的气味、滋味，无异味	
组织状态	均匀一致，允许有相应辅料的沉淀物，无正常视力可见异物	

项目五　水产品的感官检验

背景知识

一、水产品简介

水产品是海洋和淡水渔业生产的动植物等鲜活水产品及其加工产品的统称。鲜活水产品主要包括鱼、虾、蟹、贝及藻类等水产经济动植物，水产加工品包括水产品的加工品和水产品综合利用加工品。

水产品种类繁多，不仅含有丰富的蛋白质以及人体所需的氨基酸，还含有不饱和脂肪酸及其他各种营养素，是人们饮食中珍贵的动物蛋白源。但水产品一般含水分较多，含脂肪较少；肌肉组织多较脆弱，存在的天然免疫素较少；死后肌肉易呈酸性反应，附着的细菌种类在室温下很易于生长繁殖，最后导致食品腐败变质。水产品经捕获致死，其机体即开始产生一系列的物理和化学变化，若不经加工处理，人如果误食变质、腐败的水产品易产生不良反应，甚至中毒；对于企业而言，如果捕获的水产品原料不及时处理，则会遭受巨大损失，使加工的产品失去其应有的品质及价值。

二、水产品感官检验简介

水产品的检验可分为感官检验、物理学检验、化学检验和微生物学检验等方面。其中感官检验最为简便，在生产和生活中应用意义最大。感官鉴别水产品及其制品的质量优劣时，主要是通过体表形态、鲜活程度、色泽、气味、肉质的弹性和洁净程度等感官指标来进行综合评价的。对于水产品来讲，首先是观察其鲜活程度如何，是否具备一定的生命活力；其次是看外观形体的完整性，注意有无伤痕、鳞爪脱落、骨肉分离等现象；再次是观察其体表卫生洁净程度，即有无污秽物和杂质等；最后再看其色泽，嗅其气味，有必要的话还要品尝其滋味。综上几点再进行感官评价。对于水产制品而言，感官检验也主要是外观、色泽、气味和滋味几项内容。其中是否具有该类制品的特有的正常气味与风味，对于做出正确判断有着重要意义。

任务一　鱼新鲜度的感官检验

【任务目标】

1. 了解鱼感官检验的基本内容；

2. 掌握鱼感官检验的基本方法；
3. 能够在教师的指导下，以小组协作方式对常见鱼进行感官检验；
4. 能够正确运用差别检验法对不同的鱼进行感官鉴别；
5. 能够独立查阅资料，对常见鱼进行感官检验。

【任务描述】

大部分市民在日常生活当中均偏爱鲜活鱼，但不少不法商贩以次充好，甚至以假乱真、扰乱市场秩序。水产品加工企业，采购的原料材料入库时也需入库检测，在水产品加工时也需对原料进行感官检测，作为一名检测员，你该如何对鲜活鱼体进行感官品质鉴别呢？

评价员根据 GB 2733—2015《食品安全国家标准　鲜、冻动物性水产品》和 GB/T 18108—2008《鲜海水鱼》中提及的感官检验内容的描述，从色泽、气味、组织状态 3 个方面对鲜、冻动物性水产品进行感官检验，可采用描述性检验。

知识准备

鱼由头部、躯干部（鳃盖后缘至肛门部分）、尾部（肛门至尾鳍开始部分）和鳍四大部分构成。肌肉是鱼体的主要构成部分，分布于躯干部和尾部。鱼类的肌肉是水产食品加工利用的主要部分，也是最主要的可食部分，其重量因鱼的种类、大小、季节和性别等因素而有所不同，但大部分成鱼的肌肉重量占全鱼总重量的 50%～60%，其他部分可称为不可食部分。

鲜、冻动物性水产品感官评价标准和鲜海水鱼感官评价标准见表 5-1、表 5-2。

表 5-1　鲜、冻动物性水产品感官评价标准（GB 2733—2015）

项目	要求	检验方法
色泽	具有水产品应有色泽	取适量样品置于白色瓷盘上，在自然光下观察色泽和状态，嗅其气味
气味	具有水产品应有气味，无异味	
状态	具有水产品正常的组织状态，肌肉紧密，有弹性	

表 5-2　鲜海水鱼感官评价标准（GB/T 18108—2008）

项目	一级	二级	三级
鱼体	鱼体硬直、完整、无破肚，具有鲜鱼固有色泽、色泽明亮、花纹清晰，有鳞鱼的鳞片紧贴鱼体、无脱落	鱼体稍软、完整、无破肚，具有鲜鱼固有色泽、色泽稍暗，花纹较清晰，有鳞鱼的鳞片略有脱落	鱼体较软、基本完整，允许中上层鱼稍有破肚，鱼体色泽较暗、花纹较清晰，有鳞鱼的鳞片略有脱落，与鱼体连接稍松弛
肌肉	肌肉组织紧密有弹性，切面有光泽，肌纤维清晰	肌肉组织较紧密，有弹性，肌纤维清晰	肌肉组织尚紧密，弹性较差，肌纤维较清晰
眼球	眼球饱满、角膜清晰明亮	眼睛平坦、角膜较明亮	眼睛略有凹陷，角膜稍浑浊
鳃	鳃丝清晰、色鲜红，有少量黏液	鳃丝清晰，色暗红，有些黏液	鳃丝较清晰，色粉红到褐红，有黏液覆盖
气味	具有海水鱼特有腥味		允许鳃丝有轻微异味但无臭味、氨味
杂质	无外来杂质，去内脏鱼腹无残留内脏		
蒸煮实验	具有鲜鱼固有的鲜味，口感肌肉组织紧密有弹性，滋味鲜美	气味正常，口感肌肉组织稍松弛，滋味较鲜	气味较正常，口感肌肉组织较松弛，滋味稍鲜

任务实施

一、品评方案设计

1. 方法选择

描述性检验。

2. 实验设计

对学生进行分组，一部分设定为备样员，另一部分设定为评价员，首先向品评员介绍实验样品的特性，简单介绍该海水鱼的评定项目，然后提供一个样品让大家进行品鉴，在老师的引导下，选定4～8个能表达出该类产品的特征名词，并确定强度等级范围，通过感官评定后对样品进行蒸煮实验，再进行第二次感官评定及品尝实验，品尝实验后，统一大家的认识。在完成上述工作后，分组进行独立感官检验。之后双方互换工作任务。

3. 用具准备

干燥洁净无异味的陶瓷盘15个、海水鱼（鲳鱼）、吸水纸、竹签、刀具、锅、砧板等。

二、品评步骤（以鲳鱼举例）

1. 实验分组

每组10人，轮流进入准备室和感官分析实验区。

2. 样品编号

备样员给样品编出三位数的代码，每个样品给3个编码，作为三次重复检验之用，随机数码取自随机数表，并按任意顺序供样。样品取三份，装在事先准备的陶瓷杯中，用随机数编号，并统一呈送。海水鱼（鲳鱼）评分标准与评分表见表5-3与表5-4。

表5-3 海水鱼（鲳鱼）评分标准

项目	标准	最高分	扣分
鱼体	鱼体硬直、完整、无破肚，具有鲜鱼固有色泽、色泽明亮、花纹清晰，有鳞鱼的鳞片紧贴鱼体、无脱落 鱼体稍软、完整、无破肚，具有鲜鱼固有色泽、色泽稍暗、花纹较清晰，有鳞鱼的鳞片略有脱落 鱼体较软、基本完整，允许中上层鱼稍有破肚，鱼体色泽较暗、花纹较清晰，有鳞鱼的鳞片略有脱落，与鱼体连接稍松弛	20分	2～4分 6分以上
肌肉	肌肉组织紧密、有弹性，切面有光泽，肌纤维清晰 肌肉组织较紧密、有弹性，肌纤维清晰 肌肉组织尚紧密、弹性较差，肌纤维较清晰	10分	1～2分 3分以上
眼球	眼球饱满、角膜清晰明亮 眼睛平坦、角膜较明亮 眼睛略有凹陷，角膜稍浑浊	20分	2～4分 6分以上
鳃	鳃丝清晰、色鲜红，有少量黏液 鳃丝清晰、色暗红，有些黏液 鳃丝较清晰，色粉红到褐红，有黏液覆盖	20分	2～4分 6分以上

续表

项目	标准	最高分	扣分
气味	具有海水鱼特有腥味 鳃丝有轻微异味，但无臭味、氨味 鳃丝有臭味、氨味	10分	1～2分 3分以上
杂质	无外来杂质，去内脏鱼腹无残留内脏 有杂质	10分	3分以上
蒸煮实验	具有鲜鱼固有的鲜味，口感肌肉组织紧密有弹性，滋味鲜美 气味正常，口感肌肉组织稍松弛，滋味较鲜美 气味较正常，口感肌肉组织较松弛，滋味稍鲜美	10分	1～2分 3分以上

表 5-4 海水鱼（鲳鱼）评分表

评价员	项目得分 样品号	鱼体 20%	肌肉 10%	眼球 20%	鳃 20%	气味 10%	杂质 10%	蒸煮实验 10%	评语	备注
1										
2										
3										
4										
5										

3. 实验步骤

① 建立描述词汇

a. 向品评员介绍海水鱼（鲳鱼）的特性及感官质量标准，使大家对海水鱼（鲳鱼）有大致的了解。

b. 品鉴人员按照如下描述分析检验步骤对供试样品进行品鉴。

c. 在老师的引导下，选定 4～8 个能描述海水鱼（鲳鱼）产品上述感官特性的特征名词，并确定强度等级范围，重复 7～10 次，形成一份大家都认可的词汇描述表。

② 描述分析检验　备样员按样品准备要求提供试样及记录表给品评员，单独进行实验，并对每个样品的各种特性指标强度打分。取一个样品分别进行以下品评：

a. 用手从直径方向按压样品，感觉鱼体硬度，对着自然光观察样品的颜色、花纹及有鳞鱼的鳞片，用镊子任意夹住一处鳞片，观察鳞片是否易脱落。

b. 用刀将样品切成薄片，用手指轻轻按压样品薄片，感觉其弹性，并观察其切面和肌纤维。

c. 对着光线观察其眼球是否饱满、角膜是否清晰明亮，并用手指轻触眼球判断其弹性。

d. 用不锈钢餐刀将鱼鳃挑起，对着自然光观察其鳃丝颜色、黏液。

e. 采用直接嗅觉法评价样品的气味。

f. 观察有无外来杂质、去内脏鱼腹内有无残留内脏。

g. 将鱼进行蒸煮，蒸煮后放入口中进行滋味、气味品鉴。蒸煮方法：将 1L 饮用水倒入洁净容器中煮沸，在蒸笼上放入鱼，加盖，继续保持水沸，蒸 1～5min 后，打开容器盖，闻气味，品尝肉质和滋味。

以上各步骤结束后，立即在品评表中进行打分。

三、品评结果分析及优化

① 每组小组长将本小组 10 名检验员的记录表汇总后，解除编码密码，统计出各个样品的评定结果。

② 用统计法分别进行误差分析，评价检验员的重复性、样品间差异。

③ 讨论协调后，得出每个样品的总体评估。

综合结论描述的依据是某描绘词汇出现频率的多寡，一般要求言简意赅，字斟句酌，以求符合实际。

任务思考

1. 冷冻对鱼品质造成哪些影响？试说明鲜鱼与冻鱼质量感官评定的差别。
2. 在日常生活当中如何选购鲜鱼？

技能拓展

虾、蟹新鲜度的感官检验

一、对虾的感官检验

1. 色泽鉴别

新鲜对虾：虾体清洁，色泽鲜艳，外壳呈半透明且具有光泽，虾黄呈自然色。

次鲜对虾：虾体呈暗灰或青灰色，缺乏光泽但虾体尚未变红，虾黄色泽稍暗。

腐败对虾：虾体色泽变红，无光泽，甲壳变黑。

2. 体表鉴别

新鲜对虾：虾体完整，甲壳与虾体连接紧密，头胸部和腹部连接膜不破裂；虾体清洁，允许渗出清水和局部渗血水。

次鲜对虾：虾体基本完整，允许甲壳断节但不脱落；头、胸部和腹部的连接膜可有不完全的破裂；虾体清洁，允许渗血水。

腐败对虾：甲壳与虾体分离，头胸部和腹部脱开，虾体污秽不洁。

3. 肌肉鉴别

新鲜对虾：虾体肉质紧密，富有弹性。

次鲜对虾：虾体肉质稍软，弹性稍差。

腐败对虾：虾体肉质松软。

4. 气味鉴别

新鲜对虾：具有鲜虾固有的气味，无异味。

次鲜对虾：无异常的臭味。

腐败对虾：具有明显的腥臭或氨臭味。

二、海蟹的感官检验

1. 体表鉴别

新鲜海蟹：体表色泽鲜艳，背壳纹理清晰而有光泽。腹部甲壳和中央沟部位的色泽洁白且有光泽，脐上部无胃印。

次鲜海蟹：体表色泽微暗，光泽度差，腹脐部可出现轻微的“印迹”，腹面中央沟色泽变暗。

腐败海蟹：体表及腹部甲壳色暗，无光泽，腹部中沟出现灰褐色斑纹或斑块，或能见到黄色颗粒状滚动物质。

2. 蟹鳃鉴别

新鲜海蟹：鳃丝清晰，白色或稍带微褐色。

次鲜海蟹：鳃丝尚清晰，色变暗，无异味。

腐败海蟹：鳃丝污秽模糊，呈暗褐色或暗灰色。

3. 肢体和鲜活度鉴别

新鲜海蟹：刚捕获不久的活蟹，肢体连接紧密，提起蟹体时，不松弛也不下垂。活蟹反应机敏，动作快速有力。

次鲜海蟹：生命力明显衰减的活蟹，反应迟钝，动作缓慢而软弱无力。肢体连接程度较差，提起蟹体时，蟹足轻度下垂或挠动。

腐败海蟹：全无生命的死蟹，已不能活动。肢体连接程度很差，在提起蟹体时蟹足与蟹背呈垂直状态，蟹足残缺不全。

任务二　鱼糜制品的感官检验

【任务目标】

1. 了解鱼糜制品感官检验的基本内容；
2. 掌握鱼糜制品感官检验的基本方法；
3. 能够在教师的指导下，以小组协作方式对常见鱼糜制品进行感官检验；
4. 能够正确运用差别检验法对不同的鱼糜制品进行感官鉴别；
5. 能够独立查阅资料，对常见鱼糜制品进行感官检验。

【任务描述】

某公司生产一批鱼糜制品，在交货前需对其进行产品检验，作为质检员，应如何对其质量进行感官检验。

品评员根据 SC/T 3701—2003《冻鱼糜制品》和 NY/T 1327—2007《绿色食品 鱼糜制品》中提及的感官检验内容，从外观、色泽、肉质、滋味、杂质 5 个方面对鱼糜进行感官检验。

知识准备

鱼糜制品是以鱼类为原料，经“三去”、采肉、漂洗、脱水、擂溃或斩拌成为稠而富有黏性的鱼肉浆（鱼糜），再做成一定形状后，进行水煮、油炸、焙烤、烘干等加热或干燥处理而制成的食品，称为鱼糜制品。品种有鱼圆、鱼香肠、鱼卷、鱼面、鱼燕皮等。

鱼糜制品在食品工业中应用广泛，既可以作为食品制造业的原料辅料，也可以作为餐饮业直接加工的食品原料。近年来，随着我国渔业和加工技术的发展，我国的鱼糜制品行业取得了长足进展，由过去生产鱿鱼丸、虾丸等单一品种，发展到机械化生产一系列新型高档次的鱼糜制品和冷冻调理食品，如鱼香肠、鱼肉香肠、模拟蟹肉、模拟虾肉、模拟贝柱、鱼糕、竹轮等鱼糜制品。由于它调理简便，细嫩味美，耐储藏，适合城市消费，是一种很有发展前景的水产制品。

消费者在购买鱼糜制品时，首先关注的是其外观。多数商品购买时不能品尝，仅凭借商品外观和食用经验，对产品品质进行粗略的观察和分析判断之后决定购买与否。因此，食品的感官性状往往是决定人们购买欲望的重要因素，其包括产品的形态（形状、大小、组织形态）、色泽以及均匀一致性。不同的鱼糜制品，其感官性状不尽相同。要求鱼糜制品组织完整且表面色泽度好、切面鲜嫩，如制品发生凝胶劣化或淀粉类吸水性辅料添加过多，制品中水的存在状况发生变化会导致制品失去光泽。鱼糜制品的感官评价标准见表 5-5、表 5-6。

表 5-5　鱼糜制品的感官评价标准（SC/T 3701—2003《冻鱼糜制品》）

项目	要　求
外观	包装袋完整无破损，不漏气，袋内产品形状良好，个体大小基本均匀、完整、较饱满，排列整齐，丸类有丸子的形状，模拟制品应具有特定的形状
色泽	鱼丸、鱼糕、墨鱼丸、墨鱼饼、贝肉丸和模拟扇贝柱白度较好，虾丸和虾饼要有虾红色，模拟蟹肉正面和侧面要有蟹红色、肉体和背面色泽白度较好
肉质	口感爽、肉滑、弹性较好，10 分法评定≥6 分
滋味	鱼丸和鱼糕要有鱼鲜味，虾丸和虾饼要有虾鲜味，贝肉丸和模拟扇贝柱要有扇贝柱鲜味，模拟蟹肉要有蟹特有的鲜味。味道较好，10 分法评定≥6 分
杂质	允许有少量 2mm 以下的小鱼刺或鱼皮，但不允许有鱼骨鱼皮以外的夹杂物

表 5-6　鱼糜制品的感官评价标准（NY/T 1327—2007《绿色食品鱼糜制品》）

项目	要　求
外观	包装袋完整无破损，袋内产品形状良好，个体大小基本均匀、完整、较饱满，丸类有丸子的形状，模拟制品应具有特定的形状
色泽	鱼丸、鱼糕、墨鱼丸、墨鱼饼、贝肉丸和模拟扇贝柱白度较好，虾丸和虾饼要有虾红色，模拟蟹肉正面和侧面要有蟹红色、肉体和背面色泽白度较好，烤鱼卷、鱼肉香肠要有鱼肉加工后的色泽
肉质	口感好，有一定弹性
滋味	鱼丸、鱼糕、烤鱼卷、鱼肉香肠要有鱼鲜味，虾丸和虾饼要有虾鲜味，贝肉丸和模拟扇贝柱要有扇贝柱鲜味，模拟蟹肉要有蟹特有的鲜味
杂质	允许有少量 2mm 以下的小鱼刺或鱼皮，但不允许有鱼刺、鱼皮以外的夹杂物

任务实施

一、品评方案设计

1. 方法选择

描述性检验。

2. 实验设计

对学生进行分组，向品鉴员介绍实验样品的特性及该样品的生产工艺过程和主要原料，然后提供一个典型样品让大家进行品评，在老师的引导下，选定4～8个能表达出该类产品的特征名词，并确定强度等级范围，通过品尝后统一大家的认识。分组进行独立感官检验，双方互换工作任务。

3. 用具准备

干燥洁净无异味的陶瓷盘、市售袋装鱼丸、刀具、锅、砧板等。

二、品评步骤（以鱼丸举例说明）

1. 实验分组

每组10人，轮流进入准备室和感官分析实验区。

2. 样品编号

备样员给样品编出三位数的代码，每个样品给3个编码，作为三次重复检验之用，编码采用随机编码，并按任意顺序供样。样品切成厚5mm的圆片并取三份，装在事先准备的陶瓷杯中，用随机数编号，并统一呈送。

3. 注意事项

表示鱼糜弹性强弱常用的感官方法有两种，第一种是十段评分法，第二种是折叠实验。见表5-7、表5-8。

表5-7　鱼糜弹性强弱感官检验评分标准（十段评分法）

评分	10	9	8	7	6	5	4	3	2	1
弹性强度	极强	非常强	强	较强	一般	弱	较弱	非常弱	极弱	一触即溃

将鱼糜制品切成厚3mm的薄片，将薄片进行双层折叠或4层折叠，观察其有无龟裂和龟裂程度的大小，并以此为标准划分成以下5个等级。

表5-8　鱼糜弹性强弱感官检验评分标准（折叠实验）

评分	5	4	3	2	1
等级	AA	A	B	C	D
折叠性状	4折不裂	对折不裂	对折缓缓裂开	对折立即裂开	对折即崩溃

4. 分发打分标准表及描述性检验记录表

评分标准见表5-9，记录表见表5-10，也可自行设计。

表 5-9 鱼糜制品（鱼丸）评分标准

项目	标准	分值
外观	包装袋完整，产品形状良好，个体大小均匀、完整饱满，有丸子的形状	5
	包装袋完整，产品形状良好，个体大小基本均匀、完整饱满，有丸子的形状	4
	包装袋基本完整，产品形状较好，个体大小基本均匀、完整较饱满，有丸子的形状	3
	包装袋基本完整，产品形状较好，个体大小不均匀、完整不饱满，有丸子的形状	2
	包装袋基本完整，产品形状较差，个体大小不均匀、完整不饱满，无丸子的形状	1
色泽	白色	5
	白色稍红	4
	较黄	3
	灰黄色	2
	灰暗色	1
肉质	断面密实，气孔小且分布均匀；中指稍压，明显凹陷而不裂，放手复原	5
	断面密实，有少量小气孔；中指用力压，凹陷而不裂，放手复原	4
	断面基本密实，有少量小气孔；中指用力压，凹陷而不裂，放手不复原	3
	断面较松软，有少量不均匀小气孔；中指用力压即破裂	2
	断面呈浆状，松软无密实感；中指轻压即破裂	1
气味	鱼香浓郁	5
	有鱼香味	4
	鱼香平淡	3
	稍有腥味	2
	腥味较浓	1
滋味	具鱼肉鲜味，可口，余味浓郁	5
	具鱼肉鲜味，可口，味足	4
	鱼肉鲜味较淡，口味正常	3
	几乎无鱼肉鲜味	2
	无鱼肉鲜味，有异味	1
杂质	无杂质	5
	有少量 2mm 以下的小鱼刺或鱼皮，但不允许有鱼刺鱼皮以外的夹杂物	4
	有少量 2mm 以下的小鱼刺或鱼皮，有少量鱼刺鱼皮以外的夹杂物	3
	有较多量 2mm 以下的小鱼刺或鱼皮，有少量鱼刺鱼皮以外的夹杂物	2
	有大量 2mm 以下的小鱼刺或鱼皮，有鱼刺鱼皮以外的夹杂物	1

表 5-10 描述性检验记录表

评价员	项目 / 得分 / 样品号	外观 10%	色泽 10%	肉质 40%	滋味 20%	气味 10%	杂质 10%	评语	备注
1									
2									
3									
4									
5									

5. 实验步骤

① 建立描述词汇

a. 向品鉴员介绍鱼糜制品（鱼丸）的加工工艺、产品特性及感官评定质量标准，使大家对鱼糜制品（鱼丸）有个大致的了解。

b. 品鉴人员按照如下描述分析检验步骤对供试样品进行品鉴。

c. 在老师的引导下，选定 4～8 个能描述鱼糜制品（鱼丸）产品上述感官特性的特征名词，并确定强度等级范围，重复 7～10 次，形成一份大家都认可的词汇描述表。

② 描述分析检验　备样员按样品准备要求提供试样及记录表给品鉴员，各品鉴员互不打扰，单独进行实验，并对每个样品的各种特性指标强度打分。取一个样品分别进行以下品鉴：

a. 取至少三个包装的样品，在光线充足、无异味、清洁卫生的环境中使用目测法检验外观和色泽，先检查包装袋有无破损，再剪开包装袋检查袋内产品形状、个体大小是否完整和饱满，再检查色泽。

b. 用刀将样品切成薄片，用手指轻轻按压样品薄片或者采用折叠法感觉其弹性，并观察断面、气孔大小及分布。

c. 将样品蒸煮，品尝检验其肉质和滋味。蒸煮方法：将 1L 饮用水倒入洁净容器中煮沸，在蒸笼上放入解冻后的试样 100～200g，加盖，继续保持水沸，蒸 1～5min 后，打开容器盖，闻气味，品尝肉质和滋味。

d. 观察有无 2mm 以下的小鱼刺或鱼皮杂质，有无鱼刺鱼皮等以外的夹杂物。

实验重复三次，重复检验时，样品呈送顺序不变。

三、品评结果分析及优化

① 每组小组长将本小组 10 名检验员的记录表汇总后，统计出各个样品的评定结果。

② 用统计法分别进行误差分析，评价检验员的重复性、样品间差异。

③ 讨论协调后，得出每个样品的总体评估。

综合结论描述的依据是某描绘词汇出现频率的多寡，一般要求言简意赅、字斟句酌，以求符合实际。

任务思考

1. 简述鱼糜制品的感官评价要点。
2. t 检验在单个样品描述性检验中有怎样的作用？

技能拓展

干海带、虾米等其他水产制品的感官检验

一、煮贝肉的感官检验

1. 新鲜贝肉

色泽正常且有光泽，无异味，手摸有爽滑感，弹性好。

2. 不新鲜贝肉

色泽减退或无光泽，有酸味，手感发黏，弹性差。

3. 新鲜赤贝

深黄褐色或浅黄褐色，有光泽，弹性好。

4. 不新鲜赤贝

呈灰黄色或浅绿色，无光泽，无弹性。

5. 新鲜海螺肉

呈乳黄色或浅黄色，有光泽，有弹性，局部有玫瑰紫色斑点。

6. 不新鲜海螺肉

呈白色或灰白色，无光泽，无弹性。

二、虾米的感官检验

1. 色泽

体表鲜艳发亮发黄或浅红色的为上品，这种虾米都是晴天晒制的，多是淡的。色暗而不光洁的是在阴雨天晾制的，一般都是咸的。

2. 体形

虾米体形弯曲，说明是用活虾加工的。虾米体形笔直或不大弯曲，大多数是用死虾加工的。体净肉肥、无贴皮、无窝心爪、无空头壳的为上品。

3. 杂质

虾米大小匀称，其中无杂质和其他鱼虾的为上品。

4. 味道

取虾米放在嘴中嚼之，感到鲜而微甜的为上品。盐味重的质量较差。

项目六　果蔬及其制品的感官检验

背景知识

一、果蔬制品的分类及营养

果蔬指可食用的水果和蔬菜，果蔬制品就是利用食品工业的各种加工工艺和方法处理新鲜果品蔬菜而制成的产品。在加工处理中应最大限度地保存其营养成分，改进食用价值，使加工品的色、香、味俱佳，组织形态更趋完美，进一步提高果蔬加工制品的商品化水平。根据果蔬植物原料的生物学特性采取相应的工艺，可制成许许多多的加工品，按制造工艺可分为果蔬罐藏品、果蔬糖制品、果蔬干制品、果蔬速冻产品、果蔬汁、果酒及蔬菜腌制品等。目前国内外果蔬制品加工趋势主要有功能型果蔬制品、鲜切果蔬、脱水果蔬、谷菜复合食品、果蔬功能性成分、果蔬汁、果蔬综合利用产品等。

果蔬的营养成分是人类维持生命不可缺少的，如能常吃果蔬，对增进身体健康、预防疾病、防治癌症发生具有不可低估的作用。果蔬制品的营养价值主要体现在提供人体必需的维生素 C，向人体提供维生素 A，补充人体所需的矿物质及提供丰富的膳食纤维。

二、果蔬制品的感官鉴别原则

1. 水果及水果制品的感官鉴别原则

鲜果品的感官鉴别方法主要是目测、鼻嗅和口尝，其中目测包括三方面的内容：一是看果品的成熟度和是否具有该品种应有的色泽及形态特征；二是看果型是否端正，个头大小是否基本一致；三是看果品表面是否清洁新鲜，有无病虫害和机械损伤等。鼻嗅则是辨别果品是否带有本品种所特有的芳香味，有时候果品的变质可以通过其气味的不良改变直接鉴别出来，像坚果的哈喇味和西瓜的馊味等都是很好的例证。口尝不但能感知果品的滋味是否正常，还能感觉到果肉的质地是否良好，它也是很重要的一个感官指标。

水果制品虽然较鲜果的含水量低或是经过了干制及其他工艺处理，但其感官鉴别的原则与指标基本上和前述三项大同小异。

2. 蔬菜及蔬菜制品的感官鉴别原则

蔬菜分为种植和野生两大类，其品种繁多而形态各异，难以确切地感官鉴别其质量。我国主要蔬菜种类有 80 多种，按照蔬菜食用部分的器官形态可以将其分成根菜类、茎菜类、叶菜类、花菜类、果菜类和食用菌类六大类型。现只将几个感官鉴别的基本方法简述如下：

从蔬菜色泽看，各种蔬菜都应具有本品种固有的颜色，大多数有发亮的光泽，以此显示蔬菜的成熟度及鲜嫩程度。除杂交品种外，别的品种都不能有其他因素造成的异常色泽及色泽改变。从蔬菜气味看，多数蔬菜具有清香、甘辛香、甜酸香等气味，可以凭嗅觉识别不同品种的质量，不允许有腐烂变质的亚硝酸盐味和其他异常气味。从蔬菜滋味看，因品种不同而各异，多数蔬菜滋味甘淡、甜酸、清爽鲜美，少数具有辛酸、苦涩等特殊风味以刺激食欲，如失去本品种原有的滋味即为异常，但改良品种应该除外，例如大蒜的新品种就没有“蒜臭”气味或该气味极淡。就蔬菜的形态而言，由于客观因素而造成的各种蔬菜的非正常、不新鲜状态，例如蔫萎、枯塌、损伤、病变、虫害侵蚀等引起的形态异常，可以此作为鉴别蔬菜品质优劣的依据之一。

任务一　苹果质量的感官检验

【任务目标】

1. 了解苹果质量感官评价的内容；
2. 理解定量描述检验法；
3. 能够使用定量描述检验法对食品进行感官评价。

【任务描述】

苹果因其所具有的独特风味、色泽及营养保健作用而深受广大消费者的喜爱。苹果是大多数消费者的首选水果之一，然而苹果的种类繁多，质量差异很大，市场上苹果的销售也存在着很多问题，如一些零售商、批发商以次充好，以劣充优，更有甚者在苹果的病害部位贴上“优”的标识来欺骗消费者，严重侵害了消费者的权益，作为一名市场质量监督部门的检验员，应该如何评判这些苹果的质量？

该任务的目的是确定苹果的质量等级。苹果感官指标以国家标准 GB/T 10651—2008《鲜苹果》从果个大小、果面颜色、果肉质地、风味、汁液和香气等方面对苹果质量等级进行鉴别。检验方法为描述性分析检验法。

知识准备

一、苹果的感官要求

一类苹果：表面色泽——色泽均匀而鲜艳，洁净光亮，红者艳如珊瑚、玛瑙，青者黄里透出微红；气味与滋味——具有各自品种固有的清香味，肉质香甜鲜脆，味美可口；外观形态——个头以中上等大小且均匀一致为佳，无病虫害，无外伤。

二类苹果：表面色泽——青香蕉的色泽是青色透出微黄，黄元帅色泽为金黄色；气味与滋味——青香蕉表现为清香鲜甜，滋味以清心解渴的舒适感为主，黄元帅气味醇香扑鼻，滋味酸甜适度、果肉细腻而多汁、香润可口，给人以新鲜开胃的感觉；外观形态——个头以中等大均匀一致为佳，无虫害，无外伤，无锈斑。

三类苹果：表面色泽——色泽不一，但具有光泽、洁净；气味与滋味——具有本品种的香气，滋味酸甜稍淡，吃起来清脆，苹果酸度较大；外观形态——个头以中上等大均匀一致为佳，无虫害，无锈斑，无外伤。

四类苹果：表面色泽——色泽鲜红，有光泽，洁净；气味与滋味——具有本品种的香气，但这类苹果纤维量高，质量较粗糙，甜度和酸度低，口味差；外观形态——一般果形较大。

二、苹果的感官检验方法——定量描述检验方法

描述性分析检验方法（descriptive analysis evaluation），是根据感官所能感知到的食品的各项感官特征，用专业术语形成对产品的客观描述。描述性分析检验通常可依据是否定量分析而分为简单描述法和定量描述法。本部分主要介绍定量描述检验法及其应用。

1. 方法特点

鉴评员对构成样品感官特征的各个指标强度进行完整、准确评价的检验方法称为定量描述检验（quantitative descriptive analysis，QDA）。这种方法可在简单描述检验所确定的词汇中选择适当的词汇，定量描述样品整个感官印象，可单独或结合地用于评价气味、风味、外观和质地。此方法对质量控制、质量分析、确定产品之间差异的性质、新产品研制、产品品质的改良最为有效，并且可以提供与仪器检验数据对比的感官数据，提供产品特征的持久记录。

2. 选用目的

定量描述分析（QDA）是在20世纪70年代发展起来的，目的是纠正与风味剖面有关的一些感知问题。其数据不是通过一致性讨论而产生的，评价小组领导者不是一个活跃的参与者，同时使用非线性结构的标度来描述评估特性的强度。

3. 操作步骤

① 了解相关产品的情况，建立描述的最佳方法和统一评价识别的目标，同时确定参比样品和规定描述特性的词汇。

② 成立评价小组，对规定的感官特性的认识达到一致，并根据检验的目的设计出不同的检验记录形式。记录的检验内容见表6-1。

表6-1 记录的检验内容

序	检验项目	具体内容
1	感觉顺序的确定	即记录显现和察觉到各质量特性、特征所出现的先后顺序
2	食品质量特性、特征的评价	即用叙词或相关的术语规定感觉到的特性特征
3	特征特性强度评价	对所感觉到的每种质量特性、特征的强度做出评估
4	余味和滞留度的测定	余味是指样品被吞下（或吐出）后出现的与原来不同的特征特性，滞留度是指样品已经被吞下（或吐出）后，继续感觉到的特性特征。在某些情况下可要求鉴评员评价余味，并测定其强度，或者测定滞留度的强度和持续时间
5	综合印象的评估	对产品的总体、全面的评估，考虑到特性特征的适应性、强度、相同背景特征的混合等，综合印象通常在三点或四点标度上评估。例如：0表示差，1表示中，2表示良，3表示优。在独立方法中，每个鉴评员分别评价综合印象，然后计算其平均值。在一致方法中，评价小组赞同一个综合印象
6	强度变化的评价	在评价过程中有时采用曲线（有坐标）形式表现从接触样品刺激到脱离样品刺激的感觉强度变化。例如食品中的甜味、苦味的感觉强度变化；品酒、品茶时味觉、嗅觉感觉强度的变化

③ 根据所设计好的检验表格，品评员即可独立进行评价实验，按照感觉顺序，用同一标度测定每种特性强度、余味、滞留度及综合印象，记录评价结果。

④ 检验结束，定量描述检验的结果可根据要求以表格、曲线、图的形式进行报告，也可利用各特性特征的评价结果做样品适宜的差异分析。实际应用时，也可以先根据不同的感官检验项目（风味、色泽、组织等）和不同特性的质量描述制定出分数范围，再根据具体样品的质量情况给予合适的分数。

4. 感官特性强度的评估方式

定量描述分析法不同于简单描述，该法的最大特点是利用统计法对数据进行分析，统计分析的方法随对样品特性特征强度进行评价的方式而定。强度的评价主要有以下几种方式：

① 数字法　例如：0＝不存在、1＝刚好可识别、2＝弱、3＝中等、4＝强、5＝强。

② 标度点法　在每个标度的两端写上相应的叙词，其中间级数或点数根据特性特征而改变，在标度点“□”上写出符合该点强度的1～7数值。

弱 □ □ □ □ □ □ □ 强

③ 直线段法　在直线上规定中心点为“0”，两点各标叙词或直接在直线规定段规定两端点叙词（如弱-强），以所标线段距一侧的长短表示强度。

0　1　2　3　4　5　6　7　8　9　10

弱　　　　　　　　　　　　　　　　强

QDA 的结果通过统计分析得出，一般都附有一个蜘蛛网形图表，由图的中心向外有一些放射状的线，表示每个感官特性，线的长短代表强度的大小，例如，图6-1为草莓风味的QDA数据的蜘蛛网图示例。另外，目前的QDA都使用主成分分析（principal component analysis，PCA）法分析。QDA法使“以人作为测量仪器”的概念向前前进了一大步，而且图表的使用使结果更加直观。

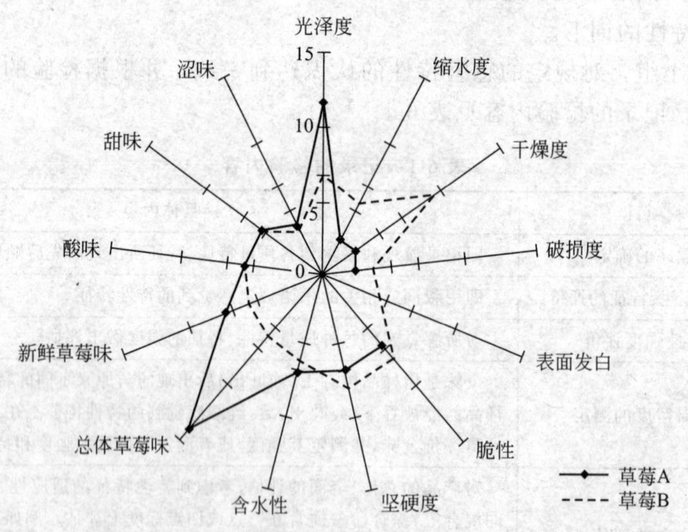

图6-1　两种不同方式处理的草莓风味的QDA数据的蜘蛛网图示例

接来下以某品种苹果示例讲述：

某品种苹果用5点数字标度法评价的感觉特性特征强度如表6-2所示。

将表6-2的评分结果转换为图线剖面标度，见图6-2。

表6-2的评分结果转换为圆形剖面标度，见图6-3。

表 6-2　苹果评价结果表

特征感觉顺序	强度	特征感觉顺序	强度
果个大小	4	风味	3
果面颜色	2	汁液	2
果肉质地	3.5	综合印象	4

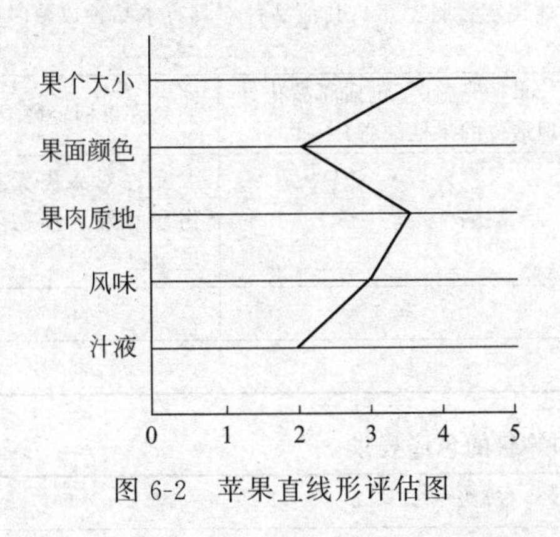

图 6-2　苹果直线形评估图

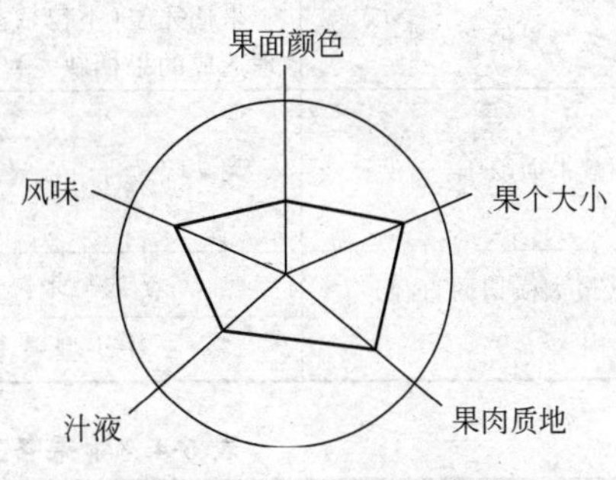

图 6-3　苹果圆形评估图

将表 6-2 的综合印象评价标度在下面的 10cm 线上：

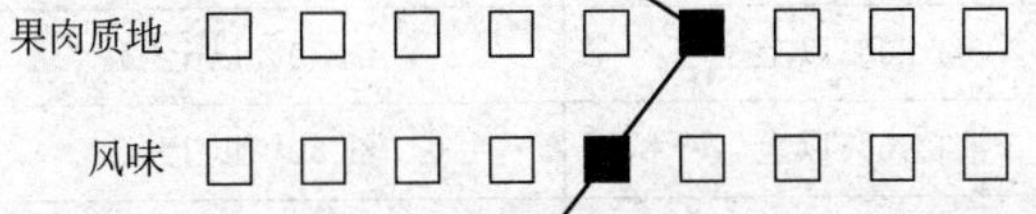

将表 6-2 的评分结果转换为 9 点法标度：

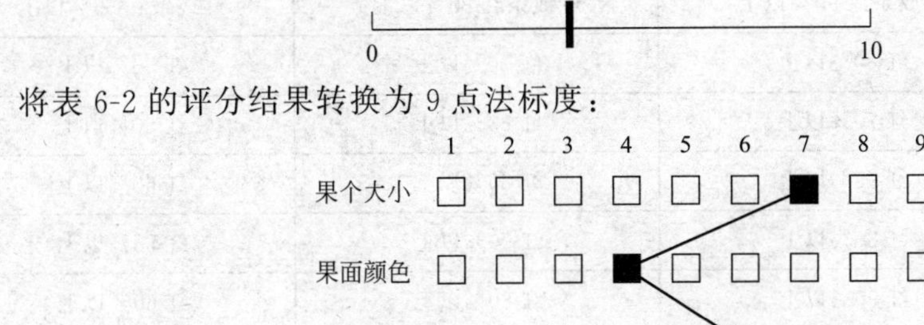

将表 6-2 的综合印象评分转换为 7 点法喜好程度标度：

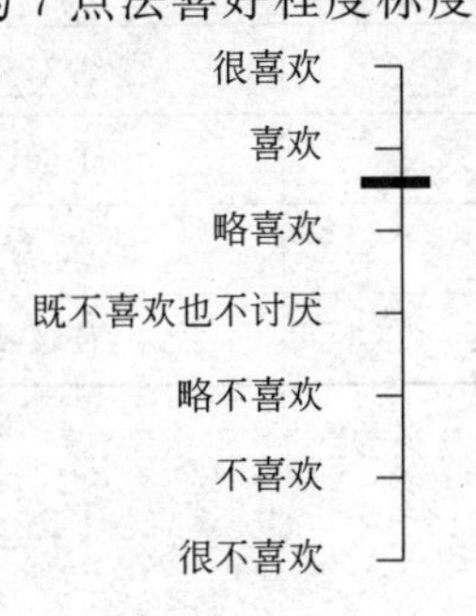

三、苹果的感官评定标准

GB/T 10651—2008《鲜苹果》对苹果的感官要求从果形、色泽、果柄、果面缺陷、果径进行了明确的规定，见表 6-3。苹果各主要品种和等级的色泽要求见表 6-4。

表 6-3　鲜苹果的感官标准（简表）

项目	等级		
	优等	一等	二等
果形	具有本品种应有的特征	允许果形有轻微缺点	果形有缺点，但仍保持本品基本特征，不得有畸形果
色泽	红色品种的果面着色比例的具体规定参照表 6-4；其他品种应具有本品种成熟时应有的色泽		
果柄	果柄完整（不包括商品化处理造成的果柄缺省）	果柄完整（不包括商品化处理造成的果柄缺省）	允许果柄轻微损伤
果面缺陷	无缺陷	无缺陷	允许对果肉无重大伤害的果皮损伤不超过 4 项
果径（最大横切面直径）/mm	大型果	≥70	≥65
	中小型果	≥60	≥55

表 6-4　苹果各主要品种和等级的色泽要求

品种	等级		
	优等级	一等级	二等级
富士系	红或条红 90%以上	红或条红 80%以上	红或条红 55%以上
嘎拉系	红 80%以上	红 70%以上	红 50%以上
藤牧 1 号	红 70%以上	红 60%以上	红 50%以上
元帅系	红 95%以上	红 85%以上	红 60%以上
华夏	红 80%以上	红 70%以上	红 55%以上
粉红女士	红 90%以上	红 80%以上	红 60%以上
乔纳金	红 80%以上	红 70%以上	红 50%以上
秦冠	红 90%以上	红 80%以上	红 55%以上
国光	红或条红 80%以上	红或条红 60%以上	红或条红 50%以上
华冠	红或条红 85%以上	红或条红 70%以上	红或条红 50%以上
红将军	红 85%以上	红 75%以上	红 50%以上
珊夏	红 75%以上	红 60%以上	红 50%以上
金冠系	金黄色	黄、绿黄色	黄、绿黄、黄绿色
王林	黄绿或绿黄	黄绿或绿黄	黄绿或绿黄

任务实施

一、品评方案设计

1. 评价方法

定量描述检验法。

2. 实验设计

对学生进行分组，一组设定为备样员，另一组设定为品评员。首先向品评员介绍实验样品的特性及其生产用途，然后提供一个典型样品让大家进行品评。在老师的引导下，选定4～8个能表达出该类产品的特征名词，并确定强度等级范围，通过评价后统一学生的认识。在完成上述工作后，分组进行独立感官检验，之后双方互换工作任务。

3. 用具准备

一次性纸盘、水果刀、果板（或卡尺）、不同等级的鲜苹果若干个等。

二、品评步骤

1. 定量描述分析检验

在实验开始前10min将样品取出，每种苹果样品用一次性纸盘盛放，并用3位随机数字编号，同打分表一并随机呈送给品评员。品评员单独鉴别苹果样品，对每种样品就各种感官指标打分。实验重复2次进行。

2. 确定描述性词汇及代表分值

根据各品质指标对感官评价的重要性确定感官品质指标最大分值为：果个大小5分、果面颜色3分、果肉质地4分、风味4分、汁液2分、香气2分，6个感官品质总分为20分。表6-5是感官评价描述性词汇及相应代表分值。

表6-5 感官评价描述性词汇及相应代表分值

果个大小		果面颜色		果肉质地		风味		汁液		香气	
特大	5分	鲜红	3分	硬脆	4分	酸甜适度	4分	多	2分	浓	2分
大	4分	粉红	3分	松脆	3.5分	酸甜	4分	中	1分	淡	1分
中	3分	浓红	3分	硬	3分	甜酸	3.5分	少	0分	无	0分
小	2分	75%	2.5分	疏软	2.5分	甘甜	3分				
特小	1分	50%	2分	绵软	2分	甜	2.5分				
		25%	1.5分	松软	1分	淡甜	2分				
		绿色	1分			酸	1.5分				
		绿色果锈	0.5分			极酸	1分				

3. 品评结果记录

表6-6供参考，也可另行设计。

表6-6 苹果的品评结果记录表

样品名称：　　　　　　　　评价员姓名：　　　　　　　　检验日期：

样品编号	果个大小	果面颜色	果肉质地	风味	汁液	香气

4. 分项检验

（1）果形及果个 将样品放于白瓷盘中，对着自然光，观察其是否具有该产品应有的果形，是否有缺点，是否有畸形。用果板或卡尺测量最大横切面直径，得到果径大小。

（2）果面色泽 将样品放于白瓷盘中，对着自然光，观察其是否具有该品种成熟时应有的颜色，并查看其着色比例。

（3）香气 将样品放于白瓷盘中，一手端盘，另一手扇动，用鼻嗅其气味，反复数次鉴别其香气，是否具有本身果香，有无其他异味。

（4）质地风味 将样品放于白瓷盘中，用水果刀切开，取一定量样品于口中，鉴别质地硬脆程度，风味是否鲜美、酸甜是否适口，有无异味和其他不良滋味。

（5）汁液 将样品放于白瓷盘中，用水果刀切开，取一定量样品于口中，咀嚼鉴别汁液的多少程度。

三、品评结果分析及优化

① 每组小组长将本小组品评员的记录表汇总后，解释编码含义，统计出各个样品的评定结果。按照感觉顺序，用同一标度测定每种特性强度、余味、滞留度及综合印象，记录评价结果。

② 检验结束，按照相关知识点中所述步骤，定量描述检验的结果，根据要求以表格、曲线、图的形式进行报告，也可利用各特性特征的评价结果做样品适宜的差异分析。

任务思考

鲜苹果的定量描述性检验应注意的事项有哪些？

技能拓展

电子鼻及电子舌技术在水果新鲜度检测方面的应用

在果蔬生长或贮藏的不同时期，其内部的挥发性物质与非挥发性物质都在发生巨大的变化，通过分析这些变化可以判断果蔬的成熟度、新鲜度、腐败程度并进行货架期内部成分变化的预测等。电子鼻（舌）检测系统由气体（液体）传感器、数据预处理系统及计算机分析系统组成，分别模拟了嗅觉（味觉）形成过程中人体的感受细胞、神经传递系统及大脑皮层。电子鼻（舌）并非对单一物质进行分析而是对气味进行综合评价，电子鼻、电子舌技术作为人类嗅觉与味觉的延伸，因其准确度高、快速的特点，在食品领域尤其是安全性未知的样品分析中得到了广泛的关注及突飞猛进的发展。传感器将化学信号转化成电信号或视觉信号，再利用计算机对转化信号进行特征提取及数据分析。无损检测新鲜果蔬品质多使用电子鼻，需要破坏果蔬的电子舌检测则最常用在发酵、果蔬汁制品中。近几年电子鼻和电子舌技术在新鲜果蔬品质检测中的应用主要包括：成熟度的测定、产地及损伤鉴定、新鲜度鉴定等，建立预测模型、PCA（主成分分析法）为主要数据分析方法，当主成分贡献率高于85%即可认为分析结果较好，例如，电子舌能够分析食醋的风味并加以区分，PCA总贡献率达89.02%；电子舌用于分析草莓汁贮藏过程中的品质变化，且PLS（最小二乘法）预测模型能够较好地预测草莓汁成分。

任务二　酱腌菜的感官检验

【任务目标】

1. 了解酱腌菜质量感官评价的内容；
2. 掌握二-三点检验法实验原理及内容；
3. 能够使用二-三点检验法对食品进行感官评价。

【任务描述】

目前市面上酱腌菜生产工艺很多都是手工操作，劳动强度大，产量低，产品易受污染，产品质量安全保险系数小。酱腌菜中都含有多种有机成分，如淀粉、蛋白质、糖类、有机酸等，在它本身酶的作用下，加上环境条件中的微生物侵入的影响，会引起各种各样的败坏。酱腌菜一旦败坏，一般是外观不良、风味减损发黏、长霉、有异味或表面出现发酵物，往往使腌制品不能食用，误食会使人致病。作为质检所的一名品评员，应该如何评判这些酱腌菜的质量？

品评员的任务是根据 GB 2714—2015《食品安全国家标准　酱腌菜》，对酱腌菜在滋味、气味和状态方面使用二-三点检验法对酱腌菜进行等级划分。

知识准备

一、酱腌菜的感官评定标准

GB 2714—2015《食品安全国家标准　酱腌菜》对酱腌菜的感官要求从滋味、气味和状态进行了明确的规定，见表 6-7。

表 6-7　酱腌菜的感官标准

项目	要求	检验方法
滋味、气味	无异味、无异嗅	取适量试样置于白色磁盘中，在自然光下观察色泽和状态，闻其气味，用温开水漱口后品其滋味
状态	无霉变，无霉斑白膜，无正常视力可见的外来异物	

二、酱腌菜的检验方法——二-三点检验法

二-三点检验法（duo-trial test）由 Peryam 和 Swartz 于 1950 年发明。在检验中，每个评定人员得到 3 个样品，其中一个标明是“参照样”，要求评定者从另外两个样品中选出与参照样品相同的那一个。二-三点检验法用于确定两个样品间是否有可觉察的差异，这种差异可能涉及一个或多个感官性质，但不能表明产品在哪些感官性质上有差异，也不能评价差异的程度。

1. 应用领域和范围

二-三点检验法从统计学上来讲其检验效率不如三点检验，因为它是从两个样品中选出一个，猜中的概率更大，但这种方法比较简单，当实验目的是确定两种样品之间是否存在感官上的不同时常常应用这种方法。二-三点检验法可以应用于由于原料、加工工艺、包装或贮藏条件发生变化时确定产品感官特征是否发生变化，或者在无法确定某些具体性质的差异时，确定两种产品之间是否存在总体差异。二-三点检验法也可以用于对评价员的选择。

2. 品评员

一般来说，参加评定的品评员至少要15人，如果人数在30、40或者更多，实验效果会更好。

3. 方法

二-三点检验法有两种形式：一种叫作固定参照模型，另一种叫作平衡参照模型。在固定参照模型中，总是以正常生产的产品为参照样；而在平衡参照模型中，正常生产的样品和要进行检验的样品被随机用作参照样品。在参评人员受过培训、他们对参照样品很熟悉的情况下，使用固定参照模式；当参评人员对两种样品都不熟悉，而他们又没有接受过培训时，使用平衡参照模型。

二-三点检验法的一般问答表见表6-8。

表6-8　二-三点检验法问答表

二-三点检验法

姓名：________　　　日期：________

评价说明：

在你面前有3个样品，其中一个标明“对照”，另外两个标有编号

从左向右依次品尝样品，先是对照样，然后是两个编号的样品

品尝之后，请在与对照相同的那个样品的编号上划圈。你可以多次品尝，但必须要选择一个

对照______　　321______　　689______

4. 实验步骤

(1) 样品准备与呈送　二-三点检验法的对照样有两种给出方式：固定参照模型和平衡参照模型。

① 固定参照模型　如果品评员对待评样品其中之一熟悉，或者有确定的标准样，此时可以使用固定参照模型。在固定参照模型中，整个实验中都是以品评员熟悉的正常生产的产品或标准样作为参照样。所以，样品可能的排列方式为：

$$R_A A \quad B$$

$$R_A \quad B \quad A$$

采用3位数字的随机数字进行样品编码。上述两种样品排列方式在实验中应该次数相等，总的评定次数应该是2的倍数。各品评员得到的样品次序应该随机，评定时从左到右按照呈送的顺序评价样品。

② 平衡参照模型　当品评员对两个样品都不熟悉时，使用平衡参照模型。在平衡参照模型实验中，待评的两个样品（A和B）都可以作为参照样。样品可能的排列方式为：

$R_AA \quad BR_B \quad B \quad A$

$R_A \quad B \quad AR_BA \quad B$

A 和 B 作为参照样的次数应该相等，总的评定次数应该是 4 的倍数。各品评员得到的样品次序应该随机，评定时从左到右按照呈送的顺序评价样品。

(2) 结果整理与分析 将品评员正确选择的人数（x）计算出来，然后进行统计分析，比较两个产品间是否有显著性的差异。

对二-三点检验法，当样品间没有可觉察的差异时，品评员在进行选择时只能猜，此时正确选择的概率是 1/2，而当品评员能够感觉到样品间的差异时，作出正确判断的概率将大于 1/2，从而有统计假设：

无效假设 H_0：$P=1/2$；备择假设 H_1：$P>1/2$。

在表 6-9 中，根据实验确定的显著性水平 α（一般为 0.05 或 0.01），评定组品评员的数量 n，可以查到相应的临界值 $x_{\alpha,n}$，如果实验得到的正确选择的人数 $x \geqslant x_{\alpha,n}$，表明比较的两个样品有显著性的差异；如果 $x < x_{\alpha,n}$，表明比较的两个样品没有显著性的差异。

表 6-9 二-三点检验法检验表

答案数目	显著水平			答案数目	显著水平			答案数目	显著水平			答案数目	显著水平		
	5%	1%	0.1%		5%	1%	0.1%		5%	1%	0.1%		5%	1%	0.1%
7	7	—	—	20	15	16	18	33	22	24	26	46	30	32	34
8	8	8	—	21	15	17	18	34	23	25	27	47	30	32	35
9	8	9	—	22	16	17	19	35	23	25	27	48	31	33	36
10	9	10	10	23	16	18	20	36	24	26	28	49	31	34	36
11	9	10	11	24	18	19	21	37	24	27	29	50	32	34	37
12	10	11	12	25	18	20	21	38	25	27	29	60	37	40	43
13	10	12	13	26	19	20	22	39	26	28	30	70	43	46	49
14	11	12	13	27	19	20	22	40	26	28	31	80	48	51	55
15	12	13	14	28	19	21	23	41	27	29	31	90	54	57	61
16	12	14	15	29	20	22	24	42	27	29	32	100	59	63	66
17	13	14	15	30	20	22	24	43	28	30	32				
18	13	15	16	31	21	23	25	44	28	31	33				
19	14	15	17	32	22	24	26	45	29	31	34				

例 1 在某平衡参照二-三点实验中，共计 40 名评价员，有 23 人做出了正确的选择。根据表 6-9，在 5%显著水平下，临界值是 26，所以说两种产品之间没有差别。

例 2 在某固定参照二-三点实验中，共计 90 名评价员，分为 3 组，每组分别有 17、18、19 个人做出了正确选择。根据表 6-8，当参评人数是 30，α 值为 5%时，临界值是 20。然而从整个大组来看做出了正确选择的人数是 54，从表 6-9 得出的临界值是 54。这两个结果有些出入。但要知道，30 并不是该实验要求的参评人数，查看结果还要依据真正的参评人数，90 人。如果将 3 个小组合并起来考虑，在 α 值为 5%的水平下，A 和 B 是存在差异的。下面需要确定哪一种产品更好，可以检查评定者是否写下了关于两种产品之间不同的评语。如果没有，将样品送给描述分析小组。如果经过描述检验，仍不能确定哪一个产品好于另外一个产品，可以进行消费者实验，最终确定哪一种产品更易被接受。

任务实施

一、品评方案设计

1. 评价方法

二-三点检验法。

2. 实验设计

对学生进行分组，一组设定为备样员，另一组设定为品评员。首先向品评员介绍实验样品的特性及其生产用途，然后提供一个典型样品让大家进行品评。在老师的引导下，选定4～8个能表达出该类产品的特征名词，并确定强度等级范围，通过评价后统一学生的认识。在完成上述工作后，分组进行独立感官检验。之后双方互换工作任务。

3. 用具准备

白瓷盘、小刀、牙签、不同等级的酱腌菜若干种等。

二、品评步骤

1. 实验分组

每组5人，轮流进入准备区和感官分析实验区。

2. 样品编号

将样品放入白瓷盘中，取2～3位随机数作为样品的编号，或采用不易产生记号效应的数字、文字及符号作为样品的编号。

3. 二-三点检验法准备工作表

示例见表6-10，供参考，也可另行设计。

表6-10 二-三点检验法准备工作表（平衡参照模型）

<table>
<tr><td colspan="3">样品准备表
日期：________ 编号：________</td></tr>
<tr><td colspan="3">样品类型：酱腌菜
实验类型：二-三点检验法（平衡参照模型）</td></tr>
<tr><td>产品情况</td><td>含有2个A的号码</td><td>含有2个B的号码</td></tr>
<tr><td>A：新产品</td><td>959 257</td><td>448</td></tr>
<tr><td>B：原产品（对比）</td><td>723</td><td>539 661</td></tr>
<tr><td>呈送容器标记情况
小组</td><td>号码顺序</td><td>代表类型</td></tr>
<tr><td>1</td><td>AAB</td><td>R-257-723</td></tr>
<tr><td>2</td><td>BBA</td><td>R-661-448</td></tr>
<tr><td>3</td><td>ABA</td><td>R-723-257</td></tr>
</table>

续表

4	BAB	R-448-661
5	BAA	R-723-257
6	ABB	R-661-448
7	AAB	R-959-723
8	BBA	R-539-448
9	ABA	R-723-959
10	BAB	R-448-539
11	BAA	R-723-959
12	ABB	R-448-661

4. 分项检验

(1) 色泽体态 将样品放于白瓷盘中，对着自然光，观察样品是否具有该产品应有的颜色，是否有光泽及晶莹感，卤汁是否清亮，造型是否整齐、一致，有无菜屑、杂质及异物，有无霉花浮膜。

(2) 香气 将定量酱菜放白瓷盘中，一手端盘，另一手扇动，用鼻嗅其气味，反复数次鉴别其香气，是否具有酱香及酯香，是否具有本身菜香，有无氨、硫化氢、焦糖、焦煳气、蛤蜊气及其他异味。

(3) 质地滋味 取一定量样品于口中，鉴别质地脆嫩程度（特供产品允许不脆），滋味是否鲜美，咸甜是否适口，有无异味和其他不良滋味。

5. 注意事项

① 二-三点检验法有固定参照模型和平衡参照模型两种形式可以使用，本项目可根据品评员对酱腌菜的熟悉程度选择实验类型。

② 在鉴评对照样品后，最好有 10s 左右的停息时间。

③ 此检验法用于区别两个同类样品间是否存在感官差异，尤其适用于品评员熟悉对照样品的情况，如成品检验和异味检查。但由于精度较差（猜对率为 1/2），故常用于风味较强、刺激较烈和产生余味持久的产品检验，以降低鉴评次数，避免味觉和嗅觉疲劳。另外，外观有明显差别的样品不适合此法。

④ 鉴评室应有适宜的光线，使人感觉舒适；鉴评室应便于清扫，且离噪声源较远，最好是隔音的；鉴评室应无任何异味，并便于通风和排气。

三、品评结果分析及优化

① 每组小组长将本小组 5 名品评员的记录表汇总后，解释编码含义，统计出各个样品的评定结果。

② 用统计法将品评员正确选择的人数（x）计算出来，然后进行统计分析，比较两个产品间是否有显著性的差异。

任务思考

请设计一个固定参照模型的准备工作表。

知识链接

GB/T 10786—2006《罐头食品的检验方法》对罐头食品感官检验方法进行了明确的规定。GB 7098—2015《食品安全国家标准　罐头食品》对罐头食品的感官要求从容器和内容物两个方面进行了明确的规定，见表 6-11。

表 6-11　罐头食品的感官标准

项目	要求
容器	密封完好，无泄漏，无胖听，容器外表无锈蚀，内壁涂料无脱落
内容物	具有该品种罐头食品应有的色泽、气味、滋味、形态

另外，GB/T 13516—2014《桃罐头》专门针对桃罐头的感官要求做了明确规定，见表 6-12。

表 6-12　黄桃罐头的感官标准

项目	优级品	一级品
色泽	黄桃呈金黄色，白桃呈乳白色至乳黄色，同一罐内色泽一致，无变色迹象；糖水澄清透明	黄桃呈金黄色，白桃呈乳白色至乳黄色，同一罐内色泽基本一致，核窝附近允许稍有变色
滋味、气味	具有桃罐头应有的滋味和气味，香气浓郁，无异味	
组织及形态	肉质均匀，软硬适度，不连叉，无核窝松软现象；块形完整，同一罐内果块大小均匀。过度修整、毛边、机械伤、去核不良、瘫软缺陷片数总和不得超过总片数的 25%，不得残存果皮。两开和四开桃片：最大果肉的宽度与最小果肉的宽度之差不得大于 1.5cm，允许有极少量果肉碎屑	肉质较均匀，软硬较适度，有连叉，核窝有少量松软现象；块形基本完整，同一罐内果块大小较均匀。过度修整、毛边、机械伤、去核不良、瘫软缺陷片数总和不得超过总片数的 35%，不得残存果皮。两开和四开桃片：最大果肉的宽度与最小果肉的宽度之差不得大于 2.0cm，允许有少量果肉碎屑
	两开桃片和四开桃片：单块果肉最小的质量分别为 23g 和 15g	两开桃片和四开桃片：单块果肉最小的质量分别为 20g 和 12g
杂质	无外来杂质	

项目七　饮料与酒类的感官检验

背景知识

一、饮料概述

一般饮料多指无酒精饮料，又称软饮料，是指经过定量包装的供直接饮用或按一定比例用水冲调或冲泡饮用的，乙醇含量（质量分数）不超过0.5%的制品（不包括药用饮品），也可为浓浆或固体形态。饮料一般分为两类，一类是碳酸饮料，如汽水等；另一类是不含碳酸的饮料，如果汁、蔬汁、固体饮料等。

根据GB/T 10789—2015《饮料通则》中的相关要求，按饮料的原料或产品形态分类，可以将饮料分为11个类别及相应的种类，即包装饮用水、果蔬汁类及其饮料、蛋白饮料、碳酸饮料（汽水）、特殊用途饮料、风味饮料、茶（类）饮料、咖啡（类）饮料、植物饮料、固体饮料及功能饮料。

二、酒类概述

我国是最早酿造白酒的国家，早在2000年前就发明了酿酒技术，通过不断地改进与完善，形成了我国种类繁多、风格特异的酒文化。酒的种类十分繁多，各地各国的分类方法也不统一，按照传统方法和习惯，可分为以下四种：

① 按生产特点分类有蒸馏酒、发酵原酒及配制酒。

② 按酒精含量分类有高度酒、中度酒及低度酒。

③ 按生产原料分类有粮食酒和非粮食酒。

④ 按酒的风味特点分类有白酒、黄酒、啤酒、果酒和配制酒五类。

任务一　瓶装饮用水的感官检验

【任务目标】

1. 了解饮用水的种类和分类方法；
2. 掌握瓶装饮用水的感官指标；
3. 能运用排序检验法对天然矿泉水进行感官评价。

【任务描述】

某瓶装水生产企业选取了5种不同品牌的天然矿泉水，调查消费者对于该5种矿泉水的喜好程度，为选择开发新产品类型做准备，作为感官评定人员，应如何开展实验。

本项目工作任务主要根据GB 8537—2008《饮用天然矿泉水》中的相关要求，对瓶装矿泉水的色度、浑浊度、臭和味、可见物进行感官评价。因涉及对5种天然矿泉水进行喜好度调查，因而采用标度检验中的排序检验法来完成。

知识准备

一、饮用水的分类

瓶装水的种类繁多，根据GB/T 10789—2015《饮料通则》的规定，分为以下6类。

饮用天然矿泉水：采用从地下深处自然涌出或经钻井采集、未受污染的地下矿水，含有一定量的矿物盐、微量元素或二氧化碳气体。

饮用天然泉水：采用从地下自然涌出的泉水或经钻井采集、未受污染的地下泉水且未经过公共供水系统的水源制成的制品。

其他天然饮用水：采用未受污染的水井、水库、湖泊或高山冰川等且未经过公共供水系统的水源制成的制品。

饮用纯净水：以符合GB 5749—2006《生活饮用水卫生标准》的水为水源，采用适当的加工方法，去除水中的矿物质等制成的制品。

饮用矿物质水：以符合GB 5749—2006《生活饮用水卫生标准》的水为水源，采用适当的加工方法，有目的地加入一定量的矿物质而制成的制品。

其他包装饮用水：以符合GB 5749—2006《生活饮用水卫生标准》的水为水源，采用适当的加工方法，不经调色处理而制成的制品，如添加适量香精（料）的调味水。

二、饮用天然矿泉水的检验方法——排序检验

排序检验法是标度和类别检验法中常用的一种检验方法，是指比较数个样品，按指定特性由强度或嗜好程度排出一系列样品的方法。该法只排出样品的次序，不评价样品间差异的大小。排序检验法常用于确定由于原料、加工、处理、包装和储藏等各环节的不同而造成的产品感官特征差异；下一步检验的预筛选或预分类；对消费者或市场经营者订购的产品的可接受性调查；企业产品的精选过程；评价员的选择和培训等。

评价员的条件与人数依据检验目的不同而定，具体要求如表7-1所示

1. 检验程序

检验前，应由组织者对检验提出具体的规定，对被评价的指标和准则要有一致的理解。如对哪些特性进行排列；排列的顺序是从强到弱还是从弱到强；检验时操作要求如何等。排序检验只能按一种特性进行，如要求对不同的特性排序，则按不同的特性安排不同的顺序。

检验时每个检验需要做的具体工作如下：

① 每个检验员以事先确定的顺序检验编码的样品，并安排出一个初步的顺序。

表 7-1　评价员的条件与人数要求

<table>
<tr><th colspan="2" rowspan="3">检验目的</th><th rowspan="3">评价员
水平</th><th rowspan="3">评价员
人数</th><th colspan="3">统计方法</th></tr>
<tr><th rowspan="2">同已知顺序比较(评价员表现评估)</th><th colspan="2">产品顺序未知
(产品比较)</th></tr>
<tr><th>两个产品</th><th>两个以上产品</th></tr>
<tr><td rowspan="2">评价员
表现评估</td><td>个人表
现评估</td><td>优选评价
员或专家
评价员</td><td>无限制</td><td>Spearman 检验</td><td rowspan="4">符号检验</td><td>Friedman 检验</td></tr>
<tr><td>小组表
现评估</td><td>优选评价
员或专家
评价员</td><td>无限制</td><td rowspan="2">Page 检验</td><td></td></tr>
<tr><td rowspan="2">产品评价</td><td>描述性
检验</td><td>优选评价
员或专家
评价员</td><td>12～15 人为宜</td><td></td></tr>
<tr><td>偏好性
检验</td><td>消费者</td><td>每组至少 60 位
消费者类型的
评价人员</td><td>—</td><td></td></tr>
</table>

② 然后整理比较，再做出进一步的调整，最后确定整个系列的强弱顺序。

③ 对于不同的样品，一般不应排为同一位次，当实在无法区别两种样品时，应在问答表中注明。

④ 评价应在限定时间内完成。

2. 排序检验注意事项

① 排序检验时普遍存在的问题是每次排序涉及样品数太多。若样品数太多，应先进行分类检验，然后在每一大类中进行排序检验。

② 由于品尝多个样品后会对前面样品的品质有所遗忘，所以要允许反复品尝。

③ 可以采用不用答题纸，而是将有编号的样品置于相应的排序顺序的方式，以便于反复品尝和随时调整排序。

④ 排序时只能按一种特性，如果要求对不同特性排序，则应按不同的特性安排不同的顺序。

⑤ 检验前，应同组织者对检验提出具体的规定，对被评价的指标和准则要有一定的理解。如排列方法是从强到弱还是从弱到强。

⑥ 评价员对无法区分的两样品，应在问答表中注明，可以用等号。

3. 问答表设计与做法

问答表示例如表 7-2～表 7-4。

表 7-2　排序检验法问答表示例 1

姓名：　　　　日期：　　　　产品：
实验指令：
品尝样品后，请根据您所感受的甜度，把样品号码填入适当的空格中
甜度强弱顺序：

表 7-3 排序检验法问答表示例 2

姓名： 性别： 年龄： 时间：
品尝样品后，请根据您所感受的甜度，把样品号码填入适当的空格中（每格中必须填一个号码） 甜度最强——————→ 甜度最弱——————→

表 7-4 排序检验法问答表示例 3

姓名： 日期：				
实验指令：①从左到右依次品尝样品 A、B、C、D ②品尝之后，就指定的特性进行排序				
实验结果				
样品 评价员	A	B	C	D
1				
2				
3				

三、饮用天然矿泉水的感官评定标准

饮用天然矿泉水标准参照 GB 8537—2008《饮用天然矿泉水》的规定，见表 7-5。

表 7-5 饮用天然矿泉水的感官要求

项目	要求
色度	≤15（不得呈现其他异色）
浑浊度/NTU	≤5
臭和味	具有矿泉水的特征性口味，不得有异臭、异味
可见物	允许有极少量的天然矿物盐沉淀，但不得含有其他异物

任务实施

一、品评方案设计

用排序检验法完成对天然矿泉水的感官评价，然后对其喜好度做出选择。将学生分组，每组 5 个成员，每组可以独立完成此次实验任务。要求每个品评员品尝事先给定的 5 个样品，根据自己的喜爱程度对样品进行排序，将自己得到的结果写在记录表上，并统计小组的排序结果，采用 Friedman 检验和 Page 检验对被检验的样品之间是否有显著性差异做出判定，得出小组排序结果并提交实验报告。

1. 实验准备

准备 5 种市售的瓶装天然矿泉水（A、B、C、D、E），以及无色、透明且无异味的玻璃杯若干。对5种天然矿泉水进行编号，并在瓶身和玻璃杯上分别贴上数字编号，编号采用三位数编码。往样品杯中倒入对应的5种天然矿泉水样品。

2. 品评检验

将装有样品的玻璃杯放入托盘中，其中每个托盘按随机的顺序放入5个样品，保证每个样品在各排列位次上出现的频率相等。在每一个托盘中同时放入评价表一起呈送给评价人员。5位鉴评员分别对5个样品进行感官检验，从臭和味以及肉眼可见物这两个方面对样品进行检验，根据个人的喜好程度填写排序检验评价表7-6。

表7-6 矿泉水喜好度排序检验评价表

排序检验
姓名：　　日期：　　评价员号：
样品类型：矿泉水
评价说明：请将样品编号按从左至右的顺序填写在下列样品编号栏中，然后从左至右品尝并评价5个矿泉水样品，并将你对各个矿泉水样品的喜好程度排出顺序，在你最喜欢的样品号码下方写"1"，以此类推，在最不喜欢的样品号码下方写"5"。如果对两个样品的喜好程度一致，可以写一样的次序
样品编号：A(503)　B(126)　C(257)　D(361)　E(478)
样品排序：
建议或评语：

二、品评步骤

1. 色度检验

在此工作任务中，因为是市售的天然矿泉水的喜好度比较，在色度上的区分很小，无须严格按照此方法进行。

2. 浊度检验

浊度检验详细步骤参照GB 8538—2016《食品安全国家标准　饮用天然矿泉水检验方法》中规定进行，因为是市售的天然矿泉水，在该项目的任务中，不做严格的比较。

3. 臭和味的检验

首先单手握住装有纯水样品的玻璃杯下部，边振摇边置于鼻子下方3cm处，然后吸气，嗅闻待测水样的气味，仔细判断是否有异常气味。然后将水样置于口中，使水样在口中均匀分布至舌头各个部位，仔细品尝样品的滋味，然后吐出。依次品评5个样品的臭和味。

4. 肉眼可见物的检验

将玻璃杯中的水样摇匀，对照充足光线仔细观察有无可见物（包括悬浮物、沉积物、微生物等）。天然矿泉水允许有极少量的天然矿物盐沉淀。

5. 结果评定

分别完成对5个天然矿泉水样品的感官检验，主要依据臭和味、可见度等指标的评价结果，根据个人喜好度将样品排序，记录并填写问答表。实验结束后，每个小组的组长统计该小组的偏好性排序结果，然后进行统计学分析。

三、品评结果分析及优化

以其中一个小组的结果进行结果分析。

1. 根据样品的排序计算各样品的总排序和

如果鉴评员排出的次序中有相同的顺序时，则取平均序次。对有效排序检验评价表的结果进行统计，填写排序检验统计表 7-7。

表 7-7　5 种矿泉水喜好程度检验统计表

鉴评员 \ 排序 \ 样品	A(503)	B(126)	C(257)	D(361)	E(478)
1					
2					
3					
4					
5					
总排序和 T					

2. 确定临界值

首先列出品评员的排序结果统计表，查附录七、附录八排序检验法检验表中相应于评价员数 n 和样品数 m 的临界值，分析结果。根据鉴评员人数 n 和样品数 m，查表，得出临界值。

3. 结果判断

先通过上段来检验样品间是否有差异，把每个样品的排序和 T 与上段的最大值 R_{imax} 和最小值 R_{imin} 相比较。若所有样品的排序和 T 都在上段范围内，说明在该显著性水平，样品间无显著性差异。若排序和 $T \geqslant R_{imax}$ 或 $T \leqslant R_{imin}$，则样品间有显著差异。

再通过下段检查样品间的差异程度，若样品的 T_n 处在下段内，则可将其划为一组，表明其间无显著差别；若样品的排序和落在下段范围之外，则落在上限之外和落在下限之外的样品分别成为一组。

任务思考

1. 简述饮用天然矿泉水的感官要求。
2. 使用标度检验法中的排序检验对瓶装纯净水的臭与味进行感官评价。

技能拓展

碳酸饮料的感官检验

依据 GB/T 10792—2008《碳酸饮料（汽水）》的检验方法进行相关检验工作，具体方法如下：在室温下，打开包装，立即取一定量混合均匀的被测样品，鉴别气味，品尝滋味，并取约 50mL 混合均匀的被测样品置于 100mL 透明烧杯中，在自然光或相当于自然光的感光评定室内，观察其外观，检查其有无杂质。

合格的碳酸饮料色泽上应与该类型碳酸饮料一致，香气谐调柔和，具有该品种独特的风格，清凉爽口；味感柔和，上口和留味有极小差异；外观上液位距瓶口2～6cm，清汁类及可乐类澄清透明，混汁类浑浊度均匀一致，无杂质；封盖完整，瓶子与商标符合产品要求，包装信息完整有效。

不合格的碳酸饮料色泽与产品色泽有一定差异，香气不柔和，甚至有邪杂气味，酸甜度较差，风格不突出，或上口和留味差异大；外观上液位距瓶口在2～6cm标准以外，清汁类有轻微浑浊或有少量沉淀；混汁类饮料均匀性差，表现出明显的分层沉淀；封装不完整，瓶子和商标不符合要求，或包装信息不完整。

任务二　橙汁的感官检验

【任务目标】

1. 掌握橙汁的感官检验指标；
2. 能够运用三角检验法对橙汁进行感官评价；
3. 了解其他果汁的感官评价标准，并能运用三角检验法对其进行感官检验。

【任务描述】

某饮料加工企业生产有一款成熟的橙汁产品A，因更换了新设备，但不知道新设备生产的橙汁饮料是否与原生产线的产品有差异。为了确定新设备是否可以替代原设备进行产品生产，该企业想进行原产品和新设备加工的产品间的差别检验。作为感官评定人员应如何组织检验？

该任务的目的是确定新旧设备生产的橙汁是否存在细微的不同。该实验属于差别检验，根据检验任务目的和橙汁饮料的特点选定三角检验法。根据GB/T 10789—2015《饮料通则》、GB/T 21731—2008《橙汁及橙汁饮料》等相关标准中的相关要求，对橙汁的色泽、气味和滋味进行感官评价，同时运用三角检验法对任务中的两款橙汁产品进行色泽、气味和滋味的评定。

知识准备

一、果汁的分类

果汁分为原果汁、鲜果汁、浓缩果汁和果汁糖浆4类。

原果汁是以水果为原料，采用物理方法（机械方法、水浸提等）制成的可发酵但未发酵的汁液制品，或在浓缩果汁中加入其加工过程中除去的等量水分复原制成的汁液制品。

鲜果汁是原果汁经过稀释再加入蔗糖、柠檬酸等食品添加剂调制而成的。

浓缩果汁是以水果为原料，从采用物理方法榨取的果汁中除去一定量的水分制成的，加入其加工过程中除去的等量水分复原后具有果汁应有特征的制品。含有不少于两种浓缩果汁的制品称为浓缩复合果汁。

果汁糖浆是原果汁或浓缩果汁经过稀释，加入蔗糖、柠檬酸等食品添加剂调试而成的，含糖量为40%～60%。

二、橙汁的感官检验方法——三角检验法

三角检验法又称三点检验法，是差别检验中最常用的方法之一，在食品的感官评价中应用广泛。三角检验（triangle test）用于确定两个样品间是否有可觉察的差异，这种差异可能涉及一个或多个感官性质的差异，但三角检验不能表明有差异的产品在哪些感官性质上有差异，也不能评价差异的程度。

1. 应用领域和范围

原料、加工工艺、包装或贮藏条件发生变化，确定产品感官特征是否发生变化时，三角检验是一个有效的方法。三角检验可能应用在产品开发、工艺开发、产品匹配、质量控制等过程中；三角检验法也可用于对评价员的选择，考察评价人员对产品细微差别的发现能力。

2. 方法

同时提供3个样品，其中2个是相同的，并且告诉评价员3个样品中2个相同另外一个不同，评价员按照呈送的样品次序进行评价，要求评价员选出不同的那一个样品。

3. 评价员

一般来说，三点检验要求评价员在20～40名。如果产品之间的差别非常大，很容易被发现时，评价人员的数量可以相应减少至12人。如果实验的目的是检验两种产品是否相似时（是否可以互相替换），则要求参评人数为50～100。

4. 样品准备与呈送

样品必须能够代表产品，采用相同的方法进行样品的制备。可以采用3位数字的随机数字进行样品的编码。三角检验中对于比较的两个样品A和B，每组的3个样品有6种可能的排列次序：

AAB　BBA　ABA　BAB　BAA　ABB

在进行评价时，为使3个样品的排列次序、出现次数的概率相等，总的样品组数和评价员的数量应该是6的倍数。如果样品数量或评价员的数量不能实现6的倍数，也至少应该做到2个“A”、1个“B”的样品组和2个“B”、1个“A”的样品组的数量一致。每个评价员得到的样品也应随机安排。

5. 结果分析

统计做出正确选择的人数，对照三角检验法检验表进行结果分析。

三、橙汁的感官评定标准

橙汁是采用物理方法以甜橙为果实原料加工制成的可发酵但未发酵的汁液，可以使用少量食糖或酸味剂调整风味。橙汁饮料是指在橙汁或浓缩橙汁中加入水、食糖、甜味剂、酸味剂等调制而成的饮料，可以加入柑橘类的囊胞，果汁含量（质量分数）不低于10%。

在GB/T 21731—2008《橙汁及橙汁饮料》、GB 7101—2015《食品安全国家标准饮料》中，橙汁和橙汁饮料应符合的感官要求见表7-8。

表 7-8 橙汁的感官要求

项目	特性
状态	呈均匀液状，允许有果肉或囊胞沉淀
色泽	具有橙汁应有的色泽，允许有轻微褐变
气味与滋味	具有橙汁应有的香气及滋味，无异味
杂质	无可见外来杂质

一、品评方案设计

1. 被检样品的制备

项目工作任务是比较新旧设备生产的两种橙汁饮料的细微差别，为了更具有统计学意义，故需要 60 位评价员参与实验，共准备了 60 组样品。新橙汁产品为 A，原产品为 B。先选取所需的三位随机数，每个样品准备 3 个编号，填入样品准备工作表中。提供足够量的样品 A 和 B，每 3 个检验样品为一组，按下述 6 种组合：AAB、BBA、ABA、BAB、BAA、ABB，从实验室样品中制备相应数量的样品组，并按照表在容器上对应标好号。设计的橙汁差异实验准备工作表见表 7-9。

表 7-9 橙汁差异实验准备工作表

准备工作表 日期： 编号：	
样品类型：橙汁实验	类型：三角检验
产品情况：含有 2 个 A 的号码使用情况含有 2 个 B 的号码使用情况	
A：新产品 233 681	574
B：原产品 298	865 372
评价员	样品顺序（代表类型）
1	233 681 298(AAB)
2	865 372 574(BBA)
3	233 298 681(ABA)
4	865 574 372(BAB)
5	298 233 681(BAA)
6	574 865 372(ABB)
7	233 681 298(AAB)
8	865 372 574(BBA)
9	233 298 681(ABA)
10	865 574 372(BAB)
11	298 233 681(BAA)
12	574 865 372(ABB)
依次类推直到 60	
样品准备程序：①两种产品各准备 90 个，分 2 组放置，不要混淆。②按照上表的编号，每个号码各准备 30 个，将两种产品分别标号。即新产品(A)中标有 233、681 和 574 号码的样品个数分别为 30 个；原产品(B)中标有 298、865 和 372 的样品个数也分别为 30 个。③将标记好的样品按照上表进行组合，每份组合配有一份问答卷，要将相应的小组号码和样品号码也写在问答卷上，呈送给品评人员	

2. 品评检验

将按照工作表中准备的每组样品放在一个托盘内，连同问答表一起呈送给品评员。每个品评员每次得到一组 3 个样品，依次品评，并填好问答表 7-10。每种样品可重复检验。

表 7-10 橙汁饮料三角检验问答表

三角检验法	
姓名：	日期：
样品类型：橙汁	时间：
实验指令： ①在你面前有 3 个带编号的样品，请将它们的编号填写在样品编号栏 ②3 个样品中有两个是一样的，而另一个和其他两个不同 ③请从左向右品尝你面前的 3 个样品。确定哪个样品与其他两个样品是不同的，并在该样品编号上画圈 ④可以多次品尝，但不能没有答案	
样品编号： 描述差别：	

二、品评步骤

1. 色泽检验

在适宜的光照条件下，首先将 3 个橙汁样品举至略高于视线或与视线相平的位置进行观察。透过光线观察样品是否澄清、有无沉淀，再将白纸附于玻璃杯后或将橙汁置于白色的台面上，观察橙汁样品的颜色，依次看 3 个样品的颜色是否相同。初步选出颜色与其他两个不一样的样品。

2. 气味检验

将装有橙汁样品的杯子置于鼻子下方 3～5cm 处，缓慢吸气，先判断果汁有无酒精味。再将杯子靠近至鼻子下方 1～3cm 处，深吸一口气，依次闻 3 个样品的气味是否相同。进一步选出气味与其他两个不一样的样品。

3. 滋味检验

将 3 个橙汁样品依次含入口中，每次约 5mL，初步判断果汁是否有酸味或异味，如有异味应立即吐出；如无异味则应使橙汁样品与舌头各个部位充分接触，让舌头的味蕾全面感知橙汁的味道。每次品尝应间隔 2～3min，品尝间隙需用水漱口，然后休息 1～2min。依次品尝 3 个样品的滋味是否相同，然后将样品吐出。选出滋味与其他两个样品不一样的样品。

4. 综合评定

品评人员分别完成对 3 个橙汁样品的感官检验，综合色泽、气味和滋味的结果，找出每组呈送的三个样品中与其他两个样品不同的那个，记录并填写问答表。

三、品评结果分析及优化

将 60 份问答表回收，按照准备工作表 7-9 核对答案，统计答对的人数。根据三角检验法检验表（见表 7-11），在 $a=0.01$，$n=60$ 时，对应的临界值是 30，若得出正确选择的人数大于临界值，则两种橙汁产品之间存在差异；反之则两种橙汁产品之间不存在明显差异。

表 7-11　三角检验法检验表

答案数目	显著水平			答案数目	显著水平			答案数目	显著水平			答案数目	显著水平		
	5%	1%	0.1%		5%	1%	0.1%		5%	1%	0.1%		5%	1%	0.1%
3	3	—	—	28	15	16	18	53	24	27	30	78	34	37	40
4	4	—	—	29	15	17	19	54	25	27	30	79	34	37	41
5	4	5	—	30	15	17	19	55	25	28	30	80	35	38	41
6	5	6	—	31	16	18	20	56	26	28	31	81	35	38	41
7	5	6	7	32	16	18	20	57	26	28	31	82	35	38	42
8	6	7	8	33	17	18	21	58	26	29	32	83	36	39	42
9	6	7	8	34	17	19	21	59	27	29	32	84	36	39	43
10	7	8	9	35	17	19	22	60	27	30	33	85	37	40	43
11	7	8	10	36	18	20	22	61	27	30	33	86	37	40	44
12	8	9	10	37	18	20	22	62	28	30	33	87	37	40	44
13	8	9	11	38	19	21	23	63	28	31	34	88	38	41	44
14	9	10	11	39	19	21	23	64	29	31	34	89	38	41	45
15	9	10	12	40	19	21	24	65	29	32	35	90	38	42	45
16	9	11	12	41	20	22	24	66	29	32	35	91	39	42	46
17	10	11	13	42	20	22	25	67	30	33	36	92	39	42	46
18	10	12	13	43	20	23	25	68	30	33	36	93	40	43	46
19	11	12	14	44	21	23	26	69	31	33	36	94	40	43	47
20	11	13	14	45	21	24	26	70	31	34	37	95	40	44	47
21	12	13	15	46	22	24	27	71	31	34	37	96	41	44	48
22	12	14	15	47	22	24	27	72	32	34	38	97	41	44	48
23	12	14	16	48	22	25	27	73	32	35	38	98	41	45	48
24	13	15	16	49	23	25	28	74	32	35	39	99	42	45	49
25	13	15	17	50	23	26	28	75	33	36	39	100	42	46	49
26	14	15	17	51	24	26	29	76	33	36	39				
27	14	16	18	52	24	26	29	77	34	36	40				

任务思考

1. 简述呈送给评价员的样品摆放顺序对感官评价的实验结果产生的影响。
2. 用三角检验法鉴别市售碳酸饮料的色泽、气味和滋味是否存在明显的差异。

技能拓展

根据 QB/T 3623—1999《果香型固体饮料》和 QB/T 2132—2008《植物蛋白饮料

豆奶（豆浆）和豆奶饮料》，相关饮料感官评价指标见表 7-12、表 7-13。

表 7-12　果香型固体饮料感官指标

项目	指标
色泽	冲溶前不应有色素颗粒，冲溶后应具有该品种应有的色泽
外观形态	颗粒状：疏松、均匀小颗粒、无结块 粉末状：疏松的粉末、无颗粒、无结块，冲溶后呈浑浊液或澄清液
香气和滋味	具有该品种应有的香气及滋味，不得有异味
杂质	无肉眼可见外来杂质

表 7-13　豆奶（豆浆）和豆奶饮料感官要求

项目	要求
外观	具有反映产品特点的外观及色泽，允许有少量沉淀和脂肪上浮，无正常视力可见外来杂质
气味和滋味	具有豆奶以及所添加辅料应有的气味和滋味，无异味

任务三　酱香型白酒的感官检验

【任务目标】

1. 了解白酒的分类；
2. 掌握酱香型白酒的感官指标；
3. 能在教师指导下，以小组合作的方式，运用评分检验法对酱香型白酒进行感官评价；
4. 了解浓香型白酒的代表品种和感官评价标准。

【任务描述】

某酿酒企业研发了一款酱香型白酒产品，研究人员为更好地改进产品，需要对该白酒的整体风味进行评价，从市场购买了 2 种不同品牌的酱香型白酒，要求评价人员评价 3 种产品的整体风格是否有差异，该如何开展实验对白酒进行感官评价？

目前白酒质量等级划分仍处于主要依靠感官评价的阶段。根据 GB 26760—2011《酱香型白酒》和 NY/T 432—2014《绿色食品白酒》中的规定，白酒的质量标准主要包括感官指标、理化指标和卫生指标。其中感官指标主要从白酒的色泽、香气、口味、风格四个方面进行评价。在本次任务中，需要品评员对 3 种酱香型白酒的感官指标进行评价，可以采用评分检验法来完成。

知识准备

一、白酒的感官要求

白酒是指以谷物为主要原料，以大曲、小曲和麸曲及酒曲等为糖化发酵剂，经蒸煮、糖化、发酵、蒸馏制成的蒸馏酒。白酒的酒质应为无色或微黄而透明，气味芳香纯正，入口绵甜爽净，酒精含量较高，经储存老熟，应具有酯类为主体的复合香味。

白酒的质量不仅取决于各种成分含量的多少，更取决于各种成分之间的平衡、协调关系，同时与原料、工艺等因素有极大关系，需要从多方面对白酒进行评价，其中感官检验是白酒质量评价的重要方法。白酒的感官评定是评酒者通过眼、鼻、口等感觉器官对白酒的色泽、香气、口味及风格特征进行的分析评价，以评定白酒的优劣和真假。

1. 白酒的色泽

白酒一般为无色透明，少数酒品呈微黄色，这是因为白酒的发酵期和储存期较长，成分也颇为复杂，通常带有极微的黄色。一般浓香型和酱香型的白酒允许有微黄色。

2. 白酒的香气

白酒的香气有逸香、喷香、留香三种。当鼻腔靠近酒杯口，白酒中芳香成分逸散在杯口附近，很容易使人闻到香气，这就是逸香。当酒液饮入口中，香气充满口腔，叫喷香。留香是指酒咽下后在口中仍持续留有的香气。一般的白酒都应具有一定的逸香，而较少有喷香和留香。

3. 白酒的口味

白酒的口味有酸、甜、苦、辣、涩。因为舌的不同部位对各种味道有不同的敏感性，尝酒时，应将酒样裹覆整个舌面，进行味觉的全面判断，同时还要注意品评酒的后味。

4. 白酒的风格

风格是酒体典型的色、香、味等方面的综合性感官印象。品评员应了解各种香型白酒的特点，在观色、闻香、尝味之后，通过色香味综合判断是否有所属香型的风格特点，并记录其典型性。

二、白酒的感官检验方法——评分检验法

评分检验法是一种常用的感官评价方法，由专业的感官评价人员用一定的尺度进行评分。进行评分检验时检验人员通常由10～20名感官评价人员构成。评分检验法主要用于鉴评一种或多种产品的一个或多个感官指标的强度及其差异大小。该方法常用于评价产品整体的质量指标，也可以评价产品的一个或几个质量指标。

评分检验法是要求评价员将样品的品质特性以特定标度的形式来进行评价的一种方法。因此在用评分检验法进行感官评价前，首先应该明确采用标度的类型，使鉴评人员对每个评分点所代表的具体意义有相同或相近的理解，以便于检验结果能够反映产品真实的感官质量上的差异。

评价时，可以使用数字标度为等距标度或比率标度，为克服粗糙的评分现象可以增加评价人员人数。评分检验法可以采用的标度形式包括：5分制评分法、9分制评分法、10分制评分法、百分制评分法、平衡评分法。鉴评人员根据样品的某种特性给每个样品打分，然后将评价人员的评价结果通过对应关系转换成分值。通过复合比较，来分析各个样品的各个特性间的差异情况。9分制的评分法和平衡评分法的评价结果与分值转换分别见表7-14和表7-15。

表 7-14 9 分制的评分法评价结果与分值转换表

结果	非常不喜欢	很不喜欢	不喜欢	不太喜欢	一般	较喜欢	喜欢	很喜欢	非常喜欢
分值	1	2	3	4	5	6	7	8	9

表 7-15 平衡评分法评价结果与分值转换表

结果	非常不喜欢	很不喜欢	不喜欢	不太喜欢	一般	较喜欢	喜欢	很喜欢	非常喜欢
分值	−4	−3	−2	−1	0	1	2	3	4

在对评分结果进行分析处理时，当样品只有 2 个时可用简单的 t 检验。若样品数量为 3 个或 3 个以上时需采用方差分析并根据 F 检验结果来判断样品间的差异性。

三、白酒的感官评定标准

感官检验是白酒质量评价的重要标准。色泽检验主要观察酒体的色泽是否纯正，香气检验主要评价香气是否清香纯正、有无杂味，滋味检验是通过品尝判定其是否清香爽口、舒柔顺和、醇厚回甜、饮后余香、回味悠长，并综合判断是否具有该种白酒的独特风格。

根据 NY/T 432—2014《绿色食品白酒》的规定，白酒的感官要求见表 7-16。

表 7-16 绿色食品白酒的感官要求

项目	要求					
	浓香型	清香型	米香型	酱香型	浓酱兼香型	其他香型
色泽和外观	无色或微黄色，清亮透明，无悬浮物，无沉淀					
香气	具有浓郁协调的以己酸乙酯为主体的符合香气	清香纯，具有乙酸乙酯为主体的清雅谐调的复合香气	米香纯正，清雅	酱香浓郁，优雅细腻，空杯留香持久	浓酱协调，优雅馥郁	具本品特色、纯正的香气
口味	绵甜爽净，香味协调，余味悠长	口感更柔和，绵甜爽净，协调，余味悠长	入口绵甜，落口爽净，回味怡畅	醇厚，丰满，口味悠长	细腻丰满，口味爽净	口感独特，香味协调，回味悠长
风格	具本品独处独特风格，无异味					

根据 GB/T 26760—2011《酱香型白酒》的规定，酱香型白酒（高度酒和低度酒）的感官要求见表 7-17 和表 7-18。

表 7-17 酱香型白酒（高度酒）的感官指标

	项目	优级	一级	二级
酱香型高度酒	色泽和外观	无色或微黄，清亮透明，无悬浮物，无沉淀物		
	气味	酱香突出，香气优雅，空杯留香持久	酱香较突出，香气舒适，空杯留香较长	酱香明显，有空杯香
	口味	酒体醇和，丰满，诸味谐调，回味悠长	酒体醇和，谐调，回味长	酒体较醇和，谐调，回味较长
	风格	具有本品典型风格	具有本品明显风格	具有本品风格
	当酒的温度低于 10℃时，允许出现白色絮状沉淀物或失光，10℃以上时应逐渐恢复正常			

表 7-18　酱香型白酒（低度酒）的感官指标

	项目	优级	一级	二级
酱香型低度酒	色泽和外观	无色或微黄，清亮透明，无悬浮物，无沉淀物		
	气味	酱香较突出，香气优雅，空杯留香持久	酱香较纯正，空杯留香较长	酱香较明显，有空杯香
	口味	酒体醇和，协调，回味长	酒体柔和，协调，回味较长	酒体较柔和，协调，回味尚长
	风格	具有本品典型风格	具有本品明显风格	具有本品风格
	当酒的温度低于10℃时，允许出现白色絮状沉淀物或失光，10℃以上时应逐渐恢复正常			

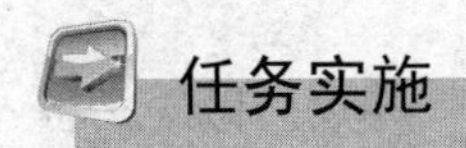

任务实施

一、品评方案设计

由于工作任务是比较3种酱香型白酒的风味差异，选择16位评价人员对样品进行感官评分法检验。本任务中选用5分制的评分方法对3种白酒的整体风格进行评价。

1. 实验前准备

品评前由组织者统一酱香型白酒的感官指标（见表7-17、表7-18），使每个品评员掌握统一的评分标准和记分方法，并讲解评酒要求。注意品评过程中要保证白酒的温度适宜，为15～20℃，过高或过低都会影响品评结果。本公司产品为A，市售两种产品分别为B、C。将白酒样品用随机数编号，设计评分检验法评分表的形式，如表7-19所示。

表 7-19　评分检验法评分表

评分检验法评分表
样品：酱香型白酒 姓名：　　　　　　　　日期：
首先请将样品3位编码写在下方对应编码栏，请在品尝前用清水漱口，在您面前有3个白酒样品，请您依次品尝，然后对该样品的整体风格进行评价。评价时按下面的5点标度进行（分别是：很好、好、一般、差、很差）。在每个编码的样品下写出您的评价结果
评价标度： 很好(+2) 好(+1) 一般(0) 差(−1) 很差(−2)
评级结果：　　　　　　　　样品编码：(　)(　)(　)
风味评价结果：　(　)(　)(　)
结果描述：

2. 品评检验

将准备的每组3个样品放在一个托盘内，连同评价表一起呈送给品评员。每个品评员每次得到一组 3 个样品，依次品评，并填好评价表。

二、品评步骤

1. 色泽和外观检验

色泽和外观检验主要观察酒液的色泽是否正常，有无光泽、悬浮物、沉淀物等。将装有酒液的高脚杯置于适宜的光线下，白酒置于白纸或白色台面上，用眼睛进行正视和俯视。透过光线，观察酒样的色泽深浅，然后将酒杯轻轻摇动，使酒液搅动，看杯中有无可见物，然后摇动酒杯，注意观察杯壁是否有环状不溶物。

2. 香气检验

香气检验主要是嗅闻白酒样品中香气类型，是否具有该样品应有的香气特点。做法是将盛酒的玻璃杯稍加摇晃，然后用鼻子在杯口附近（1～3cm）仔细嗅闻其香气。如对酒的香气需要进行细致的鉴别或精细的比较时可以采用下列闻香方法：

① 在手心滴几滴酒样，然后依靠手心温度使酒挥发，再闻其香气。可以辅助搓手的方式加快酒样的挥发。此法可用于鉴别酒香的浓淡。

② 将酒样倒在一张吸水性强、无味的纸条上，使纸条充分吸收酒液后，闻纸条上散发的气味，8～10min 后，再闻一次。此法可用于鉴别酒香的浓淡以及持续时间长短，也有利于鉴别有无异常气味等。

嗅闻时注意要先呼气，再对酒杯吸气，吸气时不要用力过猛，尽量保持均匀呼气方式来进行。为保证对每个酒样的品评水平，应注意每个样品品评时，酒杯与鼻子的距离、呼气时间、间歇的长短和呼气程度尽可能一致。

3. 滋味鉴别

白酒的滋味检验是用舌头去感知酒的各种味道变化情况。具体做法是将少量的酒样(4～10mL）含在口中，将酒饮入时要注意慢而稳，使酒液先接触舌尖，然后两侧，再至舌根部位，即感知酒味的顺序应是甜味、酸味和咸味，最后苦味。然后鼓起舌头打卷，使酒液全面接触味蕾，进行判断。滋味评价时注意每个样品饮入的酒量应保持一致。

4. 风格鉴别

酒的风格是对酒的色、香、味进行全面评价的综合体现。综合前面的检验，给样品进行整体风格评分。

三、品评结果分析及优化

16 张评价表的评价结果统计见表 7-20，对检验结果进行分析，判断 3 种不同品牌的酱香型白酒整体风格优劣。

表 7-20 评价结果统计表

样品	很好	好	一般	差	很差
A					
B					
C					

1. 评价结果转换

在进行结果分析与判断前，将问答表的评价结果按选定的标度类型转换成相应的数值。在此任务中，转换的方法主要有2种，一种是采用1～5的数字，另一种是采用正负数字，即整体风格很好为+2，好为+1，一般为0，差为−1，很差为−2。若采用第二种转换方法，计算出各类样品的评分总和及A、B、C样品的平均分，转换的结果汇总至表7-21。

表7-21 检验结果表

样品	+2	+1	0	−1	−2	总分 T	平均分数 X
A B C							

2. 统计分析和检验

本工作任务中，样品数量为3个，需要采用方差分析法并根据F检验结果来判别样品间的差异。根据表7-21中的结果计算出样品得分的总和T，然后计算出总平方和（SS_T）、样品平方和（SS_A）和误差平方和（SS_E）。

① 根据表7-21中数值，用方差分析法计算。

$T=T_A+T_B+T_C$；校正数$C=T^2/(nm)$。m为评价员人数，n为样品数。

② 计算各类数据的平方和。

总平方和$SS_T=\sum_{i=1}^{3}\sum_{j=1}^{16}x_{ij}^2-C$；样品平方和$SS_A=\frac{1}{16}\sum_{i=1}^{3}A_i^2-C$；

误差平方和$SS_E=SS_T-SS_A$。

③ 自由度的计算。

总自由度=品评员人数×样品数−1；

样品自由度=样品数−1；

误差自由度=总自由度−样品自由度。

④ 均方差的计算。

样品均方差=SS_A/样品自由度；

误差均方差=SS_E/误差自由度；

两方差之比F=样品均方差/误差均方差。

⑤ 列出方差分析表7-22。

表7-22 方差分析表

差异原因	自由度	平方和	方差	F值
样品 误差 总计				

查附录五F分布表，根据自由度和显著水平，查表得出数值，并与计算数值相比较，若查表得出的数值大于计算数值，则可以认为这三种酱香型白酒之间的整体风格没有差别；反之，则认为这三种酱香型白酒之间的整体风格差别显著。

任务思考

1. 简述白酒的感官指标。
2. 试用 9 分制评分法设计白酒的感官评分表。
3. 运用评分检验法评价清香型白酒样品的感官特性。

技能拓展

葡萄酒的感官评价标准

1. 葡萄酒简介

葡萄酒是以新鲜的葡萄为原料，经过破碎、发酵或者浸泡等工艺精心酿制调配而成的低度饮料酒，一般含酒精体积分数为 11%～16%。葡萄酒也包括将葡萄汁直接发酵或经勾兑酿制成的低度酒。

葡萄酒根据色泽可分为白葡萄酒、红葡萄酒和桃红（淡红）葡萄酒。

葡萄酒根据含糖量可分为干葡萄酒、半干葡萄酒、半甜葡萄酒和甜葡萄酒。

根据葡萄酒中二氧化碳含量可分为平静葡萄酒、起泡葡萄酒。起泡葡萄酒又可以分为大香槟、小香槟。

2. 葡萄酒的视觉评价

葡萄酒的视觉评价主要是指在适宜的光线条件下，用眼观察酒的色泽、透明度与澄清度，有无沉淀及悬浮物等情况，如果是起泡葡萄酒还要观察起泡情况。葡萄酒的色泽是影响葡萄酒感官品质的重要指标之一，在葡萄酒质量评价和风格评估中起着重要作用，并可能影响消费期望。

3. 葡萄酒的嗅觉评价

葡萄酒的嗅觉评价主要是指用嗅觉感知酒在静态和非静态下所呈现出的香气特征，香气是评判葡萄酒品质的一个重要的感官指标。葡萄酒所含芳香物质的种类、含量、感觉阈值及其之间的相互作用形成葡萄酒香气，决定着葡萄酒的风味和典型性。

4. 葡萄酒的感官评价指标

依据 GB/T 15037—2006《葡萄酒》和 NY/T 276—2014《绿色食品　葡萄酒》中的规定，葡萄酒的质量指标应包括感官、理化、微生物、污染物、农药残留、食品添加剂以及卫生等多方面要求。国标中葡萄酒的感官评价和相关要求见表 7-23。

表 7-23　葡萄酒的感官要求

项目(品种)			要求
外观	色泽	白葡萄酒	近似无色、微黄带绿、浅黄、禾秆黄、金黄色
		红葡萄酒	紫红、深红、宝石红、红微带棕色、棕红色
		桃红葡萄酒	桃红、淡玫瑰红、浅红色
	澄清程度		澄清，有光泽，无明显悬浮物(使用软木塞封口的酒允许有少量软木渣，装瓶超过 1 年的葡萄酒允许有少量沉淀)
	起泡程度		起泡葡萄酒注入杯中时，应有细微的串珠起泡升起，并有一定的持续性

续表

项目(品种)			要求
香气与滋味	香气		具有纯正、优雅、怡悦、和谐的果香与酒香，陈酿型的葡萄酒还应具有陈酿香或橡木香，加香葡萄酒还应有和谐的芳香植物香
	滋味	干、半干葡萄酒	具有纯正、优雅、爽怡的口味和悦人的果香味，酒体丰满、完整、回味绵长
		半甜、甜葡萄酒	具有甘甜醇厚的口味和陈酿的酒香味，酸甜协调，酒体丰满、完整、回味绵长
		起泡葡萄酒	具有优美醇正、和谐悦人的口味和发酵起泡酒的特有香味，有杀口力。加香葡萄酒具有醇厚、爽舒的口味和协调的芳香植物香味，酒体丰满、完整
典型性			具有标示的葡萄品种及产品类型应有的特征和风格

进行感官评价时也可以参考表 7-24。

表 7-24　葡萄酒感官分级评价描述

等级	描述
优级品（≥90 分）	具有该产品应有的色泽，自然、悦目、澄清（透明）、有光泽；具有纯正、浓郁、优雅和谐的果香（酒香），诸香协调，口感细腻、舒顺、酒体丰满、完整、回味绵长，具该产品应有的怡人的风格
优良品（80～89 分）	具有该产品的色泽；澄清透明，无明显悬浮物，具有纯正和谐的果香（酒香），口感纯正，较舒顺，较完整，优雅，回味较长，具良好的风格
合格品（70～79 分）	与该产品应有的色泽略有不同，缺少自然感，允许有少量沉淀，具有该产品应有的气味，无异味，口感尚平衡，欠协调、完整，无明显缺陷
不合格品（65～69 分）	与该产品应有的色泽明显不符，严重失光或浑浊，有明显异香、异味，酒体寡淡、不协调，或有其他明显的缺陷（除色泽外，只要有其中一条，则判为不合格品）
劣质品（＜64 分）	不具备应有的特征

项目八　调味品的感官检验

背景知识

一、调味品概述

调味品是指能增加菜肴的色、香、味，促进食欲，有益于人体健康的辅助食品，在饮食、烹饪和食品加工中广泛应用。因其具有去腥、除膻、解腻、增香、增鲜等作用，可增进菜品质量，满足消费者的感官需要，从而刺激食欲，增进人体健康。从广义上讲，调味品包括咸味剂、酸味剂、甜味剂、鲜味剂和辛香剂等，像食盐、酱油、醋、味精、糖、八角、茴香、花椒、芥末等都属此类。

二、调味品感官评价的内容

1. 调味品品评员职业概况

调味品包括酱油、食醋、酱类、腐乳、酱腌菜等食用产品，是我国广大消费者的日常生活必需品。其中的许多品种都是各个地区的特产，有的生产历史已超过千年，这类产品的传统生产技术是我国宝贵的文化遗产。

为保证生产企业向广大消费者提供风味优良、食用安全、理化质量与感官质量稳定的合格调味品，除了要制定严格的产品质量标准和建立健全质量检查监督机构，实施严格的产品检验外，还必须配备专职的、掌握调味品品评技能的专业品评师。根据国家工商总局的统计，我国调味品生产企业已超过6000家，目前需要调味品品评专职人员不少于10万人。设立“调味品品评师”这一新职业，对于建立健全调味品品评分析工作程序，进一步保证产品的优良品质和稳定的风味质量以满足广大消费者的需要，提高企业经济效益、推动调味品行业更好更快地发展都具有重要的意义。

2. 调味品的感官鉴别要点

调味品的感官鉴别指标主要包括色泽、气味、滋味和外观形态等，其中气味和滋味在鉴别时具有尤其重要的意义，只要某种调味品在品质上稍有变化，就可以通过其气味和滋味微妙地表现出来，故在实施感官鉴别时，应该特别注意这两项指标的应用。其次，对于液态调味料还应目测其色泽是否正常，更要注意酱、酱油、食醋等表面是否有白醭或是否生蛆，对于固态调味品还应目测其外形或晶粒是否完整，所有调味品均应在感官指标上掌握到不霉、不臭、不酸败、不板结、无异物、无杂质、无寄生虫的程度。

3. 主要工作内容

调味品品评员是以感觉器官对调味品的色泽、香气、滋味、体态等品质进行综合评价的人员。主要工作内容包括：

① 进行采样和制样准备；

② 进行品评实验室及品评专用设施、器皿的准备；

③ 对调味品样品的体态、色泽、滋味、香气等方面进行质量评定；

④ 对品评对象进行打分和文字描述；

⑤ 对品评结果进行综合计算并做出品质等级评定。

任务一　酱油的感官检验

【任务目标】

1. 了解酱油感官检验的基本内容；
2. 掌握酱油感官检验的基本方法；
3. 能够在教师的指导下，以小组协作方式对酱油进行感官检验；
4. 能够正确运用差别检验法对配制酱油和酿造酱油进行感官鉴别。

【任务描述】

酱油是百姓家中必不可少的酿造调味品。酱油根据加工工艺不同又可分为配制酱油和酿造酱油，作为一名品评员，你该如何对酱油进行感官品质鉴别，又如何辨别配制酱油和酿造酱油呢?

该任务的目的是对酱油进行感官品质鉴别，并且辨别配制酱油和酿造酱油。该实验将从色泽、气味、组织状态和滋味四个方面对以上酿造类调味品进行感官检验。配制酱油和酿造酱油的辨别则应用差别检验法。国标方法为GB/T 18186—2000《酿造酱油》。

知识准备

一、酱油的感官要求

1. 色泽鉴别

观察评价酱油的色泽时，应将酱油置于有塞且无色透明的容器中，在白色背景下观察。

良质酱油——呈棕褐色或红褐色（白色酱油除外），色泽鲜艳，有光泽。

次质酱油——酱油色泽黑暗而无光泽。

劣质酱油——酱油色泽发乌、浑浊，灰暗而无光泽。

2. 体态鉴别

观察酱油的体态时可将酱油置于无色玻璃瓶中，在白色背景下对光观察其清浊度，同时振摇检查其中有无悬浮物，然后将样品放一昼夜，再看瓶底有无沉淀以及沉淀物的性状。

良质酱油——澄清，无霉花浮膜，无肉眼可见的悬浮物，无沉淀，浓度适中。

次质酱油——微浑浊或有少量沉淀。

劣质酱油——严重浑浊，有较多的沉淀和霉花浮膜，有蛆虫。

3. 气味鉴别

鉴别酱油的气味时应将酱油置于容器内加塞振摇，去塞后立即嗅其气味。

良质酱油——具有酱香或酯香等特有的芳香味，无其他不良气味。

次质酱油——酱香味和酯香味平淡。

劣质酱油——无酱油的芳香或香气平淡，并且有焦煳、酸败、霉变和其他令人厌恶的气味。

4. 滋味鉴别

品尝酱油的滋味时，先用水漱口，然后取少量酱油滴于舌头上进行品味。

良质酱油——味道鲜美适口而醇厚，柔和味长，咸甜适度，无异味。

次质酱油——鲜美味淡，无酱香，醇味薄，略有苦、涩等异味和霉味。

二、调味品感官检验方法

1. “A” - “非 A” 检验

同项目三。

2. 描述性检验法

同项目六。

三、酱油的感官评定标准

GB 2717—2003《酱油卫生标准》中对于酱油的感官检验技术要求为：具有特有的色泽，不浑浊，无异物，无霉花浮膜，具有该品种应有的滋味和气味，无不良气味，不得有酸、苦、涩等异味和霉味。根据 GB/T 20903—2007《调味品分类》标准，我国酱油产品分为酿造酱油和配制酱油。标准 GB/T 18186—2000《酿造酱油》及 SB/T 10336—2012《配制酱油》中分别对两种酱油的感官指标进行了要求。GB 2717—2003《酱油卫生标准》中亦对其色泽、气味、组织状态和滋味四个方面进行了详细要求，并规定了检测方法，见表 8-1 及表 8-2。从酱油的感官评价标准中可以总结出酱油感官评价的描述性词汇，以进行酱油的描述性分析实验，具体见表 8-3。

表 8-1 酿造酱油感官质量要求

<table>
<tr><th rowspan="3">项目</th><th colspan="8">要求</th></tr>
<tr><th colspan="4">高盐稀态发酵酱油
（含固稀发酵酱油）</th><th colspan="4">低盐固态发酵酱油</th></tr>
<tr><th>特级</th><th>一级</th><th>二级</th><th>三级</th><th>特级</th><th>一级</th><th>二级</th><th>三级</th></tr>
<tr><td>色泽</td><td colspan="2">红褐色或浅红褐色,色泽鲜艳,有光泽</td><td colspan="2">红褐色或浅红褐色</td><td>鲜艳的深红褐色,有光泽</td><td>红褐色或棕褐色,有光泽</td><td>红褐色或棕褐色</td><td>棕褐色</td></tr>
<tr><td>香气</td><td>浓郁的酱香及酯香气</td><td>较浓郁的酱香及酯香气</td><td colspan="2">有酱香及酯香气</td><td>酱香浓郁,无不良气味</td><td>酱香较浓,无不良气味</td><td>有酱香,无不良气味</td><td>微酱香,无不良气味</td></tr>
</table>

项目	要求							
	高盐稀态发酵酱油（含固稀发酵酱油）				低盐固态发酵酱油			
	特级	一级	二级	三级	特级	一级	二级	三级
滋味	味鲜美、醇厚、鲜、咸、甜适口		味鲜、咸、甜适口	鲜、咸味适口	味鲜美、醇厚、鲜、咸、甜适口	味鲜、咸味适口	味较鲜、咸味适口	鲜、咸味适口
体态	澄清							

表 8-2　酱油感官质量要求

项目	指标	检验方法
色泽	具有特有的色泽	取混合均匀的适量试样于无色透明广口玻璃容器中，在自然光线或相当于自然光线的感官评定条件下，观察色泽和组织状态，闻其气味，用温开水漱口，品尝滋味
滋味、气味	具有该品种应有的滋味和气味，无不良气味，不得有酸、苦、涩等异味和霉味	
组织状态	不浑浊，无异物，无霉花浮膜	

表 8-3　酱油的感官评价描述性词汇

检验项目	描述词汇
色泽	棕褐色，红褐色，有色泽，鲜艳，黑暗，发乌，浑浊，灰暗
气味	酱香，酯香味，不良香气，香气平淡，焦煳味，酸败味，霉变味
组织状态	澄清，沉淀，浑浊，肉眼可见悬浮物，霉花，浮膜，蛆虫
滋味	鲜美醇厚，咸甜适度，酱香，异味，苦涩味，霉味

四、酿造酱油和配制酱油的感官评定标准

SB 10336—2000《配制酱油》标准中对配制酱油做出如下规定：配制酱油是以酿造酱油为主体，与酸水解植物蛋白调味液、食品添加剂等配制而成的液体调味品。配制酱油中酿造酱油的比例（以全氮计）不得少于 50%，且不得添加味精废液、胱氨酸废液、非食品原料生产的氨基酸液。可以从色泽、气味、杂质和滋味四个方面了解到配制酱油和酿造酱油在感官方面的区别，见表 8-4。

表 8-4　配制酱油和酿造酱油的感观评价标准

分类 检验项目	酿造酱油	配制酱油
色泽	呈棕褐色或红褐色，有色泽，有很多泡沫挂壁	颜色发黑，无光泽，不易出现挂壁现象
气味	有浓郁的酱香和酯香味，无不良气味	无香气，有较强的焦煳味或略有臭味
杂质	表面无变化，无杂质	表面有一层白皮漂浮
滋味	滋味鲜美，咸甜酸味协调适口，醇厚绵长	有苦、酸、涩等异味

任务实施

一、品评方案设计

1. 方法选择

酱油的感官检验——描述性检验；

酿造酱油与配制酱油的鉴别——“A”-“非A”检验。

2. 实验设计

对学生进行分组，一部分设定为备样员，另一部分设定为评价员，首先向评价员介绍实验样品的特性，简单介绍该样品的生产工艺过程和主要原料，然后提供一个典型样品让大家进行品评，在老师的引导下，选定4～8个能表达出该类产品的特征名词，并确定强度等级范围，通过品尝后，使大家对每一个描述性词汇的定义有共同的认识。在完成上述工作后，分组进行独立感官检验。之后双方互换工作任务。

3. 用具准备

干燥洁净无异味的透明玻璃杯15个、50mL玻璃杯5个、25mL移液管5支、25mL具塞比色管5支、小瓷碟5个、吸耳球、厚白纸板、超市购买的5种不同品牌的酱油、超市购买的酿造酱油和自行配制的酱油。

二、品评步骤

1. 实验分组

每组10人，轮流进入准备室和感官分析实验区。

2. 样品准备

(1) 酱油的感官检验 备样员给每个样品编出三位数的代码，每个样品给三个编码，作为三次重复检验之用，随机数码取自随机数表，并按任意顺序供样。用A、B、C、D、E给5种酱油编号，每种酱油取三份，装在事先准备的玻璃杯中，用随机数编号，并统一呈送。

(2) 酿造酱油与配制酱油的鉴别 移取酿造酱油和配制酱油样品各约5mL分别放入具塞比色管中，每组10个样品，且每一组中“A”与“非A”的样品准备数量相等，按编号码放。每种酱油取三份，用随机数编号，并统一呈送，按任意顺序供样。

3. 记录

分发描述性检验记录表，示例见表8-5，供参考，也可自行设计。

4. 实验步骤

(1) 酱油的感官检验 备样员按样品准备要求提供试样及记录表给品评员，各品评员互不打扰，单独进行检验，并对每个样品的各种特性指标强度打分。各取2mL酱油样品于25mL具塞比色管中，加水至刻度，置于白色背景下，振摇观察其色泽；分别取比色管中少量酱油倒于白瓷盘中，闻其气味；分别取比色管在白色背景下对光观察其浑浊程度，然后将具塞比色管倒置，观察有无混悬物体，再静置一段时间，观察其有无沉淀物；用玻璃棒蘸取少量样品滴于舌头上进行品味。实验重复三次，重复检验时，样品呈送顺序不变。

表 8-5 酱油的感观评价结果判断表

样品名称： 评价员姓名： 检验日期：

项目 \ 描述词汇 \ 样品号					
色泽					
气味					
杂质					
滋味					

(2) 酿造酱油与配制酱油的鉴别 分别将已倒入样品的具塞比色管来回摇晃几下，置于白色背景下观察其色泽，并在摇晃过程中观察有无泡沫挂壁的现象；分别移取比色管中少量酱油于白瓷盘中，边摇动边将样品靠近鼻子，用手向内扇动，闻其气味；分别将比色管中5mL 酱油导入比色皿中，盖上盖子静置于阴凉处一段时间，观察表面是否有漂浮物；用玻璃棒蘸取少量样品滴于舌头上，反复吮咂。实验重复三次，重复检验时，样品呈送顺序不变。

三、品评结果分析及优化

① 正确理解表 8-3 中酱油的感官描述词汇，将符合的词汇填入表 8-5 中。

② 正确理解表 8-4 中酱油的感官描述词汇，将相应的词汇填入表 8-6，统计结果分析过程同项目三的“任务一猪肉新鲜度的感官检验。”

表 8-6 酿造酱油与配制酱油感官评价结果记录表

姓名：______ 样品：______ 日期：______

实验指令：

①在实验之前对样品“A”和“非 A”进行熟悉，记住它们的口味

②从左到右依次品尝样品，在品尝完每一个样品之后，在其编码后面相对应位置上打√

注意：在你所得到的样品中，“A”和“非 A”的数量是相同的

样品顺序号	编号	该样品是	
		“A”	“非 A”
1			
2			
3			
4			
5			
6			
7			
8			
9			
10			

任务思考

1. "A"-"非A"检验的适用范围及特点是什么？
2. 请依据食醋的感观评价标准和描述词汇，用描述分析法完成食醋的感官评价。

技能拓展

酿造食醋和配制食醋的鉴别

一、概述

酿造食醋即单独或混合使用各种含有淀粉、糖的物料或酒精，经微生物发酵酿制而成的液体调味品。配制食醋则是以酿造食醋为主体，与食用冰醋酸、食品添加剂等混合配制而成的调配食醋。二者区别为配制食醋必须含有50%以上的酿造食醋，且必须是与食用冰醋酸配制而成的。

二、鉴别方法

1. 身份鉴别

先认清有无QS生产许可证，配料都有什么，产品标准（是固态发酵，还是液态发酵），总酸度是多少，是否超过保质期等；然后再看状态，最简便的方法是拿起瓶子上下摇晃，会出现许多泡沫，且泡沫久久不会消失的就是好醋。

2. 色泽鉴别

感官鉴别食醋的色泽时，可取购买的瓶醋置在白色灯光下用肉眼直接观察：呈琥珀色、红棕色（山西老陈醋-固态法）或乳白色（塔醋液态法）的是优良食醋；色泽无明显变化（配制食醋水一样，有的添加焦糖色）的是次质食醋；色泽不正常，发乌无光泽的是劣质食醋。

3. 体态鉴别

感官鉴别醋的体态时，可取样品醋置于试管中，在白色背景下对光观察其浑浊程度，然后将试管加塞颠倒以检查其中有无混悬物质，放置一定时间后，再观察有无沉淀及沉淀物的性状。必要时还可取静置15min后的上清液少许，借助放大镜来观察有无醋鳗、醋虱、醋蝇。

优良食醋——液态澄清，无悬浮物和沉淀物，无霉花浮膜，无醋鳗、醋虱、醋蝇。

次质食醋——液态微浑浊或有少量沉淀，或生有少量醋鳗。

劣质食醋——液态浑浊，有大量沉淀，有片状白膜悬浮，有醋鳗、醋虱和醋蝇等。

4. 气味鉴别

进行食醋气味的感官鉴别时，将醋瓶内食醋摇晃，去塞后立即嗅闻。

优良食醋——具有食醋固有的香醇气味和悠长的乙酸乙酯香气味，无其他异味。

次质食醋——食醋乙酸乙酯香气不足，一股冲鼻酸味扑面，微有甜酸酒味。

劣质食醋——失去了固有的香气，具有冲鼻酸臭味、霉味或其他不良气味。

5. 滋味鉴别

进行食醋滋味的感官鉴别时，可取少量食醋用舌头品尝。

优良食醋——酸味柔和协调，稍带有甜口，无其他不良异味。

次质食醋——滋味不纯正或酸味欠柔和冲鼻。

劣质食醋——具有刺激性酸味，有涩味、霉味或其他不良气味。

三、食醋掺假的快速鉴别

食醋中的主要掺伪物质为游离矿酸。可取被检食醋10mL置于试管中，加蒸馏水5～10mL，混合均匀（若被检食醋颜色较深，可先用活性炭脱色），沿试管壁滴加3滴0.01%甲基紫溶液，若颜色由紫色变为绿色或蓝色，则表明有游离矿酸（硫酸、硝酸、盐酸、硼酸）存在。

任务二　八角和莽草的感官检验

【任务目标】

1. 了解干货类调味品感官检验的基本内容；
2. 掌握八角感官检验的基本方法；
3. 能够在教师的指导下，以小组协作方式对八角进行感官检验；
4. 能够正确运用描述检验法对八角和莽草进行感官鉴别；
5. 能够独立查阅资料，对芥末粉及姜粉进行感官检验。

【任务描述】

八角是制作冷菜及炖、焖菜肴中不可缺少的调味品，其作用为其他香料所不及；莽草又称水莽草，枝叶、根和种子均有毒，可入药或观赏。莽草因果实和八角相似故被很多人误认为是八角，食用后引起中毒。作为品评员，你该如何对八角及莽草进行感官品质鉴别？

本任务的目的是对市面出售的八角和莽草进行感官品质鉴别，该实验将从色泽、气味、干爽度和滋味四个方面对以上香辛料调味品进行感官检验。八角和莽草的辨别则应用“A”-“非A”检验法。国标方法为GB/T 7652—2016《八角》及GB/T 15691—2008《香辛料调味品通用技术条件》。

知识准备

一、干货类调味品的感官要求

根据GB/T 15691—2008《香辛料调味品通用技术条件》中规定：香辛料调味品适用于食品加香调味，是能赋予食物香、辛、辣等风味的天然植物性产品及其混合物。各种原料应干燥、无虫蛀、无霉变、无异味、无污染、无杂质，具有该原料应有的色泽、天然芳香味或辛辣味。凡需加工整理的各种原料，应经挑选、风筛去除杂质后方可投产。该国标对于感官检验的要求为具有该产品应有的色泽、气味和滋味。

在 GB/T 15691—2008《香辛料调味品通用技术条件》中也规定感官要求的检查采用感官法测定。即随机抽取 10g 样品，平铺于洁净的白瓷盘中，在自然光线下，用肉眼观察其色泽，闻其香味，并取少许放于舌尖，涂布满口，仔细品尝其滋味。

市面上出售的香辛料是采用植物果实和种子粉碎而配制成的天然植物香料，如五香粉、胡椒粉、花椒粉、咖喱粉、芥末粉等。香辛料的主要原料有八角、花椒、胡椒、桂皮、小茴香、大茴香、辣椒、孜然等。进行香辛料色、香、味的感官鉴别时，可以直接观察其颜色，嗅其气味和品尝其滋味，此外还有靠眼看和手摸以感知其组织状态。

1. 色、香、味的感官鉴别

良质香辛料——具有该种香料植物所特有的色、香、味。

次质香辛料——色泽稍深或变浅，香气和特异滋味不浓。

劣质香辛料——具有不纯正的气味和味道，有发霉味或其他异味。

2. 组织状态的感官鉴别

良质香辛料——呈干燥的粉末状。

次质香辛料——有轻微的潮解、结块现象。

劣质香辛料——潮解、结块、发霉、生虫或有杂质。

二、八角真品与混伪品的感官鉴别

八角：人们家中常常作为调味料的八角茴香即“大料”，是木兰科的八角茴香的果实。果实多为八瓣，顶端呈较钝的鸟喙状；果皮较厚，有较浓郁的香气，味甜；果柄较长，弯曲。

莽草：为八角茴香的常见混伪品，莽草中含有莽草毒素，果实多为八至十三瓣，顶端呈较尖的鸟喙状，向后弯曲；果皮较薄，味先微酸而后甜，久尝麻舌；果柄较短，平直或微弯。莽草的果实有毒，不可误用。

常见的假八角除莽草外还有红茴香、地枫皮和野八角等。图 8-1 为八角真伪品的形状特征图，表 8-7 为八角真品与常见混伪品的鉴别要点。

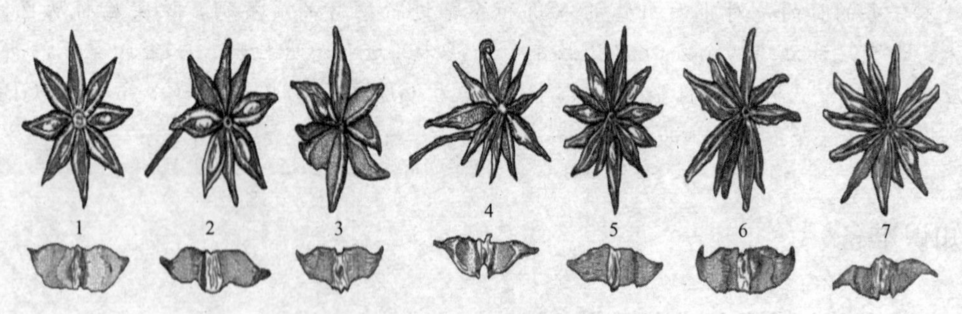

图 8-1　八角茴香及其混伪品形状特征图

1—八角茴香；2—红茴香；3—多蕊红茴香；4—莽草；

5—野八角；6—短柱八角；7—地枫皮果实

表 8-7　八角茴香及其主要混伪品的感官鉴别要点

品名	果实分角	果实形状	果柄	色泽	气味
八角茴香	7～9个,多8个	小艇形	较短,钩状	表面红棕色或黄棕色,平滑有光泽	具浓郁特异香气,味甜
红茴香	7～8个,较瘦小	鸟嘴状	长3～5cm,较细	表面红褐色	具特异香气,尝之味先酸而后甜
多蕊红茴香	7～8个,较瘦小	鸟嘴状较宽	长3～5cm,较细	表面红褐色	具特异香气,尝之味先酸而后甜
莽草	10～13个	小艇形	长3～6cm,弯曲	表面红褐色,果皮较薄	有特异芳香气,味先微酸而后甜,久尝麻舌
野八角	10～14个	鸟嘴状	弯曲,长1.5～2cm	表面棕色,果皮较厚,背面粗糙	有特异芳香气,味淡,久尝有麻辣感
短柱八角	10～13个	小艇形	弯曲,长2～2.5cm	表面褐色,果皮略厚,背部粗糙,皱缩	味微苦,辣,麻舌
地枫皮果实	10～13个	鸟嘴样	较短	红色或红棕色,果皮薄	香气微弱呈松脂味,味平淡,有麻舌感

因此，八角茴香的感官鉴别要素包括以下几点：

(1) 荚角鉴别　正品八角茴香为7～8只，伪品则有11～13只荚角。

(2) 外形鉴别　正品八角茴香果实肥大，角尖平直；伪品果瘦长，角尖弯曲。

(3) 气味鉴别　正品八角茴香香味浓烈，味甜，无酸、苦、麻舌感；伪品有花露水或樟脑的气味，味先酸后甜，有的有苦味或麻舌感。

(4) 色泽鉴别　正品八角茴香为棕红色并有光泽；伪品色较浅，带土黄色。

三、八角的感官评定标准

GB/T 7652—2016《八角》中指出，八角的类别为以下三种：

大红八角——秋季成熟期采收，经脱青处理后晒干或烤干的八角果实。

角花八角——春季成熟期采收，经脱青处理后晒干或烤干的八角果实。

干枝八角——落地自然干燥的八角果实。

以上类别又可分为六级，八角的感官指标应符合表8-8的技术要求。

表 8-8　八角的感官指标

类别	级别	颜色	气味	果形特征
大红	一	棕红或褐红	芳香	角瓣粗短,果壮肉厚,无黑变,无霉变,干爽
	二			
	三			
角花	一	褐红	芳香	角瓣瘦长,果小肉薄,无黑变,无霉变,干爽
	二			
干枝	统级	黑红	微香	壮瘦兼备,碎角多,无霉变,干爽

标准中还规定了感官指标的实验方法：颜色——用肉眼观察；气味——鼻嗅辨八角是否具有该等级应有的芳香味；干爽度——手握有刺感，折断声脆者为含水量适合，手感柔软为含水量高。

任务实施

一、品评方案设计

1. 方法选择

“A” - “非 A” 检验。

2. 实验设计

对学生进行分组，一部分设定为备样员，另一部分设定为评价员，首先向评价员介绍实验样品的特性，然后提供一个典型样品让大家进行品评，在老师的引导下，了解所使用的评价标准，使品评员对每一个描述词语的定义有共同的认识。在完成上述工作后，分组进行独立感官检验。之后双方互换工作任务。

3. 用具准备

干燥洁净无异味的白瓷盘 15 个、玻璃棒、镊子 15 个、超市或菜场购买的八角茴香、莽草样品若干。

二、品评步骤

1. 实验分组

每组 10 人，轮流进入准备室和感官分析实验区。

2. 样品编号

备样员给每个样品编出三位数的代码，每个样品给 3 个编码，作为三次重复检验之用，随机数码取自随机数表，并按任意顺序供样。每种样品取三份，装在事先准备的白瓷盘中，样品数量约 10g，每组 10 个样品，用随机数编号，并统一呈送。

3. 品评

备样员按样品准备要求提供试样及记录表给品评员，品评员用镊子夹取八角茴香样品，在自然光下用肉眼观察其色泽，闻其香味，碾碎后用玻璃棒蘸取少量样品放于舌尖，仔细品尝其滋味。实验重复三次，重复检验时，样品呈送顺序不变。

三、品评结果分析及优化

正确理解八角的感官描述词汇，将相应的词汇填入表 8-9，再根据统计结果进行分析，统计结果分析过程同项目三的“任务一猪肉新鲜度的感官检验”。

大料与莽草有明显的感官质量差别。然而，有不法商贩将两者混合出售或将莽草用大料油熏味，使之具有大料的香味，外观上兼有两者的特点，很难判定。因此，应再配合理化检验，使判定结果更加可靠。

表 8-9　大料与莽草感官评价结果记录表

姓名：__________　　样品：__________　　日期：__________

<table>
<tr><td colspan="4">实验指令：
①在实验之前对样品“A”和“非 A”进行熟悉，记住它们的口味
②从左到右依次品尝样品，在品尝完每一个样品之后，在其编码后面相对应位置上打√
注意：在你所得到的样品中，“A”和“非 A”的数量是相同的</td></tr>
<tr><td rowspan="2">样品顺序号</td><td rowspan="2">编号</td><td colspan="2">该样品是</td></tr>
<tr><td>“A”</td><td>“非 A”</td></tr>
<tr><td>1</td><td></td><td></td><td></td></tr>
<tr><td>2</td><td></td><td></td><td></td></tr>
<tr><td>3</td><td></td><td></td><td></td></tr>
<tr><td>4</td><td></td><td></td><td></td></tr>
<tr><td>5</td><td></td><td></td><td></td></tr>
<tr><td>6</td><td></td><td></td><td></td></tr>
<tr><td>7</td><td></td><td></td><td></td></tr>
<tr><td>8</td><td></td><td></td><td></td></tr>
<tr><td>9</td><td></td><td></td><td></td></tr>
<tr><td>10</td><td></td><td></td><td></td></tr>
</table>

任务思考

1. 请针对芥末粉的感官检验技术要求，设计感官检验方案；
2. 简述香辛料调味品感官检验中的外观鉴别。

技能拓展

芥末粉、姜粉的快速鉴别

1. 芥末粉的快速鉴别

市售的正品芥末粉是一种学名为“黄芥”或与它很接近的植物干种子，经磨碎制成的黄色颗粒粉状物。应具有刺激的辛辣味，用水搅拌后过 15min，刺激味更加强烈，感官鉴别掺假芥末粉可从以下几方面进行。

(1) 外包装鉴别　掺假的芥末粉，一般包装都比较粗糙，包装物表面印字不清、易脱落，多数不写详细厂名和地址，有的只用汉语拼音和英文字母表示产地。

(2) 色香味鉴别　掺假芥末粉的颜色、颗粒大小、气味随掺入不同物质和掺入量而异，一般掺入黄色谷物如玉米面等，则呈淡黄色或金黄色，刺激性辛辣味也明显减弱。

(3) 淘洗鉴别　像淘米滤砂子一样，反复淘洗芥末粉，因粮食粉末的相对密度较大，就会剩在容器中，用嘴尝一下，如无明显芥末味，就说明掺入了粮食类物质。

2. 姜粉的快速鉴别

（1）颜色鉴别 纯正姜粉呈淡黄色，掺假姜粉多为黄褐色。

（2）味道鉴别 纯正姜粉芳香而有辣味，用舌尖舔有麻辣感；掺假姜粉有霉变味，舌尖舔时微有麻辣感。

（3）形态鉴别 纯正姜粉颗粒较大，纤维多；掺假姜粉颗粒较小，手指研磨有黄色坚硬物似玉米颗粒。

（4）微观鉴别 在显微镜下观察姜粉没有木质化细胞，如掺入芥末显微镜下可观察到有黏性的多角形细胞的表皮以及稍木质化的碎片。姜粉的淀粉粒呈扁平状、卵形或棒形，横向有弧形条纹，因此如掺入异种淀粉便可鉴别。

任务三　辣椒粉的感官检验

【任务目标】

1. 了解香辛料调味品感官检验的基本内容；
2. 掌握辣椒粉感官检验的基本方法；
3. 能够在教师的指导下，以小组协作方式对辣椒粉进行感官检验；
4. 能够正确运用描述检验法对辣椒粉进行感官鉴别；
5. 能够独立查阅资料，对花椒粉及胡椒粉进行感官检验。

【任务描述】

辣椒粉是百姓家中必不可少的调味品，是由红辣椒、黄辣椒、辣椒籽及部分辣椒秆经碾细而成的混合物。现在市面上一些不法商贩常将麸皮、黄色谷面、干菜叶粉、红砖灰等掺入辣椒粉中，为了掩盖掺假后色泽的差异，无良商贩往往还加入一些人工合成色素，试图以假乱真。长期过量服用色素，除了引起过敏、腹泻外还会致癌，对人体伤害非常大。作为一名品评员，如何对辣椒粉进行感官鉴别呢？

该任务的目的是对辣椒粉与掺假辣椒粉进行感官检验以鉴别真伪。该感官检验内容的描述，应从色泽、气味、组织状态和滋味四个方面进行。根据实验内容宜选用描述性检验法　国标方法为 GB/T 23183—2009《辣椒粉》及 GB/T 15691—2008《香辛料调味品通用技术条件》。

知识准备

一、辣椒粉的感官要求

GB/T 23183—2009《辣椒粉》中指出辣椒粉是以茄科植物辣椒属辣椒或其变种的果实经干燥、粉碎、不添加其他成分（抗结剂除外）等工序制成的非即食性粉末，感官质量技术要求见表 8-10。此外卫生检验指标规定按照 GB/T 19681—2005《食品中苏丹红染料的检测

方法　高效液相色谱法》执行，即样品经溶剂提取、固相萃取净化，用反相高效液相色谱-紫外可见光检测器检验分析。

表 8-10　辣椒粉的感官要求

项目	要求
滋味	具有辣椒粉应有的滋味，无异味
色泽	呈辣椒粉应有色泽
组织形态	疏松，均匀一致的颗粒

在 DB 52/458—2004《辣椒粉质量安全标准》（省标）中按工艺配方对辣椒粉进行分类，包括：辣椒粉——以辣椒干为原料，经烘焙粉碎制粉而成的纯辣椒制品；风味辣椒粉——以辣椒干为主要原料，在制作过程中分别配入一定量的花生、大豆、芝麻、花椒、食盐、味精、脱水蔬菜（葱、姜、蒜）等辅料，分别经烘焙或用植物油炒制，后粉碎成粉末调制而成的不同风味的辣椒粉制品。

使用的原、辅料应符合相关国家食品标准及卫生标准，无霉变，无虫害、无杂质。感官特性应符合表 8-11 中技术要求的规定。

表 8-11　辣椒粉的感官检验技术要求

项目	要求
色泽	呈暗红褐色或浅朱红色，间有炒制的焦黑色
组织状态	粉状，无大片辣椒，无霉变，无杂质，无结块，无虫害，均匀一致
滋味气味	具有本品固有的滋味和气味，其辣椒香气浓郁，咸味适中，无异味

二、辣椒粉的感官检验方法

本任务采用描述性检验法。

根据国标中关于辣椒粉感官检验的描述，可总结出辣椒粉感官检验的词汇，见表 8-12。

表 8-12　辣椒粉感官检验描述词汇

检验项目	描述词汇
色泽	鲜红色、红褐色、暗红色、朱红色、焦黑色、砖红色等
气味	浓郁辣椒香气、香气平淡、不良香气、焦煳味、霉变味等
组织状态	粉状、块状、颗粒状、有杂质、有虫害、均匀一致、疏松等
滋味	浓郁辣味、无异味、牙碜、豆香味、霉味等

三、辣椒粉与混伪品的鉴别

1. 感官检查

伪品辣椒粉中，常见的掺假物有麸皮、黄色谷面、番茄干粉、锯末、干菜叶粉、红砖粉等。一些不法商贩常将红色素液喷洒在劣质的辣椒粉上，拌匀。这种辣椒粉看起来鲜红诱人，可吃起来却无辣味，用来制红油，制成后红油色淡不红，此外还极易发霉。故真伪品辣椒粉鉴别感官检查方法如下：

① 色泽鉴别　正品辣椒粉呈红色、红褐色或间有炒制的焦黑色；伪品呈砖红色，肉眼可见大量木屑样物或绿色的叶子碎渣；有些伪品是将质量差的大辣椒研成粉充作优质辣椒面，呈现出片薄色杂。

② 组织形态鉴别　正品辣椒粉呈粉状、疏松、均匀一致；伪品比正品货重，碎片不均匀，有霉变或杂质、结块现象等。

③ 滋味气味鉴别　正品辣椒粉香气浓郁、无异味、咸味适中等；伪品用舌头舔感到牙碜，则是掺入了红砖粉；有些伪品色泽浅，发黄，放在口中感觉黏度大，投入清水中能起糊，则是掺入了玉米粉或其他黄色谷粉；有些伪品黄粉过多，鼻嗅有豆香味，品尝略有甜味，则是掺入了豆粉。

辣椒粉与混伪品的鉴别要点见表 8-13。

表 8-13　辣椒粉与混伪品的鉴别要点

项目	辣椒粉	掺假辣椒粉
颜色	红色	砖红色
形态	油状粉末	肉眼可见木屑样物和绿叶碎片
气味	浓郁的辣气	基本无辣味

2. 漂浮实验

取待检辣椒粉 10g 置于带塞的 100mL 量筒内，加饱和盐水至刻度，摇匀，静置 1h 后观察其上浮和下沉物体积。掺伪辣椒面在饱和盐水中下沉体积较大，其体积与掺伪量成正比，正品辣椒面绝大部分上浮，下沉物甚微。

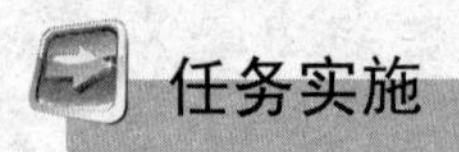

任务实施

一、品评方案设计

1. 方法选择

描述性检验。

2. 实验设计

对学生进行分组，在老师的引导下，选定 4～8 个能表达出该类产品的特征名词，并确定强度等级范围，通过品尝，统一大家的认识。在完成上述工作后，分组进行独立感官检验。之后双方互换工作任务。

3. 用具准备

白瓷盘 5 个、小勺、厚白纸板、具塞比色管、玻璃棒、玻璃杯、超市或菜场购买的 5 种不同的辣椒粉。

二、品评步骤

1. 实验分组

每组 10 人，轮流进入准备室和感官分析实验区。

2. 样品编号

备样员给每个样品编出三位数的代码，每个样品给 3 个编码，作为三次重复检验之用，随机数码取自随机数表，并按任意顺序供样。用 A、B、C、D、E 给 5 种辣椒粉编号，每种辣椒粉取三份，装在事先准备的玻璃杯中，用随机数编号，并统一呈送。

3. 品评

① 建立描述词汇

a. 向品评员介绍辣椒粉的特性，简单介绍辣椒粉的主要原料、生产工艺过程及感官质量标准。

b. 在老师的引导下，选定 4～8 个能描述辣椒粉产品上述感官特性的特征名词，并确定强度等级范围，重复 7～10 次，形成一份大家都认可的词汇描述表。实验使用七点标度法进行评定。

② 描述分析检验　取辣椒粉样品 10g 平铺于白瓷盘中，在自然光下用肉眼观察其色泽、形态和杂质；慢慢将辣椒粉置于鼻子附近，仔细嗅闻其辣味；用玻璃棒蘸取少许放于舌尖，涂布满口，仔细品尝其滋味。将少许辣椒粉放入盛有 25%精盐水的具塞比色管中，观察色素溶出情况。实验重复三次，重复检验时，样品呈送顺序不变。

三、品评结果分析及优化

正确理解辣椒粉的感官描述词汇，将相应的词汇填入表 8-14，总结出辣椒粉感官检验描述词汇。

表 8-14　辣椒粉的感官评价结果记录表

样品名称：　　　评价员姓名：　　　检验日期：

描述词汇 \ 样品号 项目					
色泽					
气味					
组织状态					
口感					

任务思考

1. 简述辣椒粉感官检验的内容。
2. 简述描述性实验的组成。

技能拓展

花椒粉、胡椒粉的快速鉴别

一、花椒粉的快速鉴别

花椒粉中掺入的伪品多为含淀粉的稻糠、麦麸等，因此通过检验样品中是否含有淀粉即可确定花椒面中是否掺假。

取检样 1g 置于试管中，加水 10mL，置水浴加热煮沸，放冷。向其中滴加碘化钾溶液2～3 滴后观察，掺有含淀粉伪品的花椒面溶液层变为蓝色或蓝紫色。掺伪花椒面由于在花椒面中掺入了多量麦麸皮、玉米面等，外观上看往往呈土黄色粉末状，或有霉变、结块现象，花椒味很淡，口尝时舌尖微麻并有苦味。

二、胡椒粉的快速鉴别

胡椒粉是灰褐色粉末，具有纯正浓厚的胡椒香气，味道辛辣，粉末均匀，用手指头摸不染颜色。若放入水中浸泡，其液上面为褐色，底下沉有棕褐色颗粒。假胡椒粉可能采用米粉、玉米粉、糖、麦皮、辣椒粉、黑炭粉、草灰等杂物，另外加少量胡椒粉，或根本不加胡椒粉。其粉末不均匀，香气淡薄或根本无胡椒香气，味道异常，用手指头沾上粉末摩擦，指头马上染黑。若放入水中浸泡，上液呈淡黄或黄白色糊状，底下沉有橙黄、黑褐色等杂质颗粒。

项目九　焙烤制品的感官检验

背景知识

烘焙制品是以谷物或谷物粉为基础原料，加上油、糖、蛋、奶等一种或几种辅料，采用焙烤工艺定型和成熟的一大类固态方便食品，在食品工业上主要指各类面包、饼干、月饼、蛋糕等食品。

一、焙烤类食品分类

焙烤类食品按生产工艺特点分类可分为：面包类，包括主食面包、听型面包、硬质面包、软质面包和果子面包等；饼干类，有粗粮饼干、韧性饼干、酥性饼干、甜酥性饼干和发酵饼干等；糕点类，包括蛋糕和点心，蛋糕有海绵蛋糕、油脂蛋糕、水果蛋糕和装饰大蛋糕等类型，点心有中式点心和西式点心；松饼类，包括派类、丹麦式松饼、牛角可松和我国的千层油饼等。

焙烤类食品按发酵和膨化程度可分为：用酵母发酵的制品，包括面包、苏打饼干等；用化学方法膨松的制品，包括蛋糕、炸面包圈、油条、饼干等；利用空气进行膨化的制品，包括天使蛋糕、海绵蛋糕一类不用化学疏松剂的制品；利用水分汽化进行膨化的制品，主要指一些类似膨化食品的小吃，它们不用发酵也不用化学疏松剂。

二、焙烤类食品发展

进入21世纪，主餐食品工业化将成为食品工业的发展方向，人们将更加注重食品的营养与健康，把食品的安全性放在第一位。安全、营养、方便、美味将成为食品生产的四要素，人们的膳食结构将趋于品种多样化、口味多样化。由于高糖、高脂膳食对健康带来的危害，追求健康、安全、天然食品已在国外形成一种潮流，在我国也引起人们的重视，并朝着这种需求发展。如低聚糖、糖醇、非糖甜味剂部分代替蔗糖或采用南瓜果浆等为馅料制作的低糖西点、糕点，深受糖尿病、肥胖症和高血压等患者的欢迎。又如添加食物纤维的纤维面包，可以预防中老年人便秘和肠癌。用天然原料如大豆蛋白粉、麸皮、燕麦粉制成的高蛋白、富含纤维、矿物质的营养功能面包已在市场上销售。这类保健功能型面点市场前景诱人，并将逐步形成规模化和产品系列化。

焙烤食品行业开始注重产品的更新换代，新材料新技术不断地被应用到焙烤食品中，研发具有各种功能、营养健康的焙烤食品是今后发展的方向。新材料包括：高纤无糖糖浆、新型低热量甜味剂、赤藓糖醇、叶酸、大豆卵磷脂、焙烤制品专用果料、变性淀粉、大豆低聚糖、脱脂大豆蛋白粉、膳食纤维、改性聚葡萄糖、海藻糖等。新技术包括：微胶囊技术、油脂替代技术、酶解技术、丙烯酰胺控制技术等。焙烤工业的规模将进一步扩大，焙烤食品将朝着营养健康的方向发展，新材料和新技术将不断得到应用。

任务一　软式面包的感官检验

【任务目标】

1. 了解面包类焙烤制品感官检验的基本内容；
2. 掌握面包类焙烤制品感官检验的基本方法；
3. 能够在教师的指导下，以小组协作方式对软质面包进行感官检验；
4. 能够正确运用分级检验模糊数学法对软式面包进行分级检验；
5. 能够独立查阅资料，对硬式面包和调理面包进行感官检验。

【任务描述】

面包生产企业想让自己的产品在消费市场上占据竞争优势并获得成功，在产品的生产和研发过程中就需要很好地了解面包的质构特性和感官特性之间的关系，并有能力进行控制和主导。一家面包生产企业想了解自己的软面包产品，以在消费市场上占据竞争优势并获得成功，应如何利用感官检验的方法来进行判断？

品评员的任务是通过对软式面包不同的质构特性进行感官评分，探究质构特性和感官特性之间的关系。查阅相关国标，根据 GB/T 14611—2008《粮油检验　小麦粉面包烘焙品质试验　直接发酵法》对面包样片进行感官评价。

知识准备

一、面包的保存期

不同的面包，保质期是不一样的。如果放进冰箱冷藏，一般面包的保质期都不会超过 1 天，因为 1 天的时间足够让淀粉彻底老化。保质期一般是一个时间段，比如 2～3 天，根据室温、环境差异等原因，面包的保质期可能会不一样。室温（18～25℃）是面包保存的最佳温度。

二、面包的感官检验方法——分级检验模糊数学法

在食品感官分级检验的加权评分法中，仅用一个平均数很难确切地表示某一指标应得的分数，这样使结果存在误差。如果评定的样品是两个或两个以上，最后的加权平均数相同而又需要排列出它们的各项时，现行的加权评分法就很难解决。

如果采用模糊数学关系的方法来处理评定的结果，以上问题不仅可以得到解决，而且它综合考虑到所有的因素，获得的是综合且较客观的结果。模糊数学法是在加权评分法的基础上，应用模糊数学中的模糊关系对食品感官评定的结果进行综合评判的方法。

模糊综合评判的数学模型是建立在模糊数学基础上的一种定量评定模式，它是应用模糊数学的有关理论（如隶属度与隶属函数理论），对食品感官质量中多因素的制约关系进行数学化的抽象，建立一个反映其本质特征和动态过程的理想化评定模式。由于评判对象相对简单，评定指标也比较少，食品感官质量的模糊评判常采用一级模型。具体步骤如下：

1. 建立评判对象的因素集

$U=\{U_1,U_2,\cdots,U_n\}$。因素就是对象的各种属性或性能。

例如评定蔬菜的感官质量，就可以选择蔬菜的颜色、风味、口感、质地作为考虑的因素。因此，评判因素可设 $U_1=$颜色、$U_2=$风味、$U_3=$口感、$U_4=$质地。组成评判因素集合是

$$U=\{U_1,U_2,U_3,U_4\} \tag{9-1}$$

2. 给出评语集

$$V=\{V_1,V_2,\cdots,V_n\} \tag{9-2}$$

评语集由若干个能反映该食品质量的指标组成，可以用文字表示，也可用数值或等级表示。

如保藏后蔬菜样品的感官质量划分为 4 个等级，可设 $V_1=$优、$V_2=$良、$V_3=$中、$V_4=$差。则

$$V=\{V_1,V_2,V_3,V_4\} \tag{9-3}$$

3. 建立权重集

确定各评判因素的权重集 X，所谓权重是指一个因素在被评定因素中的影响和所处的地位。

4. 建立单因素评判

对每一个被评定的因素建立一个从 U 到 V 的模糊关系 R，从而得出单因素的评定集；矩阵 R 可以通过对单因素的评判获得，即从 U_i 着眼而得到单因素评判，构成 R 中的第 j 行。

$$R=\begin{pmatrix} r_{11} & r_{12} & \cdots & r_{1n} \\ r_{21} & r_{22} & \cdots & r_{2n} \\ \vdots & \vdots & & \vdots \\ r_{m1} & r_{m2} & \cdots & r_{mn} \end{pmatrix} \tag{9-4}$$

即 $R=(r_{ij})$，$i=1,2,\cdots,n$；$j=1,2,\cdots,m$。这里的元素 r_{ij} 表示从因素 U_i 到该因素的评判结果 V_j 的隶属程度。

5. 综合评判

求出 R 与 X 后，进行模糊变换：

$$B=X\cdot R=\{b_1,b_2,\cdots,b_m\} \tag{9-5}$$

$X\cdot R$ 为矩阵合成，矩阵合成运算按照最大隶属度原则，再对 B 进行归一化处理得到 B'。

$$B'=\{b'_1,b'_2,\cdots,b'_m\} \tag{9-6}$$

B'便是该组人员对食品感官质量的评语集，最后再由最大隶属原则确定该种食品感官质量的所属评语。

根据模糊数学的基本理论，模糊评判实施主要由因素集、评语集、权重、模糊矩阵、模

糊变换、模糊评定等部分组成。

三、面包的感官评定标准

GB/T 20981—2007《面包》规定各类面包的感官要求如表 9-1 所示。对感官要求用定性描述的方法进行分类，检验方法则是将样品置于清洁、干燥的白瓷盘中。目测检查形态、色泽，然后用餐刀按四分法切开，观察组织、杂质，品尝滋味与口感，对照标准规定，做出评价。

表 9-1　GB/T 20981—2007《面包》规定各类面包感官要求

项目	软式面包	硬式面包	起酥面包	调理面包	其他面包
形态	完整，丰满，无黑泡或明显焦斑，形状应与品种造型相符	表皮有裂口，完整，丰满，无黑泡或明显焦斑，形状应与品种造型相符	丰满，多层，无黑泡或明显焦斑，光洁，形状应与品种造型相符	完整，丰满，无黑泡或明显焦斑，形状应与品种造型相符	具有产品应有形态
表面光泽	金黄色、淡棕色或棕灰色，色泽均匀、正常				
组织	细腻，有弹性，气孔均匀，纹理清晰，呈海绵状，切片后不断裂	紧密，有弹性	有弹性多空，纹理清晰，层次分明	细腻，有弹性，气孔均匀，纹理清晰，呈海绵状	具有产品应有形态
滋味与口感	具有发酵和烘焙后的面包香味，松软适口，无异味	耐咀嚼，无异味	表皮酥脆，内质松软，口感酥香，无异味	具有品种应有的滋味和口感，无异味	具有产品应有的滋味和口感，无异味
杂质	正常视力无可见的外来杂质				

任务实施

一、品评方案设计

对学生进行分组，一部分设定为备样员，另一部分设定为评价员，首先向评价员介绍实验面包样品的特征，然后提供一个典型样品让大家进行品评，在老师的引导下，依据表9-2，对该面包各因素完成感官评价。在完成上述工作后，分组进行独立感官检验，之后双方互换工作任务。

表 9-2　面包感官评定指标

因素	级别			
	好(4 分)	较好(3 分)	一般(2 分)	差(1 分)
形态	完整，无缺损、龟裂，形状与品种造型相符，表面光洁，无斑点	完整，无缺损、龟裂，形状与品种造型相符，表面较光洁	较完整，表面有龟裂现象，光泽度差	有缺损，龟裂现象，表面粗糙
色泽	呈金黄色或浅棕色，均匀一致，无烤焦、发白现象	呈金黄色或淡棕色，均匀一致，有轻微烤焦现象	色泽不均匀，有烤焦现象	颜色不均匀，有烤焦、发白现象
气味	具有烘烤和发酵后的面包香味，无异味	有烘烤和发酵后的面包香味，无异味	没有明显的烘烤和发酵后的面包香气	没有面包特有的香气

续表

因素	级别			
	好(4分)	较好(3分)	一般(2分)	差(1分)
口感	松软适口，不黏，不硌牙，无异味，无未溶解的糖、盐颗粒	松软适口，不黏，不硌牙，无异味	较黏，有未融化的糖颗粒	黏，硌牙，有未溶解的糖、盐颗粒
组织	无明显大孔洞和局部过硬，切片后不断裂，无明显掉渣	无明显大孔洞和局部过硬，切片后不断裂，有轻微掉渣现象	局部过硬，切片后断裂	较硬，无弹性，纹理不均匀，切片后有断裂掉渣现象

二、品评步骤

1. 实验分组

每组10人，如全班为30人，则共分为3组，轮流进入准备室、感官分析实验区和数据处理区。

2. 样品准备

面包样品以随机数编号，将样品置于清洁、干燥的白色磁盘上，分发给品评员。

3. 分发记分表

示例见表9-3，供参考，也可另行设计。

表9-3 面包品评记分表

评价员姓名： 评价日期：

因素＼级别	好	较好	一般	差
形态				
色泽				
气味				
口感				
组织				

请各位同学给各因素判定的级别上打“√”。

备样员按样品准备要求提供试样及记录表给品评员，各品评员互不打扰，单独进行实验，并对每个样品的各种特性打分。

4. 品评

(1) 形态检验 端起装有样品的白瓷盘，在自然光下观察面包样品大小，观察面包样品形态是否均匀、表面是否鼓凸，观察是否有气泡。

(2) 表面色泽检验 端起装有样品的白瓷盘，在自然光下观察面包样品表面颜色及光泽；翻转样品，观察其底面颜色。

(3) 组织结构检验 用洁净、无异味的刀具将面包样品按照四分法分割成四份，观察面包样品切面气孔是否均匀细密，颜色是否光洁正常；用拇指与食指轻捏面包样品，感受其质地、纹理、回弹性、组织状态等。

(4) 滋味与口感 将面包样品拿起靠近鼻子，嗅闻其气味；取一小块面包样品（包括表皮及内部成分），放入口中缓慢咀嚼，品尝其滋味是否正常，是否有异味，是否粘牙。

(5) 杂质 观察并用手指按压面包样品，判断其中有无外来异物。

三、品评结果分析及优化

① 每组小组长将本小组 10 名检验员的记录表汇总后，统计出样品各个因素的评定结果，填入表 9-4。

② 用模糊数学法进行结果分析，得出结论。

③ 讨论协调后，得出样品的总体评估。

表 9-4 各指标评分表 单位：人

分数	71～75	76～80	81～85	86～90
形态				
色泽				
气味				
口感				
组织				

根据前面对方法的叙述，进行归一化，得到此模糊关系综合评判的峰值，与原假设相比，得出面包的综合评分结果及相应等级。

任务思考

模糊数学检验法的适用范围及特点是什么？

任务二 广式月饼的感官检验

【任务目标】

1. 了解月饼类焙烤制品感官检验的基本内容；
2. 掌握月饼类焙烤制品感官检验的基本方法；
3. 能够在教师的指导下，以小组协作方式对广式月饼进行感官检验；
4. 能够正确运用三点检验法考察不同厂家或同一厂家不同批次的广式月饼之间有无差异；
5. 能够独立查阅资料，对苏式月饼和京式月饼进行感官检验。

【任务描述】

某面点加工企业在中秋节到来之前拟推出一批广式月饼产品，作为感官检验人员，应如何利用三角检验法对广式月饼进行感官分析，比较不同品牌或同一品牌不同批次广式月饼之间是否存在差异及差异大小，以期为消费者选购或广式月饼生产的品质控制提供指导？

品评员的任务是通过对不同品牌或同一品牌不同批次的广式月饼进行感官检验，比较不同品牌或同一品牌不同批次广式月饼之间是否存在差异，根据国标 GB/T 19855—2015《月饼》中的规定对广式月饼的感官指标进行评价，可使用三点检验法。

知识准备

一、月饼分类

月饼按产地分为京式、广式、苏式、台式、滇式、港式、潮式、日式等；按口味分为甜味、咸味、咸甜味、麻辣味；按馅心分为五仁、豆沙、冰糖、芝麻、火腿等；按饼皮分为浆皮、混糖皮、酥皮三大类。近几年被消费者认可的主要是京式、广式、苏式月饼。

二、月饼的保质期

月饼的保质期与温度和馅料有关。月饼含有丰富的油脂和糖分，受热受潮都极易发霉变质，所以应存放在低温、阴凉、通风的地方，有条件的话可以连包装一起放入冰箱冷藏室保存。一般来讲，盒装月饼最长可以在冷冻状态下保存 60 天，在室温下可保存 15 天，而散装的月饼只能保存 10 天。不同馅料的月饼保质期也不同，糖和油越多的月饼越不易变质，老式的白糖、豆沙、枣泥等种类的月饼保质期可以达到两个月，低糖和无糖的月饼比较容易变质。口感越好的月饼保存期限越短，像鲜肉、火腿、蛋黄馅的月饼保质期很短，最好随买随吃。

三、月饼的感官检验方法——三角检验法

见项目七。

四、月饼的感官评定标准

中华人民共和国国家标准 GB/T 19855—2015《月饼》替代了国家标准 GB 19855—2005，规定了常见几类月饼的感官要求，见表 9-5～表 9-7。

感官要求检验中如有异味、污染、霉变、外来杂质或微生物指标有一项不合格时则判为该批产品不合格，并不得复检。其余指标不合格可在同批产品中对不合格项目进行复检，复检后如仍有一项不合格，则判为该批产品不合格。

表 9-5　广式月饼感官指标

项目		要求
形态		外形饱满，轮廓分明，花纹清晰，不坍塌，无跑糖及漏馅现象
色泽		具有该品种应有色泽
组织	蓉沙类	饼皮厚薄均匀，馅料细腻无僵粒，无夹生
	果仁类	饼皮厚薄均匀，果仁大小适中，拌和均匀，无夹生
	水果类	饼皮厚薄均匀，馅芯有该品种应有的色泽，拌和均匀，无夹生
	蔬菜类	饼皮厚薄均匀，馅芯有该品种应有的色泽，拌和均匀，无夹生
	肉与肉制品类	饼皮厚薄均匀，肉与肉制品大小适中，拌和均匀，无夹生
	水产制品类	皮厚薄均匀，水产制品大小适中，拌和均匀，无夹生
	蛋黄类	饼皮厚薄均匀，蛋黄居中，无夹生
	冰皮类	饼皮厚薄均匀，皮馅无脱壳现象，馅心细腻无僵粒，无夹生
	水晶皮类	饼皮厚薄均匀，皮馅无脱壳现象，无夹生
	奶酥皮类	饼皮厚薄均匀，皮馅无脱壳现象，无夹生
滋味与口感		饼皮绵软，具有该品种应有的风味，无异味
杂质		正常视力无可见杂质

表 9-6　京式自来白月饼感官要求

项目	要求
形态	圆形鼓状，块形整齐，不拔腰，不清墙，不露馅
色泽	表面呈乳白色，底呈麦黄色
组织	皮松软，皮馅比例均匀，不空腔，不偏皮
滋味与口感	松软，有该品种应有的风味，无异味
杂质	正常视力无可见杂质

表 9-7　苏式月饼感官要求

项目		要求
形态		外形圆整，面底平整，略呈扁鼓形；底部收口居中不漏底，无僵缩、露酥、塌斜、跑糖、露馅现象，无大片碎皮；品名戳记清晰
色泽		具有该品种应有的色泽，不沾染杂色，无污染现象
组织	蓉沙类	酥层分明，皮馅厚薄均匀，馅软油润，无夹生、僵粒
	果仁类	酥层分明，皮馅厚薄均匀，馅松不韧，果仁分布均匀，无夹生、大空隙
	肉与肉制品类	酥层分明，皮馅厚薄均匀，肉与肉制品分布均匀，无夹生、大空隙
	果蔬类	皮馅厚薄均匀，馅软油润，无夹生、大空隙
滋味与口感		酥皮爽口，具有该品种应有的风味，无异味
杂质		正常视力无可见杂质

任务实施

一、品评方案设计

首先向评价员介绍广式月饼样品的特征，然后提供几组成对样品让大家进行品评，在老师的引导下，依据国标 GB/T 19855—2015《月饼》中对广式月饼感官指标的规定，参照表 9-5，对该广式月饼完成感官检验并做出比较。

二、品评步骤

1. 实验分组

每组 12 人，共分为 3 组，轮流进入准备室、感官分析实验区、数据处理区。

2. 问答表设计

采用三角检验法，参考表 9-8 所给形式，也可另行设计。

表 9-8　三角检验法问答表

三 角 检 验	
姓名：	日期：
实验指令：	
三个编号样品，其中有两个一样，另一个与其他两个不同。请从左到右依次评价 3 个样品，然后选出与其他两个不同的那个样品，在选出的样品上打“√”。你可以多次品尝，但是不能没有答案	
样品编号：	

3. 样品编号

将月饼样品分别放在干净的白瓷盘上，以随机数编号，填入表 9-9 中，备样员按样品准备要求提供试样及记录表给品评员，请品评员从左到右依次评价 3 个样品。

4. 品评

（1）形态检验　端起装有月饼样品的白瓷盘，在自然光下观察其形态，包括大小、块形、薄厚及样品的纹理。

（2）表面色泽检验　端起装有样品的白瓷盘，在自然光下观察月饼样品表面和墙部颜色及光泽；翻转样品，观察其底面颜色。

（3）组织结构检验　用洁净、无异味的刀具将月饼样品从中间切开，平均分成两块，漏出馅心，观察饼皮和馅心的断面组织；用小刀进一步纵向切开样品，观察月饼样品的皮和馅料组织，观察馅料的位置；用拇指与食指轻捏面包样品，感受其质地、组织状态等。

（4）气味与滋味　拿起月饼样品靠近鼻子，嗅闻其气味；取一小块样品（包括表皮及内部成分），放入口中缓慢咀嚼，品尝其滋味是否正常、是否有特定香味、是否有异味、是否粘牙。

（5）杂质　观察和感觉月饼样品中有无外来异物。

表 9-9　样品准备工作表

样品类别:广式月饼品牌:×××、×××　实验类型:三角检验法		
样品情况	样品代码	样品编号
	A	862 245 458
	B	396 522 498
品评员号	代表类型	号码顺序
1	ABB	862 396 522
2	AAB	245 458 498
3	ABA	862 396 245
4	BAA	522 458 862
5	BBA	498 396 245
6	BAB	522 458 498
7	ABB	245 396 522
8	AAB	458 862 498
9	ABA	245 396 458
10	BAA	522 862 245
11	BBA	396 522 458
12	BAB	498 862 396

三、品评结果分析及优化

① 根据各项指标检验，最后选出与其他两个不同的那个样品，在选出的样品编码上打“√”，做出评价。要求各品评员互不打扰，单独进行实验。

② 每组小组长将本小组 12 名检验员的记录表汇总。

③ 查表 7-12 三角检验法检验表进行结果分析，得出结论。

任务思考

三角检验法的适用范围及特点是什么？

任务三　裱花蛋糕的感官检验

【任务目标】

1. 了解蛋糕类焙烤制品感官检验的基本内容；

2. 掌握蛋糕类焙烤制品感官检验的基本方法；

3. 能够在教师的指导下，以小组协作方式对裱花蛋糕进行感官检验；

4. 能够正确运用百分制评分检验法对裱花蛋糕进行分级检验。

【任务描述】

随着人民生活水平的不断提高，裱花蛋糕日渐成为深受广大群众喜爱的食品。与其他食品一样，裱花蛋糕的食用安全和卫生质量也成为消费者和卫生监督部门的关注热点。如何对裱花蛋糕进行感官检验以便对裱花蛋糕感官品质进行总体评价？

品评员根据中华人民共和国国家标准 GB/T 31059—2014《裱花蛋糕》中提及的感官检验内容，制定合理的评分标准对裱花蛋糕进行感官检验。

知识准备

一、裱花蛋糕的保质期

裱花蛋糕保质期从 5 月 1 日至 9 月 30 日期间为 1 天，从 10 月 1 日至 12 月 15 日期间为 2 天，日期应标注在产品表面，消费者应注意查看生产日期，选择保质期内的产品。

二、裱花蛋糕的感官评定标准

中华人民共和国国家标准 GB/T 31059—2014《裱花蛋糕》规定了裱花蛋糕的术语和定义、产品分类、技术要求、加工过程控制、检验方法、标签标识、包装、运输、贮存销售等内容，其中裱花蛋糕的感官标准如表 9-10 所示。

表 9-10　奶油裱花蛋糕外观、感官特性

项目	传统蛋糕	慕斯蛋糕	乳酪(干酪)蛋糕	复合型蛋糕	其他类
色泽	色泽均匀正常,装饰料色泽正常	色泽均匀正常,装饰料色泽正常	色泽均匀正常,颜色为乳白色和浅黄色	色泽均匀正常,装饰料色泽正常	色泽均匀正常,装饰料色泽正常
形态	完整,不变形,不析水,表面无裂纹	完整,不变形,不析水,表面无裂纹	完整,不变形,不析水,表面无裂纹	完整,不变形,不析水,表面无裂纹	完整,不变形,不析水,表面无裂纹
组织	组织内部蜂窝均匀,有弹性	组织细腻、均匀	组织细腻、均匀、软硬适度	组织细腻、均匀	组织细腻、均匀
口感及口味	糕坯松软,有蛋香味,装饰料符合其应有的风味,无异味	口感细腻凉爽,装饰料符合其应有的风味,无异味	乳香纯正,装饰料符合其应有的风味,无异味	具有该产品应有的口感和口味,装饰料符合其应有的风味,无异味	具有该产品应有的口感和口味,装饰料符合其应有的风味,无异味
杂质	无正常视力可见杂质				

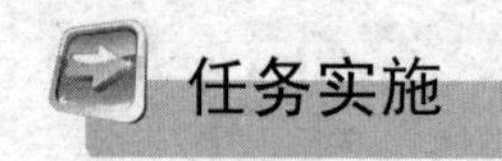

任务实施

一、品评方案设计

学生进行分组，分别设定为备样员、评价员和数据处理员。首先向评价员介绍裱花蛋糕的评分标准，然后提供一个典型样品让大家进行品评，在老师的引导下，依据表 9-10，对样品蛋糕各因素完成感官评价。在完成上述工作后，分组进行独立感官检验。之后双方互换工作任务。

二、品评步骤

1. 实验分组

每组 10 人，如全班为 30 人，则共分为 3 组，轮流进入准备室、感官分析实验区和数据处理区。

2. 实验用具

干净的白瓷盘、小刀。

3. 样品编号

不同批次样品分别用三位数进行编码。

4. 样品品评

将样品置于清洁、干燥的白色容器中，分发给品评员。要求品评员对不同代码样品分别从蛋糕坯、奶油涂抹和裱花三个方面进行打分。各特征评五次，超过 50%（次数）的评定结果才能作为最后的评定。

(1) 外部检验 取样品一份，除去样品的包装，保持样品的完整性，将其置于平整的桌子上，在自然光下观察其表面和侧面色泽搭配是否合理，调色是否均匀并深浅适当，色素是否超标；观察蛋糕是否完整，表面及侧面奶油是否光滑平整；图案花边是否不断不裂，布局是否合理；表面有无塌陷、开裂；

(2) 内部检验 按对角线将样品平均切成 8 块，随机选取其中一块，将其置于干净的白磁盘上；拿起瓷盘观察蛋糕样品内部及蛋糕坯颜色；观察其内部切面是否平整，是否有变形、塌陷、析水、开裂现象；用食指轻捏样品，感受其质地、组织状态等，观察其外观是否规整，夹层是否均匀，气孔是否细密均匀；取一小块样品（包括蛋糕坯、夹心及装饰材料等全部成分），放入口中缓慢咀嚼，品尝其滋味是否正常、是否有异味；仔细观察和感受蛋糕样品中有无外来异物。

备样员按样品准备要求提供试样及记录表给品评员，各品评员互不打扰，单独进行检验，与标准对照，并对样品的各品评项目打分。

5. 分发记分表

评分标准见表 9-11，记分表示例见表 9-12，供参考，也可另行设计。

表 9-11 中式裱花蛋糕评分标准

评分项目	评分细则	得分
蛋糕坯	蛋糕坯色泽金黄，外形规则，质地柔软，香味浓郁	15～20分
	蛋糕坯颜色稍深或稍浅，质地较硬或过软，香味不足	10～15分
	蛋糕坯颜色差，质地过硬或未熟，无香味	小于10分
奶油涂抹	奶油搅打乳化效果很好，操作熟练，涂抹均匀、细腻、光滑	25～30分
	奶油搅打乳化效果较好，奶油涂抹比较均匀、细腻，有少量粗糙颗粒	20～25分
	奶油搅打乳化效果较差，奶油涂抹比较粗糙，外形不规则	小于20分
裱花	糊料调制均匀，挤花操作流畅，裱花形状美观、布局合理	45～50分
	糊料调制有少量气泡，裱花形状规则，较美观	35～45分
	糊料调制有较多气泡，形状不规则，配色不协调，裱花效果较差	小于35分
合计(满分100分)		

表 9-12 裱花蛋糕品评记分表

评价员姓名： 评价日期：

样品编号得分 / 品评项目	蛋糕坯(20分)	奶油涂抹(30分)	裱花(50分)	总分
×××				
×××				

三、品评结果分析及优化

① 将10名检验员的记录表汇总后制作出汇总统计表，如表9-13所示。

表 9-13 评价结果

评价员		1	2	3	4	5	6	7	8	9	10	合计	平均值
样品	A												
	B												
评分差	d												
	d^2												

② 根据表9-14对不同企业生产的同一类型裱花蛋糕进行质量分级。

表 9-14 产品质量尺度表

质量等级	分数
优	85～100分
中	65～85分
差	65分以下

③ 利用 t 检验对汇总统计表进行分析，可以得出不同企业生产出来的同一类型裱花蛋糕的质量级别和它们之间的差异程度。用 t 检验进行解析，即

$$t=\frac{\overline{d}}{\sigma_e/\sqrt{n}} \tag{9-7}$$

$$\sigma_e=\sqrt{\frac{\sum(d_i-\overline{d})^2}{n-1}}=\sqrt{\frac{\sum d_i^2-(\sum d)^2/n}{n-1}} \tag{9-8}$$

以品评员自由度为 n 查 t 分布表（见附录四），查对应的临界值 t_n（0.05），若计算所得 t 值大于等于 t_n（0.05），则在 5% 显著水平下两样品间有显著差异，反之，无显著差异。

技能拓展

饼干是焙烤食品业中的主要产品之一，在我国已有几十年的发展历史。我国于 1988 年首次提出制定全国统一的饼干标准，根据当时饼干的特点共制定了十三项相关标准，于 1991 年颁布实施，2005 年进行修订。在饼干国家标准 GB 7100—2015《食品安全国家标准　饼干》中修订了饼干感官指标，如表 9-15 所示。

表 9-15　饼干感官要求

项目	要求	检验方法
色泽	具有产品应有的正常色泽	将样品置于白瓷盘中，在自然光下观察色泽和状态，检查有无异物。闻其气味，用温开水漱口后品其滋味
滋味、气味	无异嗅，无异味	
状态	无霉变、虫及其他正常视力可见的外来异物	

项目十　蛋及其制品的感官检验

背景知识

一、蛋及其制品概述

蛋分为鸡蛋、鸭蛋、鹅蛋或其他家禽产的蛋等。所谓蛋制品，是以禽蛋为原料加工而成的食品。依照蛋制品加工方法不同可分为四类，即再制蛋类、干蛋类、冰蛋类和其他蛋制品类。再制蛋类是指以鲜鸡蛋或其他禽蛋为原料，经纯碱、生石灰、盐或含盐的纯净黄泥、红泥、草木灰等腌制或用食盐、酒糟及其他配料糟腌等制成的蛋制品，如皮蛋、咸蛋、糟蛋。干蛋类是指以鲜鸡蛋或者其他禽蛋为原料，取其全蛋、蛋白或蛋黄部分，经加工处理（可发酵）、喷粉干燥制成的蛋制品，如巴氏杀菌鸡全蛋粉、鸡蛋黄粉、鸡蛋白片。冰蛋类是指以鲜鸡蛋或其他禽蛋为原料，取其全蛋、蛋白或蛋黄部分，经加工处理、冷冻制成的蛋制品，如巴氏杀菌冻鸡全蛋、冻鸡蛋黄、冰鸡蛋白。其他蛋制品类是指以禽蛋或上述蛋制品为主要原料，经特定加工工艺制成的其他蛋制品，如蛋黄酱、色拉酱。依照蛋制品加工流程，若一次性加工成终产品，有液体蛋、冷冻蛋、蛋粉等；需二次加工的蛋制品有皮蛋、咸蛋、糟蛋等。蛋及其制品营养含量见表10-1。

表10-1　100g蛋及其制品营养含量

食物名称	水分/g	蛋白质/g	脂肪/g	碳水化合物/g	热能/kcal①	钙/mg	磷/mg	铁/mg	维生素A（国际单位）	硫胺素/mg	核黄素/mg	烟酸/mg	抗坏血酸/mg
鸡蛋	71.0	14.7	11.6	1.6	170	55	210	2.7	1440	0,16	0.31	0.1	—
鸡蛋白	88.0	10.0	0.1	1.3	46	19	16	0.3	0	0	0.26	0.1	0
鸡蛋黄	78.5	13.6	30.0	1.3	530	134	532	7.0	3500	0.27	0.35	微量	0
鸡蛋粉(全)	1.9	42.2	34.5	13.4	533	186	710	9.1	4862	0.23	1.28	0.4	0
鸭蛋	7.0	8.7	9.8	10.3	164	71	210	3.2	1380	0.15	0.37	0.1	—
松花蛋	71.7	13.1	10.7	2.2	158	58	200	0.9	940	0.02	0.21	0.1	—
鹌鹑蛋	72.9	12.3	12.3	1.5	126	72	238	2.9	1000	0.11	0.86	0.3	—

① 1kcal＝4.1868×10^{3}J。

二、蛋及其制品的感官鉴别

鲜蛋的感官鉴别分为蛋壳鉴别和打开鉴别。蛋壳鉴别包括眼看、手摸、耳听、鼻嗅等方法，也可借助于灯光透视进行鉴别。打开鉴别是将鲜蛋打开，观察其内容物的颜色、稠度、性状、有无血液、胚胎是否发育、有无异味和臭味等。蛋制品的感官鉴别指标主要是色泽、外观形状、气味和滋味等。同时应注意杂质、异味、霉变、生虫和包装等情况，以及是否具有蛋品本身固有的气味或滋味。

任务一　鸡蛋新鲜度的感官检验

【任务目标】

1. 了解鲜蛋感官检验的基本内容；
2. 掌握鲜蛋感官检验的基本方法；
3. 能够在教师的指导下，以小组协作方式对鲜蛋进行感官检验。

【任务描述】

鸡蛋含有人体所需要的优质蛋白质、脂肪酸、糖类、矿物质和维生素等营养物质，是人类重要的营养动物性食品之一。但是鲜蛋具有鲜活的特点，它不停地进行着生理活动，在贮存过程中，容易受环境等许多因素的影响，尤其是在较高的气温和潮湿的环境中，不但会发生生物化学性质的变化，使其质量降低，而且促使微生物的生长繁殖，导致发生腐败变质，完全丧失其营养价值。此外，鲜蛋易于吸收周围环境的异味，蛋壳易于破裂。作为某食品公司的一名品评员，面对供货商所提供的鲜蛋样品，应如何鉴别其质量，应该以什么为评价标准对鲜蛋进行感官鉴评呢?

品评员的任务是对鲜蛋的质量进行分析评定，对鲜蛋的新鲜程度进行辨别，对有瑕疵的劣质鲜蛋进行鉴别，保证以此为原料生产出的产品的质量和安全。查阅国家标准，根据GB 2749—2015《食品安全国家标准　蛋与蛋制品》中提及的感官检验内容，从色泽、气味和状态三个方面对鲜蛋进行感官检验。对鲜蛋的感官检验包含蛋壳鉴别和打开鉴别，通过眼看、手摸、耳听、鼻嗅等方法对鲜蛋进行检验。感官检验是食品分析检验的第一步，若感官检验不合格则该样品直接判定为不合格。

知识准备

一、鲜蛋的感官要求

1. 蛋壳的感官评价

(1) 外观形状、色泽、清洁程度等

① 优质鲜蛋：蛋壳清洁、完整、无光泽，壳上有一层白霜，色泽鲜明。

② 次质鲜蛋分为一类和二类，一类次质鲜蛋：蛋壳有裂纹、格窝现象，蛋壳破损、蛋清外溢或壳外有轻度霉斑等；二类次质鲜蛋：蛋壳发暗，壳表破碎且破口较大，蛋清大部分流出。

③ 劣质鲜蛋：蛋壳表面的粉霜脱落，壳色油亮，呈乌灰色或暗黑色，有油样漫出，有

较多或较大的霉斑。

（2）表面粗糙度及轻重

① 优质鲜蛋：蛋壳粗糙，重量适当。

② 次质鲜蛋：一类次质鲜蛋，蛋壳有裂纹、格窝或破损，手摸有光滑感；二类次质鲜蛋，蛋壳破碎，蛋白流出，手掂重量轻，蛋拿在手掌上自转时总是一面向下（贴壳蛋）。

③ 劣质鲜蛋：手摸有光滑感，掂量时过轻或过重。

（3）蛋与蛋相互碰击声

① 优质鲜蛋：蛋与蛋相互碰击声音清脆，手握蛋摇动无声。

② 次质鲜蛋：蛋与蛋碰击发出哑声（裂纹蛋），手摇动时内容物有流动感。

③ 劣质鲜蛋：蛋与蛋相互碰击发出"嘎嘎"声（孵化蛋）、"空空"声（水花蛋），手握蛋摇动时内容物有晃动声。

（4）气味

① 优质鲜蛋：有轻微的生石灰味。

② 次质鲜蛋：有轻微的生石灰味或轻度霉味。

③ 劣质鲜蛋：有霉味、酸味、臭味等不良气味。

2. 鲜蛋的感官评价

① 优质鲜蛋：气室直径小于11mm，整个蛋呈微红色，蛋黄略见阴影或无阴影，且位于中央，不移动，蛋壳无裂纹。

② 次质鲜蛋：一类次质鲜蛋，蛋壳有裂纹，蛋黄部呈现鲜红色小血圈；二类次质鲜蛋，透视时可见蛋黄上呈现血环，环中及边缘呈现少许血丝，蛋黄透光度增强而蛋黄周围有阴影，气室大于11mm，蛋壳某一部位呈绿色或黑色，蛋黄部完整，散如云状，蛋壳膜内壁有霉点，蛋内有活动的阴影。

③ 劣质鲜蛋：透视时黄、白混杂不清，呈均匀灰黄色，蛋全部或大部不透光，呈灰黑色，蛋壳及内部均有黑色或粉红色斑点，蛋壳某一部分呈黑色且占蛋黄面积的1/2以上，有圆形黑影（胚胎）。

3. 鲜蛋打开评价

（1）颜色评价

① 优质鲜蛋：蛋黄、蛋清色泽分明，无异常颜色。

② 次质鲜蛋：一类次质鲜蛋，颜色正常，蛋黄有圆形或网状血红色，蛋清颜色发绿，其他部分正常；二类次质鲜蛋，蛋黄颜色变浅，色泽分布不均匀，有较大的环状或网状血红色，蛋壳内壁有黄中带黑的霉点，蛋清与蛋黄混杂。

③ 劣质鲜蛋：蛋内流体呈灰黄色、灰绿色或暗黄色，内杂有黑色霉斑。

（2）性状评价

① 优质鲜蛋：蛋黄呈圆形凸起而完整，并带有韧性，蛋清浓厚、稀稠分明，系带粗白而有韧性，并紧贴蛋黄的两端。

② 次质鲜蛋：一类次质鲜蛋，性状正常或蛋黄呈红色的小血圈或网状直丝；二类次质鲜蛋，蛋黄扩大、扁平，蛋黄膜增厚发白，蛋黄中呈现大血环，环中或周围可见少许血丝，蛋清变得稀薄，蛋壳内壁有蛋黄的粘连痕迹，蛋清与蛋黄相混杂（蛋无异味），蛋内有小的虫体。

③ 劣质鲜蛋：蛋清和蛋黄全部变得稀薄浑浊，蛋膜和蛋液中都有霉斑或蛋清呈胶冻样

霉变，胚胎形成长大。

(3) 气味评价

① 优质鲜蛋：具有鲜蛋的正常气味，无异味。

② 次质鲜蛋：具有鲜蛋的正常气味，无异味。

③ 劣质鲜蛋：有臭味、霉变味或其他不良气味。

二、鲜蛋的感官评定标准

GB 2749—2015《食品安全国家标准　蛋与蛋制品》对鲜蛋的感官要求从色泽、气味和状态进行了明确的规定，见表10-2。

表10-2　鲜蛋的感官标准

项目	要求	检测方法
色泽	灯光透视时整个蛋呈微红色；去壳后蛋黄呈橘黄色至橙色，蛋白澄清，透明，无其他异常颜色	取带壳鲜蛋在灯光下透视观察，去壳后置于白色瓷盘中，在自然光下观察色泽和状态，闻其气味
气味	蛋液具有固有的蛋腥味，无异味	
状态	蛋壳清洁完整，无裂纹，无霉斑，灯光透视时蛋内无黑点及异物；去蛋壳后蛋黄凸起完整并带有韧性，蛋白稀稠分明，无正常视力可见外来异物	

三、几种常见变质蛋的感官特征

1. 陈蛋

保存时间过长，蛋壳颜色发暗，失去蛋壳上的光泽，蛋壳表面变得光滑，摇动时蛋内有声响。照光检查，其透明度降低，出现暗影。

2. 散黄蛋

因蛋黄膜受损破裂造成的，打开后可看见蛋白、蛋黄混在一起，可分辨。此类蛋若无异味、蛋液较稠，则还可食用。

3. 水湿蛋

蛋黄颜色深浅不一或有大理石花纹。这是由于外蛋壳膜受破坏而失去了保护作用。此类蛋难保存，不宜久置，应尽早食用。

4. 霉蛋

蛋壳上有细小灰黑色点或黑斑，这是由于蛋壳表层的保护膜受到破坏，导致细菌侵入，引起了发霉变质，照光检查，则完全不透明。此类蛋不宜食用。

5. 贴皮蛋

因保存时间过长，蛋黄膜韧性变弱，导致蛋黄紧贴蛋壳。贴皮处呈红色者，还可食用；若贴皮处呈黑色并有异味，表明已腐败，不能食用。

6. 白蛋

蛋壳光滑、发亮，气孔大，孵化2～3天发现未受精的蛋，叫头照白蛋，可食用；孵化

10天左右拣出的未受精的蛋，叫二照白蛋，这时蛋内有血丝或血块，除去血丝、血块后，仍可食用。

7. 臭蛋

能闻到一股恶臭味。这种蛋也不透光，打开后臭气更大，蛋白、蛋黄浑浊不清，颜色黑暗。此类蛋有毒，不能食用。

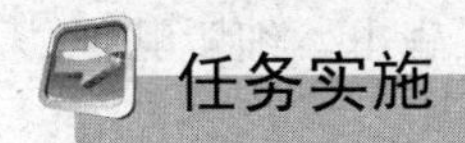

任务实施

一、品评方案设计

1. 评价方法

利用描述性检验法进行蛋壳感官评价、鲜蛋的灯光透视评价、鲜蛋打开评价。

2. 实验设计

对学生进行分组，一组设定为备样员，另一组设定为品评员。首先向品评员介绍实验样品的特性及其生产用途，然后提供一个典型样品让大家进行品评。在老师的引导下，选定4～8个能表达出该类产品的特征名词，并确定强度等级范围，通过评价统一学生的认识。在完成上述工作后，分组进行独立感官检验。之后双方互换工作任务。

3. 用具准备

手电筒、厚纸板、干燥洁净无异味的玻璃平皿、不同等级的鲜蛋若干个。

二、品评步骤

1. 实验分组

每组5人，轮流进入准备区和感官分析实验区。

2. 样品编号

备样员给每个样品随机编号。样品可以用数字、拉丁字母或字母和数字结合的方式进行编号。每个样品给3个编码，作为三次重复检验之用，随机数码取自随机数表，并按任意顺序供样。用A、B、C给3种等级的鲜蛋编号，装在事先准备的玻璃平皿中，用随机数编号，并统一呈送。

3. 品评结果记录表

示例见表10-3，也可另行设计。

表10-3 鲜蛋的品评结果记录表

样品名称：　　　　　　评价员姓名：　　　　　　检验日期：

项目＼样品编号			
色泽			
气味			
状态			

4. 品评

(1) 蛋壳的感官评价

① 眼看　手持样品，在自然光下用眼睛仔细观察蛋的外观形状、色泽、清洁程度等。

② 手摸　一手持样品，另一只手仔细触摸蛋的表面是否粗糙；将样品放在掌心掂量蛋的轻重；把蛋放在手掌心上翻转。

③ 耳听　把2只相同的鲜蛋样品拿在手上，轻轻抖动，使蛋与蛋相互碰击，细听其声，或是单手持蛋轻轻摇动，听其声音。

④ 鼻嗅　用嘴向蛋壳上轻轻哈一口热气，然后用鼻子嗅其气味。

(2) 鲜蛋的灯光透视评价　在自然光下，用手电筒围上暗色纸筒（照蛋端直径稍小于蛋），对着阳光直接观察。用手握住蛋体紧贴在手电筒的光线洞口上，前后上下左右来回轻轻转动，靠光线的帮助看蛋壳有无裂纹、气室大小、蛋黄移动的影子、内容物的透明度、蛋内异物，以及蛋壳内表面的霉斑、胚的发育等情况。

(3) 鲜蛋打开评价　将鲜蛋打开，将其内容物置于玻璃平皿上，在自然光下仔细观察蛋黄与蛋清的颜色、稠度、性状、有无血液、胚胎是否发育，并用鼻子轻轻嗅闻气味。

5. 注意事项

① 尽量减少不同样品在外形上的明显区别，如不同颜色的蛋壳和鲜蛋的大小，并保证呈送样品容器的外观的一致性，减少不相关信息对品评员造成的影响，尽量避免产生误差。

② 样品呈送顺序应该保证平均和随机的原则。“平均”是指每一种可能的组合呈送的次数相同，即鉴评组内的每一个样品在每个位置应该出现相同的次数。“随机”意味着根据机会出现的规律来选择组合出现的次序。

三、品评结果分析及优化

正确理解鲜蛋的感官描述词汇，将相应的词汇填入表10-3，总结出鲜蛋感官检验描述词汇。

任务思考

鲜蛋的感官评价内容包含哪些方面？

技能拓展

蛋新鲜度的快速检验法

(1) 密度测定法　新鲜蛋的密度在1.08～1.09g/cm³，陈旧蛋的密度降低，通过测定蛋的密度即可推断其新鲜程度。测定密度通常有以下两种方法。

① 将蛋放入11%盐水中，能浮起来的为新鲜蛋；沉入10%盐水的为稍新鲜蛋；浮于10%盐水，但沉于8%盐水的为倾向腐败蛋；浮于8%盐水的为腐败蛋。

② 取1000mL水，加入6g食盐，制成密度为1.027g/cm³的盐水，倒入平底玻璃缸内，把蛋放入盐水中进行观察：刚生产的鲜蛋横沉于缸底；生产后一周的鲜蛋沉于缸底时钝端稍朝上翘；次鲜蛋（普通蛋）沉于缸底、直立，钝端朝上；陈旧蛋浮于水中间，钝

端朝上；腐败蛋则钝端朝上浮于水面。

(2) 荧光检验法 用荧光灯发射的紫外线照在蛋上，观察蛋壳光谱的变化来鉴别蛋的鲜度。鲜蛋内容物的变化（如腐败、产生氨类物质等）将会引起光谱的变化。一般鲜蛋的内容物吸收紫外线后发射出红光，不新鲜蛋的内容物吸收紫外线发出比紫外线波长稍长的紫光。判定标准：鲜蛋呈紫红色；次鲜蛋呈橘红色或淡红色；变质蛋呈紫红色或淡紫色。

(3) pH 值测定法 蛋在贮存过程中，由于蛋内 CO_2 向外逸出，加之蛋白质在微生物和自溶酶的作用下不断分解，产生氨及氨态化合物，使蛋内 pH 值向碱性方向变化。因此，测定蛋白或全蛋的 pH 值有助于蛋新鲜度的鉴定。判断标准：将蛋打开，取 1 份蛋白（全蛋或蛋黄）与 9 份蒸馏水混合，用酸度计测定其 pH 值。新鲜鸡蛋的 pH 值为：蛋白 7.2～7.6，蛋黄 5.8～6.0，全蛋 6.5～6.8。

任务二　皮蛋的感官检验

【任务目标】

1. 了解皮蛋感官检验的基本内容；
2. 掌握皮蛋感官检验的基本方法；
3. 能够在教师的指导下，以小组协作方式对皮蛋进行感官检验。

【任务描述】

在皮蛋的生产中，由于运输振动、搬运不慎以及加工操作不规范等，会产生大量的破损皮蛋及其他质量安全问题。若皮蛋蛋壳破损，这些细菌就会进入皮蛋内部，进而危害消费者的安全。作为产品质量监督检验所食品检验中心的一名质检员，面对从市场上抽检得来的众多皮蛋样品，应如何鉴别其质量，应该以什么为评价标准对皮蛋进行感官鉴评呢?

品评员的任务是对皮蛋的质量进行分析评定，对皮蛋的新鲜程度进行辨别，对有质量问题的劣质皮蛋进行鉴别，保证消费者的健康安全。消费者在购买皮蛋后一般都是直接食用，所以皮蛋的质量与卫生直接关系到消费者的食用安全。查阅国家标准，根据 GB 2749—2015《食品安全国家标准　蛋与蛋制品》中提及的感官检验内容，从色泽、滋味、气味和状态四个方面对皮蛋进行感官检验。

知识准备

皮蛋是我国独创的一类生食食品，有着悠久的生产历史。皮蛋去壳后，蛋白透明光亮，呈棕褐色或茶色，有松花花纹镶嵌其中，故皮蛋又叫松花蛋。松花蛋食法简便，美味可口，风味独特，营养丰富，既保持了鲜蛋的营养价值，又便于储存保管，并具有清凉、解热消火、平肝明目、降血压、开胃等功效。由于皮蛋具有以上优点，所以深受消费者的喜爱，并且出口到世界二十多个国家和地区。

一、皮蛋的感官要求

1. 外观鉴别

优质皮蛋：外表泥状包料完整、无霉斑，包料剥掉后蛋壳也完整无破损；去掉包料后用手抛起约 30cm，自然落入手中有弹性感；晃时无动荡声。

次质皮蛋：外观无明显变化或裂纹，抛动实验弹性感差。

劣质皮蛋：包料破损不全或发霉；剥去包料后，蛋壳有斑点或破、漏现象，有的内容物已被污染；摇晃后有水荡声或感觉轻飘。

2. 灯光透照鉴别

优质皮蛋：呈玳瑁色，蛋内容物凝固不动。

次质皮蛋：蛋内容物凝固不动，或有部分蛋清呈水样，或气室较大。

劣质皮蛋：蛋内容物不凝固，呈水样，气室很大。

3. 蛋内容物鉴别

(1) 组织状态鉴别

① 优质皮蛋：整个蛋凝固、不粘连、清洁而有弹性，呈半透明的棕黄色，有松花样纹理；将蛋纵剖，可见蛋黄呈浅褐色或浅黄色，中心较稀。

② 次质皮蛋：内容物凝固不完全，或少量液化贴壳，或僵硬收缩；蛋清色泽暗淡，蛋黄呈墨绿色。

③ 劣质皮蛋：蛋清黏滑，蛋黄呈灰色糊状，严重者大部分或全部液化呈黑色。

(2) 气味与滋味鉴别

① 优质皮蛋：芳香，无辛辣味。

② 次质皮蛋：有辛辣气味或橡皮样味道。

③ 劣质皮蛋：有刺鼻恶臭味或有霉味。

二、皮蛋的感官评定标准

GB 2749—2015《食品安全国家标准　蛋与蛋制品》对皮蛋的感官要求从色泽、滋味、气味和状态进行了明确的规定，见表 10-4。

表 10-4　蛋制品的感官标准

项目	要求	检验方法
色泽	具有产品正常的色泽	取适量试样置于白色瓷盘中，在自然光下观察色泽和状态，尝其滋味，闻其气味
滋味、气味	具有产品正常的滋味、气味，无异味	
状态	具有产品正常的状态、形态，无酸败、霉变、虫及其他危害食品安全的异物	

中华人民共和国国家标准 GB/T 9694—2014《皮蛋》针对不同等级的皮蛋感官要求进行了更为详尽的阐述，见表 10-5。

表 10-5 皮蛋的感官要求

项目		等级		
		优级	一级	二级
外观		包泥蛋的泥层和稻壳薄厚均匀，微湿润，涂膜蛋的涂膜均匀，真空包装蛋封口严密，不漏气，涂膜蛋、真空包装蛋及光头蛋无霉变，蛋壳应清洁完整	包泥蛋的泥层和稻壳薄厚均匀，微湿润，涂膜蛋的涂膜均匀，真空包装蛋封口严密，不漏气，涂膜蛋、真空包装蛋及光头蛋无霉变，蛋壳清洁完整	包泥蛋的泥层和稻壳要求基本均匀，允许有少数露壳或干枯现象，涂膜蛋、真空包装蛋及光头蛋无霉变，蛋壳应清洁完整
蛋内品质	形态	蛋体完整，有光泽，有明显振颤感，松花明显，不粘壳或不粘手	蛋体完整，有光泽，略有振颤，有松花，不粘壳或不粘手	部分蛋体允许不够完整，允许有轻度粘壳或干缩现象
	颜色	蛋白呈半透明的青褐色或棕褐色，蛋黄呈墨绿色并有明显的多种色层	蛋白呈半透明的青褐色或棕褐色或棕色，蛋黄呈墨绿色，色层允许不够明显	蛋白允许呈不透明的深褐色或透明的黄色，蛋黄允许呈绿色，色层可不明显
	气味与滋味	具有皮蛋应有的气味与滋味，无异味，不苦、不涩、不辣，回味绵长	具有皮蛋应有的气味与滋味，无异味	具有皮蛋应有的气味与滋味，无异味，可略带辛辣味
破损率/% ≤		3	4	5

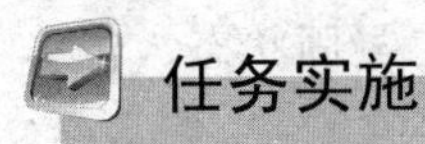

任务实施

一、品评方案设计

1. 评价方法

利用描述性检验法进行外观鉴别、灯光透明鉴别、皮蛋内容物鉴别。

2. 实验设计

首先向品评员介绍检验样品的特性及其品评要点，然后提供一个典型样品让大家进行品评。在老师的引导下，选定 4～8 个能表达出该类产品的特征名词，并确定强度等级范围，通过评价统一学生的认识。在完成上述工作后，分组进行独立感官检验。之后双方互换工作任务。

3. 用具准备

手电筒、厚纸板、干燥洁净无异味的玻璃平皿、小刀、砧板、不同等级的皮蛋若干个。

二、品评步骤

1. 实验分组

每组 5 人，轮流进入准备区和感官分析实验区。

2. 样品编号

用 A、B、C 给 3 种等级的皮蛋编号，装在事先准备的玻璃平皿中，用随机数编号，并统一呈送。

3. 品评结果记录表

示例见表10-6，供参考，也可自行设计。

表10-6　皮蛋的品评结果记录表

样品名称：　　　　　　评价员姓名：　　　　　　检验日期：

样品编号 项目			
色泽			
滋味、气味			
状态			

4. 品评

(1) 外观鉴别　在自然光下，仔细观察皮蛋的外表泥状包料是否完整，有无霉斑；再剥掉包料观察蛋壳是否完整无破损；继续剥壳后放入手掌用手掂量，感觉其弹性，或握蛋摇晃听其声音。

(2) 灯光透照鉴别　将皮蛋去掉包料后，按照鲜蛋的灯光透照法，在自然光下，用手电筒围上暗色纸筒（照蛋端直径稍小于蛋），对着阳光直接观察。用手握住蛋体紧贴在手电筒的光线洞口上，前后上下左右来回轻轻转动，靠光线的帮助观察蛋内颜色、凝固状态、气室大小等。

(3) 蛋内容物鉴别　剥去包料和蛋壳，将皮蛋打开，在自然光下仔细观察内容物色泽及性状；用小刀切开，取一小块样品，用鼻子嗅闻，放入口中缓慢咀嚼，品尝其滋味。

5. 注意事项

① 在同次感官检验中，呈送给每位品评员的样品，其编号最好互不相同。同一个样品应有几个号码，以防品评员间相互讨论结果。因为在检验过程中，如果有品评员做了检验，编码就有泄密的可能，这就会影响后来者的判断，导致检验结果出现偏差。

② 鉴评时可将样品的摆放顺序无规则化，避免所给样品的特性的连续性和对称性，如把不同优劣浓度的样品随机摆放，避免出现连续几个都是优劣程度升高或降低的循序，以防造成感官的倾向偏差。

三、品评结果分析及优化

正确理解鲜蛋的感官描述词汇，将相应的词汇填入表10-6，总结出鲜蛋感官检验描述词汇。

任务思考

请简述皮蛋感官评价方法。

技能拓展

咸蛋、糟蛋等产品的感官检验

一、咸蛋的感官检验

1. 外观鉴别

优质咸蛋：包料完整无损，剥掉包料后或直接用盐水腌制的可见蛋壳亦完整无损，无裂纹或霉斑，摇动时有轻度水荡漾感觉。

次质咸蛋：外观无显著变化或有轻微裂纹。

劣质咸蛋：隐约可见内容物呈黑色水样，蛋壳破损或有霉斑。

2. 灯光透视鉴别

咸蛋灯光透视鉴别方法同皮蛋。主要观察内容物的颜色、组织状态等。

优质咸蛋：蛋黄凝结、呈橙黄色且靠近蛋壳，蛋清呈白色水样透明。

次质咸蛋：蛋清尚清晰透明，蛋黄凝结呈现黑色。

劣质咸蛋：蛋清浑浊，蛋黄变黑，转动蛋时蛋黄黏滞，蛋质量更低劣者，蛋清蛋黄都发黑或全部溶解成水样。

3. 打开鉴别

优质咸蛋：生蛋打开可见蛋清稀薄透明，蛋黄呈红色或淡红色，浓缩黏度增强，但不硬固，煮熟后打开，可见蛋清白嫩，蛋黄口味有细沙感，富于油脂，品尝则有咸蛋固有的香味。

次质咸蛋：生蛋打开后蛋清清晰或为白色水样，蛋黄发黑黏固，略有异味，煮熟后打开，蛋清略带灰色，蛋黄变黑，有轻度的异味。

劣质咸蛋：生蛋打开或蛋清浑浊，蛋黄已大部分融化，蛋清蛋黄全部呈黑色，有恶臭味，煮熟后打开，蛋清灰暗或呈黄色，蛋黄变黑或散成糊状，严重者全部呈黑色，有臭味。

二、糟蛋的感官检验

糟蛋是将鸭蛋放入优良糯米酒糟中，经 2 个月浸渍而制成的食品。其感官鉴别主要是观察蛋壳脱落情况，蛋清、蛋黄颜色和凝固状态以及嗅、尝其气味和滋味。

优质糟蛋：蛋壳完全脱落或部分脱落，薄膜完整，蛋大而丰满，蛋清呈乳白色的胶冻状，蛋黄呈橘红色半凝固状，香味浓厚，稍带甜味。

次质糟蛋：蛋壳不能完全脱落，蛋内容物凝固不良，蛋清为液体状态，香味不浓或有轻微异味。

劣质糟蛋：薄膜有裂缝或破损，膜外表有霉斑，蛋清呈灰色，蛋黄颜色发暗，蛋内容物呈稀薄流体状态或糊状，有酸臭味或霉变气味。

三、蛋粉的感官检验

蛋粉为蛋液经喷雾干燥而成，为粉状或易松散的块状，分为全蛋粉、蛋黄粉和蛋白粉。蛋粉的感官检验主要有以下几个方面：

1. 色泽鉴别

优质蛋粉：色泽均匀，呈黄色或淡黄色。

次质蛋粉：色泽无改变或稍有加深。

劣质蛋粉：色泽不均匀，呈淡黄色至黄棕色不等。

2. 组织状态鉴别

优质蛋粉：呈粉末状或极易散开的块状，无杂质。

次质蛋粉：蛋粉稍有焦粒、熟粒，或有少量结块。

劣质蛋粉：蛋粉板结成硬块，霉变或生虫。

3. 气味鉴别

优质蛋粉：具有蛋粉的正常气味，无异味。

次质蛋粉：稍有异味，无臭味和霉味。

劣质蛋粉：有异味、霉味等不良气味。

四、蛋白干的感官检验

蛋白干是用鲜蛋洗净消毒后打蛋，所得蛋白液过滤、发酵，经氨水中和、烘干、漂白等工序制成的晶状食品。蛋白干的感官鉴别主要是观察其色泽、组织状态和嗅其气味。

1. 色泽鉴别

优质蛋白干：色泽均匀，呈淡黄色。

次质蛋白干：色泽暗淡。

劣质蛋白干：色泽不匀，显得灰暗。

2. 组织状态鉴别

优质蛋白干：呈透明的晶片状，稍有碎屑，无杂质。

次质蛋白干：碎屑比例超过20%。

劣质蛋白干：呈不透明的片状、块状或碎屑状，有霉斑或霉变现象。

3. 气味鉴别

优质蛋白干：具有纯正的鸡蛋清味，无异味。

次质蛋白干：稍有异味，但无臭味、霉味。

劣质蛋白干：有霉变味或腐臭味。

五、冰蛋的感官检验

冰蛋系蛋液经过滤、灭菌、装盘、速冻等工序制成的冷冻块状食品（冰蛋有冰全蛋、冰蛋白、冰蛋黄等）。冰蛋的感官鉴别主要是观察其冻结度和色泽，并在加温融化后嗅其气味。

1. 冻结度及外观鉴别

优质冰蛋：冰蛋块坚结、呈均匀的淡黄色，中心温度低于－15℃，无异物、杂质。

次质冰蛋：颜色正常，有少量杂质。

劣质冰蛋：有霉变或部分霉变，生虫或有严重污染。

2. 气味鉴别

优质冰蛋：具有鸡蛋的纯正气味，无异味。

次质冰蛋：有轻度的异味，但无臭味。

劣质冰蛋：有浓重的异味或臭味。

项目十一　食品感官检验综合应用训练

通过前面几个项目的学习，可知感官检验不仅可以很好地了解、掌握产品的各种性能，而且为产品的管理与控制提供了理论和实践依据。感官检验技术在食品工业中的应用主要体现在市场调查、生产过程中产品的质量控制及新产品开发等方面。

背景知识

一、市场调查

1. 市场调查的目的和要求

感官检验是市场调查中的重要组成部分，感官评价学的许多方法和技巧被大量运用于市场调查中。但市场调查不仅是为了了解消费者是否喜欢某种产品（即食品感官检验中的偏爱型实验结果)，更重要的是了解其喜欢的原因或不喜欢的理由，从而为开发新产品或改进产品质量提供依据。

市场调查的目的主要有两个方面：一是市场动向调查，通过了解市场走向，预测产品形式；二是市场接受程度调查，即了解试销产品的影响和消费者意见。两者都是以消费者为对象，所不同的是前者多是针对流行市场的产品而进行的，后者多是针对企业所研制的新产品而进行的。

2. 市场调查的场所和对象

市场调查的场所通常是在调查对象的家中。复杂的环境条件对调查过程和结果的影响是市场调查组织者所考虑的重要内容之一。

市场调查的对象原则上包括所有消费者，但每次市场调查都应根据产品的特点，选择特定的人群作为调查对象。如老年食品应以老年人为主；大众性食品应选低等、中等和高等收入家庭成员各 1/3。同时营销系统人员的意见也应引起足够的重视。

市场调查的人数每次不应少于 400 人，最好在 1500～3000 人。人员的选定以随机抽样的方式进行，也可采用整群抽样法或分等按比例抽样法。否则有可能影响调查结果的可信度。

3. 市场调查的方法

市场调查一般是通过调查人员与调查对象面谈来进行的。首先由组织者统一制作答题纸，把要进行调查的内容写在答题纸上。调查人员登门调查时，可以将答题纸交给调查对象并要求他们根据调查要求直接填写意见或看法；也可由调查人员根据答题要求与调查对象进行面对面问答或自由问答，并将答案记录在答题纸上。调查中常采用排序试验、选择试验、成对比较试验等方法，并将结果进行相应的统计分析，从而分析出可信的结果。

二、感官检验在食品生产各环节质量控制中的应用

1. 原材料的检验

食品中原材料质量的控制、进货的检验，特别是农副产品，很大程度上需要依靠感官检验来把关，以确定原料的分级和取舍。

食品原材料的感官检验通常采用分类检验法或评估检验法。当对样品打分有困难时用分类检验法可确定原材料品质的好坏级别；对那些有着具体的质量特征，且特征强度变化明显的样品，采用评估检验法可以对原材料进行分类，并可以得出具体的综合评分结果。

2. 生产过程检验

生产过程检验包含工艺条件的检验、控制和半成品的检验。重点检验样品与常规样或标准样有无差异及差异的大小。通常采用差别检验，如配对检验法、三点检验法、二-三点检验法。

3. 成品检验

成品质量包括多个方面，感官质量又是其中至关重要的内容。食品的感官品质主要包括色、香、味、外观形态、稀稠度等。描述性检验法用于成品感官质量的检验，对某批产品感官质量的趋向性质或质量异常的检验，则需要采用评估检验法或分类检验法。

4. 产品品质的研究

在产品品质管理及质量控制的环节中，产品的品质研究是其中重要的组成部分。了解产品感官质量的好坏，可采用差别检验法；分析产品感官指标的内容，可采用描述法；对某个指标的分析研究，则可采用排序法。

三、感官检验在新产品开发中的应用

食品加工企业要想不断开发出满足消费者需求的新产品，必须要进行市场调查，通过调查不仅可以了解消费者是否喜欢该类产品以及喜欢的程度，更重要的是可以了解消费者喜欢或者不喜欢的理由，以便于及时调整开发方向。一般调查都以问卷形式开展，采用感官检验中的描述性检验、喜好标度检验和成对比较检验等方法获得有效数据，再对数据进行处理分析，从而整理出新产品开发的正确思路。

有了市场的需求和正确的方向后即进入新产品的开发研制阶段。依据调查的结果，针对消费者对新产品色、香、味、外观、组织状态、包装形式和营养等多方面的需求进行开发。在研制过程中更是离不开感官检验，因为当研制出一个新的配方产品后，需及时请品评员和相关消费者采用描述性检验、成对比较检验等方法，对不同配方的样品进行品尝，给出相关评价和改进意见，以便于下一步的实施，并对产品不断完善。这一过程也许经过几十次甚至更多次的重复，直至研制出的产品能够满足大多数消费者的需求，此时产品的最终设计方案便可确定。

任务一　市场调查中的应用

【任务目标】

1. 了解市场调查的目的、要求、对象和场所；
2. 掌握市场调查中感官检验的常用方法；
3. 能够选择正确的方法组织开展市场调查感官检验；
4. 能够利用成对比较法进行感官检验，并对实验数据进行统计分析。

【任务描述】

为了提高工厂的现代化进程，某调料厂要更换一批加工烤肉用的调味酱设备，该工厂的经理想知道，用新设备生产出的调味酱和原来的调味酱是否有什么不同，以便确定新设备是否可以替换原有设备投入生产。

该任务的目的是确定用两种设备生产出来的调味酱是否在味道上存在不同。该实验属于差别实验，根据试验任务选定成对比较法中的差别成对比较法。国标方法为GB/T 12310—2012《感官分析成对比较检验》。

知识准备

一、成对比较检验法概述

1. 方法原理

成对比较检验法又称为两点检验法。它是以随机顺序同时提供两个样品给评价员，要求评价员对这两个样品进行比较，判定整个样品或某些感官特性强度顺序（或偏爱上的差异）的检验方法。

成对比较检验在结果统计上有两种形式，一种为定向成对比较法（属单边检验），另一种为差别成对比较法（也称为异同试验，属双边检验）。如果样品A的特性（或被偏爱的程度）明显优于B，即判断样品A比样品B的特性强度大（或更被偏爱）的概率大于判断样品B比A的特性强度大（或更被偏爱）的概率，即 $P_A > 1/2$，则该检验是成对单边检验。问答卷中提问方式为：两个样品中，哪个更……？样品组合为AB或BA。统计正确的答案数，查成对比较检验单边检验表，做统计判断。

如果没有理由认为A或B的特性强度（或被偏爱的程度）一定大于对方，则该检验是成对双边检验。问答卷中提问方式同上，样品组合为AB、BA、AA和BB。统计选A或B回答数中的最大值，查成对比较检验双边检验表，做统计判断。

2. 两种方法比较

定向成对比较法和差别成对比较法的差异如表11-1所示。

表 11-1　定向成对比较法和差别成对比较法的差异

特点	定向成对比较法(属单边检验)	差别成对比较法(属双边检验)
呈送顺序	样品以 AB 或 BA 呈现，概率相等	样品可能以 AB、BA、AA 和 BB 呈现，次数相同
评价员要求	对评价员要求高	评价员只需熟悉感官属性，不需接受属性的专门训练
方向性	检验是单向的	检验是双向的
适用范围	两个样品只在单一的所指定的感官方面有所不同时	产品由于供应不足而不能同时呈送 2 个或多个样品时
注意事项	①常用于食品的风味检验，如偏爱检验，也可应用于训练评价员 ②实验开始前先分清是单向的还是双向的。如果只关心两个样品是否相同，则用双边检验；如具体想知道样品的特性哪个更好、更受欢迎，则用单边检验 ③成对比较检验法具有强制性	

二、定向成对比较法和差别成对比较法的特点

1. 定向成对比较法

在定向成对比较试验中要求评价人员回答 2 个（1 对）样品在某一特性方面是否存在差异，比如甜度、酸度、色度、易碎度等。两个样品要同时呈送给评价员，要求评价员识别出在这一指定的感官属性上程度较高的样品。利用定向成对比较法检验两种样品时具有如下特点：

① 试验中，样品有两种可能的呈送顺序（AB、BA），且呈送顺序应该具有随机性，评价员先收到样品 A 或样品 B 的概率应相等。

② 评价员必须清楚地理解感官专业人员所指定的特定属性的含义。评价员不仅应在识别指定的感官属性方面受过专门训练，而且在如何执行问答卷所描述的任务方面也应受过训练。

③ 该检验是单向的。定向成对比较检验的对立假设是：如果感官评价员能够根据指定的感官属性区别样品，那么在指定属性方面程度较高的样品，由于高于另一样品，因此被选择的概率较高。该检验结果可给出样品间指定属性存在差别的方向。

④ 感官专业人员必须保证两个样品只在单一的所指定的感官属性方面有所不同，否则此检验法不适用。比如，提高蛋糕中的加糖量会使蛋糕变得比较甜，但同时会改变蛋糕的色泽和质地。在这种情况下，定向成对比较法并不是一种很好的区别检验方法。

2. 差别成对比较法

评价员每次得到 2 个（1 对）样品，被要求回答样品是相同还是不同。在呈送给评价员的样品中，相同和不相同的样品数是一样的。通过比较观察的频率和期望的频率，根据 χ^2 分布检验分析结果。

① 差别成对比较试验中，样品有 4 种可能的呈送顺序（AA、BB、AB、BA）。这些顺序应在评价员中交叉进行随机处理，每种顺序出现的次数相同。

② 评价员的任务是比较两个样品并判断它们是相同还是相似，这种工作比较容易进行。评价员只需熟悉评价的感官特性，可以理解评分单中所描述的任务，但他们不需要接受评价特定感官属性的训练。一般要求 20～50 名评价人员来进行试验，最多可以用 200 名。试验

人员要么都接受过培训，要么都没接受过培训，但在同一个试验中参评人员不能既有受过培训的也有没受过培训的。

③ 该检验是双边的。差别成对比较检验的对立假设规定：样品之间可觉察出不同，而且评价员可正确指出样品间是相同或不相同的概率大于50%。此检验只表明评价员可辨别两种样品，并不表明某种感官属性方向性的差别。

④ 当试验的目的是要确定产品之间是否存在感官上的差异，而产品由于供应不足不能同时呈送2个或多个样品时，选取此方法较好。

3. 成对比较检验法注意事项

① 成对比较检验法是最简便也是应用最广泛的感官检验方法，它常被应用于食品的风味检验，如偏爱检验。在偏爱检验中一般应了解两种样品间哪一种更受欢迎。在评价员的筛选、考核、培训中也常用成对比较检验法。

② 进行成对比较检验时，首先应分清是差别成对比较还是定向成对比较。如果检验目的只是关心两个样品是否不同，则是差别成对比较；如果想具体知道样品的特性哪一个更好、更受欢迎，则是定向成对比较。

③ 成对比较检验法具有强制性。在成对比较检验法中可能会有“无差异”的结果出现，一般情况下这是不允许的，因此要求评价员“强迫选择”，以促进鉴评员仔细观察分析，从而得出正确结论。尽管两者反差不强烈，但没有给评价员下“无差异”结论的权利，故必须给出一个结论。在评价员中可能出现“无差异”的反映，有这类人员时用强制选择可以增加得出有效结论的机会，即得出“显著结果”的机会。该法的缺点是鼓励评价员去猜测，不利于评价员客观地去记录“无差异”的结果，出现这种情况时，实际上是相当于减少了评价员的人数。因此要对评价员进行培训，以增强对样品的鉴别能力，减少这种错误的发生。

④ 因为该检验方法容易操作，没有受过培训的人都可以参加，但是必须熟悉要评价的感官特性。如果要评价的是某项特殊特性，则要使用受过培训的人员。

三、问答表的设计与做法

问答表的设计应和产品特性及试验目的相结合。常用的问答表如表11-2～表11-5所示。呈送给评价员两个带有编号的样品，要使组合形式AB和BA数目相等，并随机呈送，要求评价员从左到右尝样品，然后填写问答卷。

表11-2 差别成对比较检验问答表示例

姓名：______ 日期：______ 样品类型：______
试验指令： ①从左到右品尝你面前的两个样品 ②确定两个样品是相同还是不同 ③在以下相应的答案前面划√
______两个样品相同______两个样品不同
评语：

表 11-3　差别成对比较检验常用问卷示例

日期：＿＿＿＿＿　　姓名：＿＿＿＿＿ 检验开始前请用清水漱口。两组成对比较试验中各有两个样品需要评价，请按照呈送的顺序品尝各组中的编码样品，从左至右，由第一组开始。将全部样品摄入口中，请勿再次品尝。回答各组中的样品是相同还是不同，圈出相应的词。在两种样品品尝之间请用清水漱口，并吐出所有的样品和水。然后进行下一组的试验，重复品尝程序 组别 ①相同　不同 ②相同　不同

表 11-4　定向成对比较调查问卷示例

项目：＿＿＿＿＿　　姓名：＿＿＿＿＿ 检验开始之前，请用清水漱口，分别对两组定向成对比较试验中的两个样品进行评价。请按照样品呈送顺序品尝各组中编码的样品，从左到右，由第一组开始。将全部样品放入口中，请勿再次品尝。在每一对中圈出较甜样品的代码。在品尝一种样品后，即品尝下一个样品前，应用清水漱口，并吐出所有的样品和水。然后进行下一组品尝，重复品尝程序 组别 ①＿＿＿＿＿　　＿＿＿＿＿ ②＿＿＿＿＿　　＿＿＿＿＿

表 11-5　定向成对比较试验问答表示例

姓名：＿＿＿＿＿　　日期：＿＿＿＿＿ 试验指令：在你面前有 2 个样品，从左到右依次品尝这 2 个样品，在你认为甜的样品编号上画圈。你可以猜测，但必须有所选择 111　　　123

四、结果分析与判断

根据 A、B 两个样品的特性强度的差异大小，确定检验是差别成对比较还是定向成对比较。如果样品 A 的特性（或被偏爱的程度）明显优于 B，即评价员判断样品 A 比样品 B 的特性强度大的概率大于判断样品 B 比 A 的特性强度大的概率，即 $P_A>1/2$，例如两种饮料 A 和 B，其中饮料 A 明显甜于饮料 B，则该检验是定向成对比较（单边检验）。如果这两种样品有显著差别，没有理由认为 A 或 B 的特性强度（或被偏爱的程度）一定大于对方，则该检验是差别成对比较（双边检验）。

① 对于单边检验，统计有效回答表的正解数，此正解数与表 11-6 中相应的某显著性水平的数相比较，若大于或等于表中的数，则说明在此显著水平上样品间有显著性差异，或认为样品 A 的特性强度大于样品 B 的特性强度（或样品 A 更受偏爱）。反之则说明在此显著水平上样品间无显著性差异，或认为样品 A 的特性强度不大于样品 B 的特性强度。

② 对于双边检验，统计有效回答表的正解数，此正解数与表 11-7 中相应的某显著性水平的数相比较，若大于或等于表中的数，则说明在此显著水平上样品间有显著性差异，或认为样品 A 的特性强度大于样品 B 的特性强度（或样品 A 更受偏爱）。反之则说明在此显著水平上样品间无显著性差异，或认为样品 A 的特性强度不大于样品 B 的特性强度。

③ 当表中 $n>100$ 时，答案最少数按以下公式计算，取最接近的整数值。

$$X=\frac{n+1}{2}+K\sqrt{n} \tag{11-1}$$

式中 K 值如下所示：

显著水平	5%	1%	0.1%
单边检验 K 值	0.82	1.16	1.55
双边检验 K 值	0.98	1.29	1.65

表 11-6 二-三点检验和定向成对比较检验法检验表

答案数目 (n)	显著水平			答案数目 (n)	显著水平			答案数目 (n)	显著水平		
	5%	1%	0.1%		5%	1%	0.1%		5%	1%	0.1%
7	7	7	—	24	17	19	20	41	27	29	31
8	7	8	—	25	18	19	21	42	27	29	32
9	8	9	—	26	18	20	22	43	28	30	32
10	9	10	10	27	19	20	22	44	28	31	33
11	9	10	11	28	19	21	23	45	29	31	34
12	10	11	12	29	20	22	24	46	30	32	34
13	10	12	13	30	20	22	24	47	30	32	35
14	11	12	13	31	21	23	25	48	31	33	35
15	12	13	14	32	22	24	26	49	31	34	36
16	12	14	15	33	22	24	26	50	32	34	37
17	13	14	16	34	23	25	27	60	37	40	43
18	13	15	16	35	23	25	27	70	43	46	49
19	14	15	17	36	24	26	28	80	48	51	55
20	15	16	18	37	24	27	29	90	54	57	61
21	15	17	19	38	25	27	29	100	59	63	66
22	16	17	19	39	26	28	30				
23	16	18	20	40	26	28	31				

表 11-7 差别成对比较检验法检验表

答案数目 (n)	显著水平			答案数目 (n)	显著水平			答案数目 (n)	显著水平		
	5%	1%	0.1%		5%	1%	0.1%		5%	1%	0.1%
7	7	—	—	24	18	19	21	41	28	30	32
8	8	8	—	25	18	20	21	42	28	30	32
9	8	9	—	26	19	20	22	43	29	31	33
10	9	10	—	27	20	21	23	44	29	31	34
11	10	11	11	28	20	22	23	45	30	32	34
12	10	11	12	29	21	22	24	46	31	33	35
13	11	12	13	30	21	23	25	47	31	33	36
14	12	13	14	31	22	24	25	48	32	34	36
15	12	13	14	32	23	24	26	49	32	34	37
16	13	14	15	33	23	25	27	50	33	35	37
17	13	15	16	34	24	25	27	60	39	41	44
18	14	15	17	35	24	26	28	70	44	47	50
19	15	16	17	36	25	27	29	80	50	52	56
20	15	17	18	37	25	27	29	90	55	58	61
21	16	17	19	38	26	28	30	100	61	64	67
22	17	18	19	39	27	28	31				
23	17	19	20	40	27	29	31				

任务实施

一、品评方案设计

由于调味酱很辣，味道会延续一段时间，所以用白面包做辅助食品的差别成对检验是比较合适的方法。一共准备 60 对样品，30 对完全相同，另外 30 对不同。准备工作表和问答卷见表 11-8、表 11-9。

表 11-8　烤肉用调味酱异同检验准备工作表

<table>
<tr><td colspan="2">准备工作表
日期：</td></tr>
<tr><td colspan="2">样品类型：涂在白面包片上的烤肉用调味酱　试验类型：异同试验</td></tr>
<tr><td colspan="2">样品情况：A(原设备)　　B(新设备)
将用来盛放样品的 60×2＝120 个容器用 3 位随机号码编号，并将容器分为 2 排，一排装样品 A，另一排装样品 B，每位参评人员都会得到一个托盘，里面有两个样品和一张问答卷。准备托盘时将样品从左向右按以下顺序排列</td></tr>
<tr><td>品评人员编号</td><td>样品顺序</td></tr>
<tr><td>1</td><td>AA(用 3 位数字的编号表示)</td></tr>
<tr><td>2</td><td>AB</td></tr>
<tr><td>3</td><td>BA</td></tr>
<tr><td>4</td><td>BB</td></tr>
<tr><td colspan="2">依次类推直到 60</td></tr>
</table>

表 11-9　烤肉用调味酱异同检验问答卷

<table>
<tr><td>异同试验
姓名：　　日期：
样品类型：涂在白面包片上的烤肉用调味酱</td></tr>
<tr><td>试验指令：
①从左向右品尝你面前的两个样品
②确定两个样品是相同的还是不同的
③在以下相应答案前面划“√”</td></tr>
<tr><td>两个样品相同　两个样品不同</td></tr>
<tr><td>评语：</td></tr>
</table>

二、品评步骤

在光线充足、空气清洁无异味的检验室中，品评员互不打扰，单独进行试验，按照从左到右的顺序，取涂有少量烤肉用调味酱样品的白面包片放在口内进行品评。在两种样品品尝之间用清水漱口，并吐出所有的样品和水。然后进行下一组的试验，重复品尝程序。

三、品评结果分析及优化

若经过差别成对检验得到某两种样品的评价结果见表 11-10，经计算结果如下：

表 11-10　差别成对检验结果

评价人员的回答	评价人员得到的样品		总计
	相同的样品	不同的样品	
	AA 或 BB	AB 或 BA	
相同	17	9	26
不同	13	21	34
总计	30	30	60

$$\chi^2=\sum(O_{ij}-E_{ij})^2/E_{ij} \tag{11-2}$$

式中　O——观察值；

E——期望值；

E_{ij}——(i 行的总和)(j 列的总和)/总和。

相同产品 AA/BB 的期望值：$E=26\times30/60=13$。

不同样品 AB/BA 的期望值：$E=34\times30/60=17$。

$\chi^2=(17-13)^2/13+(9-13)^2/13+(13-17)^2/17+(21-17)^2/17=4.34$

设 $\alpha=0.05$，由 χ^2分布表，$f=1$（因为 2 个样品，自由度为样品数减去 1），查到 χ^2的临界值为 3.84，4.34>3.84，所以，两个样品之间存在显著差异。

四、结果解释

通过试验可以告诉经理，由两种设备生产出来的调味酱是不同的，如果真的想替换原有设备，可以进一步将两种产品进行消费者试验，以确定消费者是否愿意接受新设备生产出来的产品。

任务思考

差别成对检验法和定向成对检验法在应用上的差别是什么？

任务二　产品质量控制中的应用

【任务目标】

1. 掌握食品质量控制中感官检验的基本方法——五中取二检验法；
2. 能够选择正确的方法组织开展产品质量控制感官检验；
3. 能利用五中取二检验法进行感官检验，并对试验数据进行统计分析。

【任务描述】

饼干生产中为了节省成本，要用一种氢化植物油替换现有配方中的另一种起酥油，市场部想在产品进行消费者试验之前知道，用这两种配方制成的产品是否存在视觉上的差异。

该任务的目标是确定这两种饼干是否在外观上存在统计学上的差异。可以采用五中取二检验法来检验两种产品之间的差异。五中取二检验法要求品评员通过视觉、听觉和触觉等方面对样品进行检验，从而评判出哪种样品在感官上更好。

知识准备

一、五中取二检验法概述

五中取二检验法即同时提供给每个评价员 5 个以随机顺序排列的样品，其中 2 个是相同的，另外 3 个是相同的，要求评价员在评定之后，将 2 个相同的产品挑选出来。五中取二检验法和三点检验法一样，也是用来确定产品之间是否存在差异。

二、特点

① 此检验方法可识别出两样品间的细微感官差异。从统计学上讲，在这个试验中单纯猜中的概率是 1/10，而不是三点试验的 1/3、二-三检验的 1/2，因此统计上更具有可靠性。

② 人数不是要求很多，通常只需 10 人左右或稍多一些。当评价员人数少于 10 个时，多用此方法。

③ 在每次评定试验中，样品的呈送有一个排列顺序，其可能的组合有 20 个，如：AAABB、ABABA、BBBAA、BABAB、AABAB、BAABA、BBABA、ABBAB、ABAAB、ABBAA、BABBA、BAABB、BAAAB、BABAA、ABBBA、ABABB、AABBA、BBAAA、BBAAB、AABBB。

④ 该方法在测定上更为经济，统计学上更具有可靠性，但在评定过程中容易出现感官疲劳。

三、问答表设计与做法

在五中取二检验法试验中，一般常用的问答表如表 11-11 所示。

四、结果分析与判断

根据试验中正确作答的人数，查表得出五中取二试验正确回答人数的临界值，最后做比较。假设有效鉴评表数为 n，回答正确的鉴评表数为 k，查表 11-12 中 n 栏的数值。若 k 小于这一数值，则说明在 5% 显著水平两种样品间无差异。若 k 大于或等于这一数值，则说明在 5%显著水平两种样品有显著差异。

表 11-11　五中取二检验问答表

姓名：　　　　　　　　　　　　　　　　日期：

试验指令：

①按以下的顺序观察或感觉样品，其中有 2 个样品是同一种类型的，另外 3 个样品是另外一种类型

②测试之后，在你认为相同的两种样品的编码后面划“√”

编号评语

862 ________　　　　　　________

568 ________　　　　　　________

689 ________　　　　　　________

368 ________　　　　　　________

542 ________　　　　　　________

表 11-12　五中取二检验法检验表（$\alpha=5\%$）

评价员数(n)	正答最少数(k)	评价员数(n)	正答最少数(k)	评价员数(n)	正答最少数(k)
9	4	23	6	37	8
10	4	24	6	38	8
12	4	25	6	39	8
12	4	26	6	40	8
13	4	27	6	41	8
14	4	28	7	42	9
15	5	29	7	43	9
16	5	30	7	44	9
17	5	31	7	45	9
18	5	32	7	46	9
19	5	33	7	47	9
20	5	34	7	48	9
21	6	35	8	49	10
22	6	36	8	50	10

任务实施

一、品评方案设计

筛选 10 名参评人员，以确定他们在视力上和对颜色的识别上没有差异。将样品放在白瓷盘中，以白色作为背景，在白炽灯光下进行试验。每个样品随机编号，让评定者回答哪两个样品相同，而不同于其他三个样品，问答表见表 11-11。

二、品评步骤

将饼干样品置于干净的白瓷盘上，从左至右依次拿起瓷盘观察其色泽，并将结果填入问

答表中。

三、品评结果分析及优化

统计在10名品评员当中，有3人正确选出了相同的两个样品，然后查表11-12，可知，$n=10$一栏得到正确答案的最少数为4，大于3，说明这两批原料的质量无差别。

四、结果解释

应该告知该生产商，这两种产品在视觉上无显著差异。

任务思考

五中取二检验法的概念是什么?

任务三　新产品开发中的应用

【任务目标】

1. 掌握新产品开发中感官检验的基本方法——质地剖面检验法的应用；
2. 能够选择正确的方法组织开展新产品开发感官检验；
3. 能够正确运用质地剖面检验法对新产品进行感官检验；
4. 能够正确绘制质地剖面雷达图。

【任务描述】

某饼干公司新开发出一种软式曲奇，为了凸显产品的特色，需对产品的质地特征进行剖析。

该工作任务的目的是确定软式曲奇的质地特征，可采用描述性分析法中的质地剖析法进行。国标为GB/T 16860—1997《感官分析方法质地剖面检验》。

知识准备

一、质地剖面描述分析概述

质地剖面描述分析（texture profile）是通过系统分类、描述产品所有的质地特性（机械的、几何的和表面的）以建立产品的质地剖面的一种检验方法。此法根据产品的机械特性、几何特性、表面特性和主体特性对食品的质地进行分析。本方法适用于食品（固体、半固体、液体）或非食品类产品（如化妆品），并且特别适用于固体食品。

二、特点

1. 是一个动力学过程

质地由不同特性组成，根据每一特性的显示强度及其显示顺序，可将质地特性分为4类：机械特性、几何特性、表面特性和主体特性。该法就是在此基础上描述从产品入口前到被咀嚼吞咽过程的5个阶段（咀嚼前、咬第一口、咀嚼阶段、剩余阶段、吞咽阶段）中人所能感知的产品质地特性、特性的强度和出现的顺序。食品特性显示顺序如表11-13所示。

表 11-13　食品特性显示顺序

序号	评价阶段	具体内容
1	咀嚼前或没有咀嚼	通过视觉或触觉(皮肤、手、嘴唇)来感知所有几何的、水分和脂肪特性
2	咬第一口	在口腔中感知到机械的和几何的特性,以及水分和脂肪特性
3	咀嚼阶段	在咀嚼和/或吸收期间,由口腔中的触觉接受器来感知特性
4	剩余阶段	在咀嚼和/或吸收期间产生的变化,如破碎的速率和类型
5	吞咽阶段	吞咽的难易程度,并对口腔中残留物进行描述

2. 必须建立一些术语用以描述任何产品的质地

传统的方法是，术语由评价小组通过对一系列代表全部质地变化的特殊产品的样品的评价得到。在培训课程的开始阶段，应提供给评价员一系列范围较广的简明扼要的术语，以确保评价员能尽量描述产品的单一特性。最后，评价员将适用于样品质地评价的术语列出一个表格。

评价员在评价小组组长的指导下讨论并编制大家可共同接受的术语。定义术语表时应考虑以下几点：术语是否已包括了产品的所有特性；一些术语是否意义相同并可被组合或删除；评价小组每个成员是否均同意术语的定义和使用。

3. 需事先选择参照样品

(1) 参照样品的标度　基于产品质地特性的分类，建立了标准比率标度，列出了用于量化每一感官质地特性强度的参照产品的基本定义，以提供评价产品质地特性的定量方法（见表11-14）。

表 11-14　标准硬性标度的例子

一般术语	比率值	参照样品	类型	尺寸	温度
软	1	奶油奶酪		$1.25cm^3$	
	2	鸡蛋白	大火烹调5min		
	3	法兰克福香肠	去皮、大块、未煮过		
	4	奶酪	黄色、加工过		
	5	绿橄榄	大个的、去核		
	6	花生	真空包装、开胃品型		
	7	胡萝卜	未烹调		
	8	花生糖	糖果部分		
硬	9	水果硬糖			

(2) 参照样品的选择 所选理想参照样品应为：包括对应于标度上每点的特定样品；具有质地特性的期望强度，并且这种质地特性不被其他质地特性掩盖；易得到；有稳定的质量；是较熟悉的产品或熟知的品牌；仅需很少的制备即可评价；质地特性在较小的温度变化下或较短时间贮藏时仅有极小变化。

三、问答表的设计与做法

以部分淡水鱼的质地评价描述词汇、定义及参照样为例展示质地剖面法问答表的设计，如表 11-15 所示。将最终产品质地剖析结果填入表 11-16。

表 11-15 部分淡水鱼的质地评价描述词汇、定义及参照样

质地指标	定义	参照样
咀嚼次数	是样品在口腔中破碎速度的指标。按照 1s/次的速度咀嚼，只用一侧牙齿。每个品评员找出自己的咀嚼次数同 1～10 点标尺的对应关系	
食物团的紧凑性	咀嚼过程中，食物团聚集在一起（成团状）的程度	棉花软糖＝3，热狗＝5，鸡胸肉＝8
纤维性	咀嚼过程中，肌肉组织成丝状或条状的感觉	热狗＝2，火鸡＝5，鸡胸肉＝10
坚实性	将样品用臼齿咬断所需的力	热狗＝4，鸡胸肉＝9
自我聚集力（口感）	将样品放在口腔中咀嚼，用舌头将丝状的样品分开所需的力	鸡胸肉＝1，火鸡＝6
自我聚集力（视觉/手感）	用工具，如叉子，将样品分成小块所需的力	火鸡＝2，灌装金枪鱼＝5
胶黏性	黏稠而又光滑的液体性质	Knox 牌的明胶水溶液＝7
多汁性		
起始阶段——水分的释放	咬样品时释放出的水分情况	热狗＝5
中间阶段——水分的保持	咀嚼 5 次之后，食物团上的液体情况	火鸡＝4，热狗＝7
终了阶段——水分的保持和吸收情况	在吞咽之前，食物团上的液体情况	Nabisco 无盐苏打饼干＝3，热狗＝7
残余颗粒	咀嚼和吞咽结束之后，口腔中的颗粒状、片状或纤维状残余	蘑菇＝3，鸡胸肉＝8

表 11-16 产品最终质地剖析结果

质地指标	虹鳟	鳕鱼	草鱼	银鲑	河鲶	大口鲈鱼
咀嚼次数						
食物团的紧凑性						
纤维性						
坚实性						

续表

质地指标	虹鳟	鳕鱼	草鱼	银鲑	河鲶	大口鲈鱼
自我聚集力(口感)						
自我聚集力(视觉/手感)						
胶黏性						
多汁性						
起始阶段						
中间阶段						
终了阶段						
残余颗粒						

四、结果分析与判断

该方法的程序主要包括评价前的统一认识、质地特性描述词的确定、质地特性顺序的确定、质地特性标度参照样体系的确定、标度的训练与考核、样品质地特性的评价 6 个步骤。在建立标准的评价技术时，要考虑产品正常消费的一般方式，包括：

① 食物放入口腔中的方式（用前齿咬、用嘴唇从勺中舔、整个放入口腔中）。

② 弄碎食品的方式（只用牙齿嚼、在舌头或上腭间摆弄、用牙咬碎一部分然后用舌头摆弄并弄碎其他部分）。

③ 吞咽前所处状态（食品通常作为液体、半固体，作为唾液中微粒被吞咽）。

所使用的评价技术应尽可能与食物通常的食用条件相符合。一般使用类属标度、线性标度或比率标度表示评价结果。图 11-1 是质地评价技术的使用步骤。

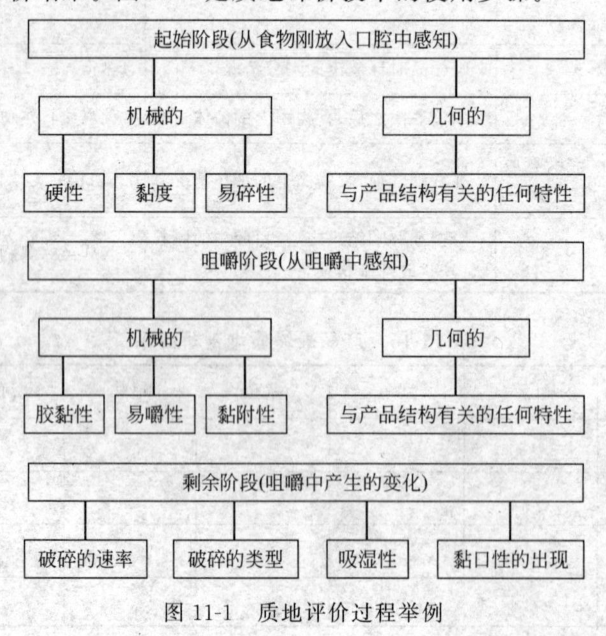

图 11-1　质地评价过程举例

任务实施

一、品评方案设计

品评小组由10名受过培训并有过类似品评经验的品评人员组成，在正式实验前进行大约5h的简单培训，对各种参照物和可能出现的各种质地词汇进行熟悉。由感官分析师按照表11-17详细介绍评价步骤、评价技巧、特性定义、要点和注意事项，并演示全过程。

表11-17　曲奇质地特性、定义及其评价技巧

特点	定向成对比较法(属单边检验)	差别成对比较法(属双边检验)
呈送顺序	样品以AB或BA呈现,概率相等	样品可能以AB、BA、AA和BB呈现次数相同
评价员要求	对评价员要求高	评价员只需熟悉感官属性,不需接受属性的专门训练
方向性	检验是单向的	检验是双向的
适用范围	两个样品只在单一的所指定的感官方面有所不同时	产品由于供应不足而不能同时呈送2个或多个样品时
注意事项	①常用于食品的风味检验,如偏爱检验,也可应用于训练评价员 ②实验开始前先分清是单向的还是双向的。如果只关心两个样品是否相同,则用双边检验;如具体想知道样品的特性哪个更好、更受欢迎,则用单边检验 ③成对比较检验法具有强制性	

二、品评步骤

使用1～5点标尺，1表示刚刚感觉到，5表示程度很大。品尝时首先对样品进行观察，然后咬第一口，评价口感，再咬第二口，评价各项指标出现的顺序，然后再咬第三口来确定各项质地指标的强度。个人评价结束后，进行小组讨论。以上过程重复3～4次，得出最终结果。按照回答表11-18的要求评价样品。

表11-18　曲奇质地剖面评价回答表

评价员：　日期：　轮次：　编码：		
特性	强度描述	您选择的强度
干湿性	1—干的、2—较干的、3—适中、4—较油的、5—油的	
硬性	1—软的、2—较软的、3—软硬适中的、4—较硬的、5—硬的	
碎裂性	1—不易碎的、2—较易碎的、3—易碎的	
黏附性	1—不黏、2—有点黏、3—黏	
聚集性	1—弱的(分散的)、2—较弱的(颗粒状的、粉状的)、3—适中的(块状感的)、4—较强的(糊状的)、5—强的(成团的)	
提示语： 请在理解表11-17及各特性强度描述的基础上选择您认为合适的强度		
谢谢您的参与！		

三、品评结果分析及优化

由评价小组讨论统一的描述词，见表 11-19。评价后得到样品的质地剖面图 11-2。

表 11-19　评价小组统一确定的曲奇质地特性描述词

曲奇质地特性	描述词
干湿性	较湿的
硬性	软的
碎裂性	较易碎的
黏附性	有点黏附
聚集性	成团的

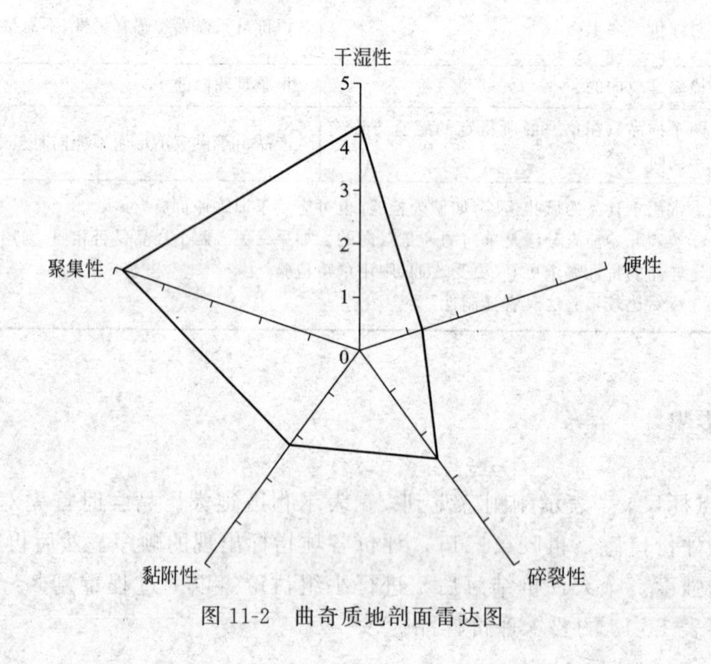

图 11-2　曲奇质地剖面雷达图

四、结果解释

经评价小组评价，该曲奇产品突出的质地特性按其出现顺序依次为：干湿性、硬性、碎裂性、黏附性、聚集性。特征强度表现为：干湿性、碎裂性较强，硬性、黏附性适中，聚集性强。

任务思考

简述质地剖面雷达图的绘制过程。

附　录

附录一　常见食品的感官鉴别方法

1. 谷物类及其制品鉴别

感官鉴别谷类质量的优劣时，一般依据色泽、外观、气味、滋味等项目进行综合评价。眼睛观察可感知谷类颗粒的饱满程度，是否完整均匀，质地的紧密与疏松程度，以及其本身固有的正常色泽，并且可以看到有无霉变、虫蛀、杂物、结块等异常现象，鼻嗅和口尝则能够体会到谷物的气味和滋味是否正常，有无异臭异味。其中，注重观察其外观与色泽在对谷类做感官鉴别时有着尤其重要的意义。

2. 蛋类及蛋制品的鉴别

鲜蛋的感官鉴别分为蛋壳鉴别和打开鉴别。蛋壳鉴别包括眼看、手摸、耳听、鼻嗅等方法，也可借助灯光透视进行鉴别。打开鉴别是将鲜蛋打开，观察其内容物的颜色、稠度、性状、有无血液、胚胎是否发育、有无异味和臭味等。

蛋制品的感官鉴别指标主要是色泽、外观形态、气味和滋味等。同时应注意杂质、异味、霉变、生虫和包装等情况，以及是否具有蛋品本身固有的气味或滋味。

3. 乳类及乳制品的鉴别

感官鉴别乳及乳制品，主要指的是眼观其色泽和组织状态、嗅其气味和尝其滋味，应做到三者并重，缺一不可。

对于乳而言，应注意其色泽是否正常、质地是否均匀细腻、滋味是否纯正以及乳香味如何。同时应留意杂质、沉淀、异味等情况，以便做出综合性的评价。

对于乳制品而言，除注意上述鉴别内容而外，有针对性地观察了解诸如酸乳有无乳清分离、奶粉有无结块、奶酪切面有无水珠和霉斑等情况，对于感官鉴别也有重要意义。必要时可以将乳制品冲调后进行感官鉴别。

4. 畜禽肉及肉制品鉴别

肉类制品包括灌肠（肚）类、酱卤肉类、烧烤肉类、肴肉、咸肉、腊肉等。在鉴别和挑选这类食品时，一般是以外观、色泽、组织状态、气味和滋味等感官指标为依据的。应当留意肉类制品的色泽是否鲜明，有无加入人工合成色素；肉质的坚实程度和弹性如何，有无异臭、异物、霉斑等；是否具有该类制品所特有的正常气味和滋味。其中注意观察肉制品的颜色、光泽是否有变化、品尝其滋味是否鲜美、有无异味在感官鉴别过程中尤为重要。

5. 豆制品及筋粉品鉴别

豆制品的感官鉴别，主要是依据观察其色泽、组织状态、嗅闻其气味和品尝其滋味来进行的。其中应特别注意其色泽有无改变、手摸有无发黏的感觉以及发黏程度如何，不同品种的豆制品具有本身固有的气味和滋味，气味和滋味对鉴别豆制品很重要，一旦豆制品变质，即可通过鼻和嘴感觉到，故在鉴别豆制品时，应有针对性地注意鼻嗅和品尝，不可一概而论。

6. 水产品及其制品鉴别

感官鉴别水产品及其制品的质量优劣时，主要是通过体表形态、鲜活程度、色泽、气味、肉质的弹性和洁净程度等感官指标来进行综合评价的。对于水产品来讲，首先是观察其鲜活程度如何，是否具备一定的生命活力；其次是看外观形体的完整性，注意有无伤痕、鳞爪脱落、骨肉分离等现象；再次是观察其体表卫生洁净程度，即有无污秽物和杂质等。然后才是看其色泽，嗅其气味，有必要的话还要品尝其滋味。综上所述再进行感官评价。对于水产制品而言，感官鉴别也主要是外观、色泽、气味和滋味几项内容。其中是否具有该类制品的特有的正常气味与风味，对于做出正确判断有着重要意义。

7. 植物油料与油脂鉴别

植物油脂的质量优劣，在感官鉴别上也可大致归纳为色泽、气味、滋味等几项，再结合透明度、水含量、杂质沉淀物等情况进行综合判断。其中眼观油脂色泽是否正常，有无杂质或沉淀物，鼻嗅是否有霉、焦、哈喇味，口尝是否有苦、辣、酸及其他异味，是鉴别植物油脂好坏的主要指标。植物油脂还可以进行加热试验，当有油脂酸败时油烟浓重而呛人。

8. 蜂蜜类及其制品鉴别

在对蜂蜜进行感官鉴别时，主要是凭借以下几方面的依据，首先是观察其颜色深浅，是否有光泽以及其组织状态是否呈胶体状，黏稠程度如何，同时注意有无沉淀、杂质、气泡等，然后是嗅其气味是否清香宜人，有没有发酵酸味、酒味等异味。最后是品尝其滋味，感知味道是否清甜纯正，有无苦涩、酸和金属味等不良滋味以及麻舌感等。

9. 糕点类及油炸品鉴别

在对糕点质量的优劣进行感官鉴别时，应该首先观察其外表形态与色泽，然后切开检查其内部的组织结构状况，留意糕点的内质与表皮有无霉变现象，感官品评糕点的气味与滋味时，尤其应该注意以下三个方面：一是有无油脂酸败带来的哈喇味，二是口感是否松软利口，三是咀嚼时有无矿物性杂质带来的砂声。

10. 糖与糖果制品鉴别

在感官鉴别糖与糖果的质量优劣时，主要凭借的就是色泽、组织状态、气味和滋味四个指标。对于食糖，可以先通过目测来检查其中是否混有杂质，晶粒如何，光泽度怎样，以及是否有吸潮结块或溶化现象。由于不同种类的食糖通过各不相同的工艺处理过程所产生的颜色各异，而且又都属于本身固有的正常色泽，故不宜将目测所见作为主要的判断依据，而应着重于鼻嗅和口尝，看气味是否纯正清爽，有无酸败味、霉味等。注意滋味是否和顺鲜甜，有无焦苦等异味。对于糖果，则应按照先观察颜色是否正常，组织状态是否光泽，完整、软硬适度，然后嗅其气味，再品其滋味的顺序进行识别，依据四者做综合评价。

11. 罐头类鉴别

根据罐头的包装材质不同，可将市售罐头粗略分为马口铁听装和玻璃瓶装两种。所有罐头的感官鉴别都可以分为开罐前与开罐后两个阶段。

开罐前的鉴别主要依据眼看容器外观、手捏（按）罐盖、敲打听音和漏气检查四个方面进行，具体而言就是：

① 眼看鉴别法。主要检查罐头封口是否严密，外表是否清洁，有无磨损及锈蚀情况，如外表污秽、变暗、起斑、边缘生锈等。如是玻璃瓶罐头，可以放置在明亮处直接观察其内部质量情况，轻轻摇动后看内容物是否块形整齐、汤汁是否浑浊、有无杂质异物等。

② 手捏鉴别法。主要检查罐头有无胖听现象。可用手指按压马口铁罐头的底和盖，玻璃瓶罐头按压瓶盖即可，仔细观察有无胀罐现象。

③ 敲听鉴别法。主要用以检查罐头内容物质量情况，可用小木棍或手指敲击罐头的底盖中心，听其声响鉴别罐头的质量。良质罐头的声音清脆，发实音；次质和劣质罐头（包括内容物不足、空隙大的）声音浊、发空音，即“破破”的沙哑声。

④ 漏气鉴别法。罐头是否漏气，对于罐头的保存非常重要。进行漏气检查时，一般是将罐头沉入水中用手挤压其底部，如有漏气的地方就会发现小气泡。但检查时罐头淹没在水中不要移动，以免小气泡看不清楚。

开罐后的感官鉴别指标主要是色泽、气味、滋味和汤汁。首先应在开罐后目测罐头内容物的色泽是否正常，这里既包括了内容物又包括了汤汁，对于后者还应注意澄清程度、杂质情况等。其次是嗅其气味，看是否为该品种罐头所特有，然后品尝滋味，由于各类罐头的正常滋味人们都很熟悉和习惯，而且这项指标不受环境条件和工艺过程的过多影响，因此品尝一种罐头是否具有本固有的滋味，在感官鉴别时具有特别重要的意义。

12. 酒水类鉴别

在感官鉴别酒类的真伪与优劣时，应主要着重于酒的色泽、气味与滋味的测定与评价。对瓶装酒还应注意鉴别其外包装和注册商标。在目测酒类色泽时，应先对光观察其透明度，并将酒瓶颠倒，检查酒液中有无杂质下沉、有无悬浮物等，然后再倒入烧杯内在白色背景下观察其颜色。对啤酒进行感官检查时，应首先注意啤酒的色泽有无改变，失光的啤酒往往意味着质量的不良改变，必要时应该用标准碘溶液进行对比，以观察其颜色深浅，开瓶注入杯中时，要注意其泡沫的密聚程度与挂杯时间。酒的气味与滋味是评价酒质优劣的关键性指标，这种检查和品评应在常温下进行，并应在开瓶注入杯中后立即进行。

13. 蔬菜类鉴别

从蔬菜色泽看，各种蔬菜都应具有本品种固有的颜色，大多数有发亮的光泽，以此显示蔬菜的成熟度及鲜嫩程度。除杂交品种外，别的品种都不能有其他因素造成的异常色泽及色泽改变。从蔬菜气味看，多数蔬菜具有清馨、甘辛香、甜酸香等气味，可以凭嗅觉识别不同品种的质量，不允许有腐烂变质的亚硝酸盐味和其他异常气味。从蔬菜滋味看，因品种不同而各异，多数蔬菜滋味甘淡、甜酸、清爽鲜美，少数具有辛酸、苦涩等特殊风味以刺激食欲，如失去本品种原有的滋味即为异常，但改良品种应该除外，例如大蒜的新品种就没有“蒜臭”气味或该气味极淡。

14. 调味品鉴别

调味品的感官鉴别指标主要包括色泽、气味、滋味和外观形态等。其中气味和滋味在鉴别时具有尤其重要的意义，只要某种调味品在品质上稍有变化，就可以通过其气味和滋味微妙地表现出来，故在实施感官鉴别时，应该特别注意这两项指标的应用。其次，对于液态调味料还应目测其色泽是否正常，更要注意酱、酱油、食醋等表面是否有白醭或是否生蛆，对于固态调味品还应目测其外形或晶粒是否完整，所有调味品均应在感官指标上掌握到不霉、不臭、不酸败、不板结、无异物、无杂质、无寄生虫的程度。

15. 冷饮品鉴别

冷饮食品的感官鉴别主要是依据色泽、组织状态、气味和滋味四项指标。对于液体饮料，应注意其包装封口是否严密，有无漏气、漏液现象，倒置后有无悬浮异物或沉淀物，其颜色深浅是否符合本品种的正常要求，鼻嗅和口尝则是检查饮料是否酸甜适度、清凉爽口、有无令人难以接受的不愉快气味和滋味。对于固体饮料，则应注意它是否形态完整、颗粒均匀、组织细腻、有无成团结块现象等。对于所有的冷饮食品，都应注意其包装物是否完好、标签是否齐全、有无超期变质等情况。

16. 果品类鉴别

鲜果品的感官鉴别方法主要是目测、鼻嗅和口尝。其中目测包括三方面的内容：一是看果品的成熟度和是否具有该品种应有的色泽及形态特征，二是看果型是否端正，个头大小是否基本一致，三是看果品表面是否清洁新鲜，有无病虫害和机械损伤等。鼻嗅则是辨别果品是否带有本品种所特有的芳香味，有时候果品的变质可以通过其气味的不良改变直接鉴别出来，像坚果的哈喇味和西瓜的馊味等，都是很好的例证。口尝不但能感知果品的滋味是否正常，还能感觉到果肉的质地是否良好，它也是很重要的一个感官指标。

17. 茶叶类鉴别

一般而言，茶叶质量的感官鉴别都分为两个阶段，即按照先“干看”（即冲泡前鉴别）后“湿看”（即冲泡后鉴别）的顺序进行。“干看”包括了对茶叶的形态、嫩度、色泽、净度、香气滋味五方面指标的体察与目测。不同种类的茶叶外形各异，但一般都是以细密、紧固、光滑、质量等的程度作为衡量标准的，这是共性，接着观察茶叶的油润程度、芽尖和白毫的多寡、茶梗、籽、片、末的含量，并由此来判断茶叶的色泽、嫩度和净度，最后通过鼻嗅和口嚼来评价茶香是否浓郁，有无苦、涩、霉、焦等异味。“湿看”则包括了对茶叶冲泡成茶汤后的气味、汤色、滋味、叶底四项内容的鉴别。即闻一闻茶汤的香气是否醇厚浓郁，观察其色度、亮度和清浊度，品尝其味道是否醇香甘甜，观察叶底的色泽、薄厚与软硬程度等。归纳以上所有各项识别结果来综合评价茶叶的质量。

带有包装的茶叶，必须在包装物上印有产品名称、厂家名称、生产日期、批号规格、保存期限等。产品要有合格证明。

附录二　食品感官检验常用术语

1. 一般性术语

名称	英文释义	解释
感官分析	sensory analysis	用感觉器官检查产品的感官特性
感官的	sensory	与使用感觉器官有关的
感官(特性)的	organoleptic	与用感觉器官感知的产品特性有关的
感觉评价员	sensation assessor	感官刺激引起的主观反应 参加感官分析的人员

名称	英文释义	解释
优选评价员	selected assessor	挑选出的具有较高感官分析能力的评价员
专家	expert	根据自己的知识或经验，在相关领域中有能力给出结论的评价员。在感官分析中，有两种类型的专家，即专家评价员和专业专家评价员
专家评价员	expert assessor	具有高度的感官敏感性和丰富的感官分析方法经验，并能够对所涉及领域内的各种产品做出一致的、可重复的感官评价的优选评价员
专业专家评价员	specialized expert assessor	具备产品生产和(或)加工、营销领域专业经验，能够对产品进行感官分析，并能评价或预测原材料、配方、加工、贮藏、老熟等有关变化对产品的影响的专家评价员
评价小组	panel	参加感官分析的评价员组成的小组
消费者	consumer	产品使用者
品尝员	taster	主要用嘴评价食品感官特性的评价员、优选评价员或专家。“品尝员”不是“评价员”的同义词
品尝	tasting	在嘴中对食品进行的感官评价
特性	attribute	可感知的特征
可接受性	acceptability	根据产品的感官特性，特定的个人或群体对某种产品愿意接受的状况
接受	acceptance	特定的个人或群体对符合期望的某产品表示满意的行为
偏爱	preference	(使)评价员感到一种产品优于其他产品的情绪状态或反应
厌恶	aversion	由某种刺激引起的令人讨厌的感觉
区别	discrimination	从两种或多刺激中定性和(或)定量区分的行为
食欲	appetite	对食用食物和(或)饮料的欲望所表现的生理状态
开胃的	appetizing	描述产品能增进食欲
可口性	palatability	令消费者喜爱食用的产品的综合特性
快感的	hedonic	与喜欢或不喜欢有关的
心理物理学	psychophysics	研究刺激和相应感官反应之间关系的学科
嗅觉测量	olfactometry	评价员对嗅觉刺激反应的测量
气味测量	odorimetry	对物质气味特性的测量
嗅觉测量仪	olfactometer	在可再现条件下向评价员显示嗅觉刺激的仪器
气味物质	odorante	能引起嗅觉的产品
质量	quality	反映产品或服务满足明确和隐含需要的能力的特性总和
质量要素	quality factor	为评价某产品整体质量所挑选的一个特性或特征
产品	product	可通过感官分析进行评价的可食用或不可食用的物质，例如食品、化妆品、纺织品

2. 与感觉有关的术语

名称	英文释义	解释
感受器	receptor	能对某种刺激产生反应的感觉器官的特定部分
刺激	stimulus	能激发感受器的因素
知觉	perception	单一或多种感官刺激效应所形成的意识
味道	taste	①在某可溶物质刺激时味觉器官感知到的感觉 ②味觉的官能 ③引起味道感觉的产品的特性
味觉	gustation	味道感觉的官能
嗅觉的	olfactor	与气味感觉有关的
嗅	to smell	感受或试图感受某种气味
触觉	touch	①触觉的官能 ②通过皮肤直接接触来识别产品特性形态
视觉	vision	①视觉的官能 ②由进入眼睛的光线产生的感官印象来辨别外部世界的差异
敏感性	sensitivity	用感觉器官感受、识别和(或)定性或定量区别一种或多种刺激的能力
强度	intensity	①感知到的感觉的大小 ②引起这种感觉的刺激的大小
动觉	kinaesthesis	由肌肉运动产生对样品的压力而引起的感觉(例如咬苹果、用手指检验奶酪等)
感官适应	sensory adaptation	由于受连续和(或)重复刺激而使感觉器官的敏感性暂时改变
感官疲劳	sensory fatigue	敏感性降低的感官适应状况
味觉缺失	ageusia	对味道刺激缺乏敏感性 味觉缺失可能是全部的或部分的,永久的或暂时的
嗅觉缺失	anosmia	对嗅觉刺激缺乏敏感性 嗅觉缺失可能是全部的或部分的,永久的或暂时的
嗅觉过敏	hyperosmia	对一种或几种嗅觉刺激的敏感性超常
嗅觉减退	hyposmia	对一种或几种嗅觉刺激的敏感性降低
色觉障碍	dyschromatopsia	与标准观察者相比有显著差异的颜色视觉缺陷
假热效应	pseudothermal effects	不是由物质的温度引起的对该物质产生的热或冷的感觉。例如对辣椒产生热感觉,对薄荷产生冷感觉
三叉神经感应	trigeminal sensations	在嘴中或咽喉中所感知到的刺激感或侵入感
拮抗效应	antagonism	两种或多种刺激的联合作用。它导致感觉水平低于预期的各自刺激效应的叠加
协同效应	synergism	两种或多种刺激的联合作用。它导致感觉水平超过预期的各自刺激效应的叠加
掩蔽	masking	由于两种刺激同时进行而降低了其中某种刺激的强度或改变了对该刺激的知觉
对比效应	contrast effect	提高了对两个同时或连续刺激的差别的反应
收敛效应	convergence effect	降低了对两个同时或连续刺激的差别的反应

续表

名称	英文释义	解释
阈	threshold	总是与一个限定词连用
刺激阈/觉察阈	stimulus threshold/detection threshold	引起感觉所需要的感官刺激的最小值。这时不需要对感觉加以识别
识别阈	recognition threshold	感知到的可以对感觉加以识别的感官刺激的最小值
差别阈	difference threshold	可感知到的刺激强度差别的最小值
极限阈	terminal threshold	一种强烈感官刺激的最小值，超过此值就不能感知刺激强度的差别
阈下的	sub-threshold	低于所指阈的刺激
阈上的	supra-threshold	超过所指阈的刺激

3. 与感官特性有关的术语

名称	英文释义	解释
酸的	acid	描述由某些酸性物质(例如柠檬酸、酒石酸等)的稀水溶液产生的一种基本味道
酸性	acidity	产生酸味的纯净物质或混合物质的感官特性
微酸的	acidulous	描述带轻微酸味的产品
酸味的	sour	描述一般由于有机酸的存在而产生的嗅觉和〔或)味觉的复合感觉
酸味	sourness	产生酸性感觉的纯净物质或混合物质的感官特性
略带酸味的	sourish	描述一产品微酸或显示产酸发酵的迹象
苦味的	bitter	描述由某些物质(例如奎宁、咖啡因等)的稀水溶液产生的一种基本味道
苦味	bitterness	产生苦味的纯净物质或混合物质的感官特性
咸味的	salty	描述由某些物质(例如氯化钠)的水溶液产生的一种基本味道
咸味	saltiness	产生咸味的纯净物质或混合物质的感官特性
甜味的	sweet	描述由某些物质(例如蔗糖)的水溶液产生的一种基本味道
甜味	sweetness	产生甜味的纯净物质或混合物质的感官特性
碱味的	alkaline	描述由某些基本物质(例如苏打水)的水溶液产生的一种基本味道
碱味	alkalinity	产生碱味的纯净物质或混合物质的感官特性
涩味的	astringent;harsh	描述由某些物质(例如柿单宁、黑刺李单宁)产生的使嘴中皮层或黏膜表面收缩、拉紧或起皱的一种复合感觉
涩味	astringency	产生涩味的纯净物质或混合物质的感官特性
风味	flavour	品尝过程中感知到的嗅感、味感和三叉神经感的复合感觉。它可能受触觉的、温度的、痛觉的和(或)动觉效应的影响
异常风味	off-flavour	通常与产品的腐败变质或转化作用有关的一种典型风味
异常气味	off-odour	通常与产品的腐败变质或转化作用有关的一种典型气味
沾染	taint	与该产品无关的外来气味或味道

续表

名称	英文释义	解释
基本味道	basic taste	七种独特味道的任何一种:酸味的、苦味的、咸味的、甜味的、碱味的、鲜味的、金属味的
有滋味的	sapid	描述有味道的产品
无味的/无风味的	tasteless/fiavourless	描述没有风味的产品
乏味的	insipid	描述一种风味远不及期望水平的产品
平味的	bland	描述风味不浓且无特色的产品
中味的	neutral	描述无任何明显特色的产品
平淡的	flat	描述对产品的感觉低于所期望的感官水平
风味增强剂	flavour enhancer	一种能使某种产品的风味增强而本身又不具有这种风味的物质
口感	mouthfeel	在口中(包括舌头、牙齿与牙龈)感知到的触觉
后味/余味	latter-taste/residual-taste	在产品消失后产生的嗅觉和(或)味觉。它有别于产品在嘴里的感觉
滞留度	persistence	类似于产品在口中所感知的嗅觉和(或)味觉的持续时间
芳香	aroma	一种带有愉快内涵的气味
气味	odour	嗅觉器官嗅某些挥发性物质所感受到的感官特性
特征	note	可区别和可识别的气味或风味特色
异常特征	off-note	通常与产品的腐败变质或转化作用有关的一种典型特征
外观	appearance	物质或物体的所有可见特性
稠度	consistency	由机械的和触觉的感受器,特别是在口腔区域内受到刺激而觉察到的流动特性。它随产品的质地不同而变化
主体(风味)	body	某种产品浓郁的风味或对其稠度的印象
有光泽的	shiny	描述可反射亮光的光滑表面的特性
颜色	colour	①由不同波长的光线对视网膜的刺激而产生的感觉 ②能引起颜色感觉的产品特性
色泽	hue	与波长的变化相应的颜色特性
章度(一种颜色的)	saturation of a colour	一种颜色的纯度
明度	luminance	与一种从最黑到最白的序列标度中的中灰色相比较的颜色的亮度或黑度
透明的	transparent	描述可使光线通过并出现清晰映像的物体
半透明的	translucent	描述可使光线通过但无法辨别出映像的物体
不透明的	opaque	描述不能使光线通过的物体
酒香	bouquet	用以刻画产品(葡萄酒、烈性酒等)的特殊嗅觉特征群
炽热的	burning	描述一种在口腔内引起热感觉的产品(例如辣椒、胡椒等)
刺激性的	pungent	描述一种能刺激口腔和鼻黏膜并引起强烈感觉的产品(如醋、芥末)
质地	texture	由机械的、触觉的或在适当条件下,视觉及听觉感受器感知到的产品所有机械的、几何的和表面特性

续表

名称	英文释义	解释
硬性	hardness	与使产品达到变形或穿透所需力有关的机械质地特性
黏聚性	cohesiveness	与物质断裂前的变形程度有关的机械质地特性
碎裂性	fracturability	与黏聚性和粉碎产品所需力量有关的机械质地特性，可通过在门齿间(前门牙)或手指间的快速挤压来评价
咀嚼性	chewiness	与黏聚性和咀嚼固体产品至可被吞咽所需时间或咀嚼次数有关的机械质地特性
胶黏性	gumminess	与柔软产品的黏聚性有关的机械质地特性，它与在嘴中将产品磨碎至易吞咽状态所需的力量有关
黏性	viscosity	与抗流动性有关的机械质地特性，它与将勺中液体吸到舌头上或将它展开所需力量有关
弹性	springness	①与快速恢复变形有关的机械质地特性 ②与解除形变压力后变形物质恢复原状的程度有关的机械质地特性
黏附性	adhesiveness	与移动附着在嘴里或黏附于物质上的材料所需力量有关的机械质地特性
粒度	granularity	与感知到的产品中粒子的大小和形状有关的几何质地特性
构型	conformation	与感知到的产品中微粒子形状和排列有关的几何质地特性
水分	moisture	描述感知到的产品吸收或释放水分的表面质地特性
脂肪含量	fatness	与感知到的产品脂肪数量或质量有关的表面质地特性

4. 与分析方法有关的术语

名称	英文释义	解释
被检样品	test sample	被检验产品的一部分
被检部分	test portion	直接提交评价员检验的那部分被检样品
参照值	reference point	与被评价的样品对比的选择值
对照样	control	选择用于参照的被检样品，所有其他样品都与其比较
参比样	reference	本身不是被检材料，而是用来定义一个特性或者一个给定特性的某一特定水平的物质
差别检验	difference test	对样品进行比较的检验方法
偏爱检验	preference test	对两种或多种样品评价更喜欢哪一种的检验方法
成对比较检验	paired comparison test	为了在某些规定特性基础上进行比较，成对地给出刺激的一种检验方法
三点检验	triangular test	差别检验的一种方法。同时提供三个已编码的样品，其中有两个样品是相同的，要求评价员挑出其中的单个样品
二-三点检验	duo-trio test	差别检验的一种方法，首先提供对照样品，接着提供两个样品，要求评价员识别其中哪一个与对照样品相同

续表

名称	英文释义	解释
五中取二检验	two out of five test	差别检验的一种方法。五个已编码的样品，其中有两个是一种类型，其余三个是另一种类型，要求评价员将这些样品按类型分成两组
“A”-“非 A”检验	“A” or “not A” test	差别检验的一种方法。当评价员学会识别样品“A”以后，将一系列可能是“A”或“非 A”的样品提供给他们，要求评价员指出每一个样品是“A”还是“非 A”
排序	ranking	按规定指标的强度或程度排列一系列样品的分类方法。这种方法只将样品排定次序而不估计样品之间差别的大小
分类	classification	将样品划归到预先规定的命名类别的方法
评价	rating	按照类别分类的方法，将每种类别按顺序标度排列
评分	scoring	用数字打分来评价产品或产品特性的方法
稀释法	dilution method	制备逐渐降低浓度的样品，并顺序检验的方法
筛选	screening	初步的选择过程
匹配	matching	将相同或相关的刺激配对的过程，通常用于确定对照样品和未知样品之间或两个未知样品之间的相似程度
客观方法	objective method	受个人意见影响最小的方法
主观方法	subjective method	考虑到个人意见的方法
量值估计	magnitude estimation	对特性强度定值的过程，所定数值的比率和评价员的感觉是相同的
独立评价	independent assessment	在没有直接比较的情况下，评价一种或多种刺激
比较评价	comparative assessment	对同时出现的刺激的比较
描述定量分析/剖面	descriptive quantitative analysis/profile	用描述词评价样品的感官特性以及每种特性的强度
标度	scale	由连续值组成，用于报告产品特征水平的闭联集 这些值可以是图形的、描述的或数字的
快感标度	hedonir scale	表达喜欢或不喜欢程度的一种标度
双极标度	bipolar scale	在两端有相反刻度的一种标度(例如从硬的到软的这样一种质地标度)
单极标度	unipolar scale	只有一端带有一种描述词的标度
顺序标度	ordinal scale	以预先确定的单位或以连续级数排列的一种标度
等距标度	interval scale	以相同数字间隔代表相同感官知觉差别的一种标度
比率标度	ratio scale	以相同的数字比率代表相同的感官知觉比率的一种标度
(评价的)误差	error(of assessment)	观察值(或评价值)与真值之间的差别
随机误差	random error	不可预测的误差，其平均值趋向于零
偏差	bias	正负系统误差
预期偏差	expectation bias	由于评价员的先入之见造成的偏差
真值	true value	想要估计的某特定值
标准光照度	standard illuminants	国际照明委员会(CIE)定义的自然光或人造光范围内的有色光照度

附录三　χ^2分布表

f	α											
	0.995	0.99	0.975	0.95	0.90	0.75	0.25	0.10	0.05	0.025	0.01	0.005
1	—	--	0.001	0.004	0.016	0.102	1.323	2.706	3.841	5.024	6.635	7.879
2	0.010	0.020	0.051	0.103	0.211	0.575	2.773	4.605	5.991	7.378	9.210	10.597
3	0.072	0.115	0.216	0.352	0.584	1.213	4.108	6.251	7.815	9.348	11.345	12.838
4	0.207	0.297	0.484	0.711	1.064	1.923	5.385	7.779	9.488	11.143	13.277	14.860
5	0.412	0.554	0.831	1.145	1.610	2.675	6.626	9.236	11.071	12.833	15.086	16.750
6	0.676	0.872	1.237	1.635	2.204	3.455	7.841	10.645	12.592	14.449	16.812	18.548
7	0.989	1.239	1.690	2.167	2.833	4.255	9.037	12.017	14.067	16.013	18.475	20.278
8	1.344	1.646	2.180	2.733	3.490	5.071	10.219	13.362	15.507	17.535	20.090	21.955
9	1.735	2.088	2.700	3.325	4.168	5.899	11.389	14.684	16.919	19.023	21.666	23.589
10	2.156	2.558	3.247	3.940	4.865	6.737	12.549	15.987	18.307	20.483	23.209	25.188
11	2.603	3.053	3.816	4.575	5.578	7.584	13.701	17.275	19.675	21.920	24.725	26.757
12	3.074	3.571	4.404	5.226	6.304	8.438	14.845	18.549	21.026	23.337	26.217	28.299
13	3.565	4.107	5.009	5.892	7.042	9.233	15.984	19.812	22.362	24.736	27.688	29.819
14	4.075	4.660	5.629	5.571	7.790	10.165	17.117	21.064	23.685	26.119	29.141	31.319
15	4.601	5.229	6.262	7.261	8.547	11.037	18.245	22.307	24.996	27.488	30.578	32.801
16	5.142	5.812	6.908	7.962	9.312	12.212	19.369	23.542	26.296	28.845	32.000	34.267
17	5.697	6.408	7.564	8.672	10.085	12.792	20.489	24.769	27.587	30.191	33.409	35.718
18	6.265	7.015	8.231	9.390	10.865	13.675	21.605	25.989	28.869	31.526	34.805	37.156
19	6.844	7.633	8.907	10.117	11.651	14.562	22.718	27.204	30.144	32.852	36.191	38.582
20	7.434	8.260	9.591	10.851	12.443	15.452	23.828	28.412	31.410	34.170	37.566	39.997
21	8.034	8.897	10.283	11.591	13.240	16.344	24.935	29.615	32.671	35.479	38.932	41.401
22	8.643	9.542	10.982	12.338	14.042	17.240	26.039	30.813	33.924	36.781	40.289	42.796
23	9.260	10.193	11.689	13.091	14.848	18.137	27.141	32.007	35.172	38.076	41.638	44.181
24	9.885	10.593	12.401	13.848	15.659	19.037	28.241	33.196	36.415	39.364	42.980	45.559
25	10.520	11.524	13.120	14.611	16.473	19.939	29.339	34.382	37.652	40.646	44.314	46.928
26	11.160	12.198	13.844	15.379	17.292	20.843	30.435	35.563	38.885	41.923	45.642	48.290
27	11.808	12.879	14.573	16.151	18.114	21.749	31.528	36.741	40.113	43.194	46.963	49.645
28	12.461	13.555	15.308	16.928	18.939	22.657	32.602	37.916	41.337	44.461	48.278	50.993
29	13.121	14.257	16.047	17.708	19.768	23.567	33.711	39.081	42.557	45.722	49.588	52.336
30	13.787	14.954	16.791	18.493	20.599	24.478	34.800	40.256	43.773	46.979	50.892	53.672
31	14.458	15.655	17.539	19.281	21.434	25.890	35.887	41.422	44.985	48.232	52.191	55.003
32	15.134	16.362	18.291	20.072	22.271	26.304	36.973	42.585	46.194	49.480	53.486	56.328
33	15.815	17.047	19.047	20.867	23.110	27.219	38.058	43.745	47.400	50.725	54.776	57.648
34	16.501	17.789	19.806	21.664	23.952	28.136	39.141	44.903	48.602	51.966	56.061	58.964
35	17.682	18.509	20.569	22.465	24.797	29.054	40.223	46.059	49.802	53.203	57.342	60.275
36	17.887	19.233	21.336	23.269	25.643	29.973	41.304	47.212	50.998	54.437	58.619	61.581
37	18.586	19.950	22.106	21.075	25.492	30.893	42.383	48.363	52.192	55.668	59.892	62.883
38	19.289	20.691	22.878	24.884	27.343	31.815	43.462	49.513	53.384	56.896	61.162	64.181
39	19.996	21.426	23.654	25.695	28.196	32.737	44.539	50.660	54.572	58.120	62.428	65.476
40	20.707	22.164	24.433	26.509	29.051	33.660	45.616	51.805	55.758	59.342	63.691	66.766

续表

f	α											
	0.995	0.99	0.975	0.95	0.90	0.75	0.25	0.10	0.05	0.025	0.01	0.005
41	21.421	22.906	25.215	27.326	29.907	34.585	46.692	52.949	56.942	60.561	64.950	68.053
42	22.138	23.650	25.999	28.144	30.765	35.510	47.766	54.090	58.124	61.777	66.206	69.336
43	22.859	24.398	26.785	28.965	31.625	36.436	48.840	55.230	59.304	62.990	67.459	70.615
44	23.584	25.148	27.575	29.787	32.487	37.363	49.913	56.369	60.481	64.201	68.710	71.893
45	24.311	25.901	28.366	31.612	33.350	38.291	50.985	57.505	61.656	65.410	69.957	73.166
46	25.041	26.557	29.160	31.439	34.215	39.220	52.056	58.641	62.830	66.617	71.201	74.437
47	25.775	27.416	29.956	32.268	35.081	40.149	53.127	59.774	64.001	67.821	72.443	75.704
48	26.511	28.177	30.755	33.098	35.949	41.079	54.196	60.907	65.171	69.023	73.683	76.969
49	27.249	28.941	31.555	33.930	36.818	42.010	55.265	62.038	66.339	70.222	74.919	78.231
50	27.991	29.707	32.357	34.764	37.689	42.942	56.334	63.167	67.505	71.420	76.154	79.490
51	28.735	30.475	33.162	35.600	38.560	43.874	57.401	64.295	68.669	72.616	77.386	80.747
52	29.481	31.246	33.968	36.437	39.433	44.808	58.468	65.422	69.832	73.810	78.616	82.001
53	30.230	32.018	34.776	37.276	40.303	45.741	59.534	66.548	70.993	75.002	79.843	83.253
54	30.981	32.793	35.586	38.116	41.183	46.676	60.600	67.673	72.153	76.192	81.069	84.502
55	31.735	33.570	36.398	38.958	42.060	47.610	61.665	68.796	73.311	77.380	82.292	85.749
56	32.490	34.350	37.212	39.801	42.937	43.546	62.729	69.919	74.468	78.567	83.513	86.994
57	33.248	35.131	38.027	40.646	43.816	59.482	63.793	71.040	75.624	79.752	84.733	88.236
58	34.008	35.913	38.844	41.492	44.696	50.419	64.857	72.160	76.778	80.936	85.950	89.477
59	34.770	36.698	39.662	42.339	45.577	51.356	65.919	73.279	77.931	82.117	87.166	90.715
60	35.534	37.485	40.482	43.188	46.459	52.294	66.981	74.397	79.082	83.298	88.379	91.952
61	36.300	38.273	41.303	44.038	47.342	53.232	68.043	75.514	80.232	84.476	89.591	93.186
62	37.058	39.063	42.126	44.889	48.226	54.171	69.104	76.630	81.381	85.654	90.802	94.419
63	37.838	39.855	42.950	45.741	49.111	55.110	70.165	77.745	82.529	86.830	92.010	95.649
64	38.610	40.649	43.776	46.595	49.996	56.050	71.225	78.860	83.675	88.004	93.217	96.878
65	39.383	41.444	44.603	47.450	50.883	56.990	72.285	79.973	84.821	89.117	94.422	98.105
66	40.158	42.240	45.431	48.305	51.770	57.931	73.344	81.085	85.965	90.349	95.626	99.330
67	40.935	43.038	46.261	49.162	52.659	58.872	74.403	82.197	87.108	91.519	96.828	100.554
68	41.713	43.838	47.092	50.020	53.543	59.814	75.461	83.308	88.250	92.689	98.028	101.776
69	42.494	44.639	47.924	50.879	54.438	60.756	76.519	84.418	89.391	93.856	99.228	102.996
70	43.275	45.442	48.758	51.739	55.329	61.698	77.577	85.527	90.531	95.023	100.425	104.215
71	44.058	46.246	49.592	52.600	56.221	62.641	78.634	86.635	91.670	96.189	101.621	105.432
72	44.843	47.051	50.428	53.462	57.113	63.585	79.690	87.743	92.808	97.353	102.816	106.648
73	45.629	47.858	51.265	54.325	58.006	64.528	80.747	88.850	93.945	98.516	104.010	107.862
74	46.417	48.666	52.103	55.189	58.900	65.472	81.803	89.956	95.081	99.678	105.202	109.074
75	47.206	49.475	52.945	56.054	59.795	66.417	82.858	91.061	96.217	100.839	106.393	110.286
76	47.997	50.286	53.782	56.920	60.690	67.362	83.913	92.166	97.351	101.999	107.583	111.495
77	48.788	51.097	54.623	57.786	61.585	68.307	84.968	93.270	98.484	103.158	108.771	112.704
78	49.582	51.910	55.466	58.654	62.483	69.252	86.022	94.374	99.617	104.316	109.958	113.911
79	50.376	52.725	56.309	59.522	63.380	70.198	87.077	95.476	100.749	105.473	111.144	115.117
80	51.172	53.540	57.153	60.391	64.278	71.145	88.130	96.578	101.879	106.629	112.329	116.321
81	51.969	54.357	57.998	61.261	65.176	72.091	89.184	97.680	103.010	107.783	113.512	117.524
82	52.767	55.174	58.845	62.132	66.075	73.038	90.237	98.780	104.139	108.937	114.695	118.726
83	53.567	55.993	59.692	63.004	66.976	73.985	91.289	99.880	105.267	110.090	115.876	119.927
84	54.368	56.813	60.540	63.876	67.875	74.933	92.342	100.980	106.395	111.242	117.057	121.126
85	55.170	57.634	61.389	64.749	68.777	75.881	93.394	102.079	107.522	112.393	118.236	122.325
86	55.973	58.456	62.239	65.623	69.679	76.829	94.446	103.177	108.648	113.544	119.414	123.522
87	56.777	59.279	63.089	66.498	70.581	77.777	95.497	104.275	109.773	114.693	120.591	124.718
88	57.582	60.103	63.941	67.373	71.484	78.726	96.548	105.372	110.898	115.841	121.767	125.913
89	58.389	60.928	64.793	68.249	72.387	79.675	97.599	106.469	112.022	116.980	122.942	127.406
90	59.196	61.754	65.647	69.126	73.291	80.625	98.650	107.365	113.145	118.136	124.116	128.299

附录四　t 分布表

自由度	α									
	0.500	0.400	0.300	0.200	0.100	0.050	0.020	0.010	0.005	0.001
1	1.000	1.376	1.963	3.078	6.314	12.706	31.821	63.657	—	—
2	0.816	1.061	1.386	1.886	2.920	4.303	6.965	9.925	14.089	31.598
3	0.765	0.978	1.250	1.638	2.353	3.182	4.541	5.841	7.453	12.941
4	0.741	0.941	1.190	1.533	2.132	2.776	3.747	4.604	5.598	8.610
5	0.727	0.920	1.156	1.476	2.015	2.571	3.365	4.032	4.773	6.859
6	0.718	0.906	1.134	1.440	1.943	2.447	3.143	3.707	4.317	5.959
7	0.711	0.896	1.119	1.415	1.895	2.365	2.998	3.499	4.029	5.405
8	0.706	0.889	1.108	1.397	1.860	2.306	2.896	3.355	3.832	5.041
9	0.703	0.883	1.100	1.383	1.833	2.262	2.821	3.250	3.630	4.781
10	0.700	0.879	1.093	1.372	1.812	2.228	2.764	3.169	3.581	4.587
11	0.697	0.876	1.088	1.363	1.796	2.201	2.718	3.106	3.497	4.437
12	0.695	0.873	1.083	1.356	1.782	2.179	2.681	3.055	3.428	4.318
13	0.694	0.870	1.079	1.350	1.771	2.160	2.650	3.012	3.372	4.221
14	0.692	0.868	1.076	1.345	1.761	2.145	2.624	2.977	3.326	4.140
15	0.691	0.866	1.074	1.341	1.753	2.131	2.602	2.947	3.286	4.073
16	0.690	0.865	1.071	1.337	1.746	2.120	2.583	2.921	3.252	4.015
17	0.689	0.863	1.069	1.333	1.740	2.110	2.567	2.898	3.222	3.965
18	0.688	0.862	1.067	1.330	1.734	2.101	2.552	2.878	3.197	3.922
19	0.688	0.861	1.066	1.328	1.729	2.093	2.539	2.861	3.174	3.883
20	0.687	0.860	1.064	1.325	1.725	2.086	2.528	2.845	3.153	3.850
21	0.686	0.859	1.063	1.323	1.721	2.080	2.518	2.831	3.135	3.789
22	0.686	0.858	1.061	1.321	1.717	2.074	2.508	2.819	3.119	3.782
23	0.685	0.858	1.060	1.319	1.714	2.069	2.500	2.807	3.104	3.767
24	0.685	0.857	1.059	1.318	1.711	2.064	2.492	2.797	3.090	3.745
25	0.684	0.856	1.058	1.316	1.708	2.060	2.485	2.787	3.078	3.725
26	0.684	0.856	1.058	1.315	1.706	2.056	2.479	2.779	3.067	3.707
27	0.684	0.855	1.057	1.314	1.703	2.052	2.473	2.771	3.056	3.690
28	0.683	0.855	1.056	1.313	1.701	2.048	2.467	2.763	3.047	3.674

续表

自由度	α									
	0.500	0.400	0.300	0.200	0.100	0.050	0.020	0.010	0.005	0.001
29	0.683	0.854	1.055	1.311	1.699	2.045	2.462	2.756	3.038	3.659
30	0.683	0.854	1.055	1.310	1.697	2.042	2.457	2.750	3.030	3.646
35	0.682	0.852	1.052	1.306	1.690	2.030	2.438	2.724	2.996	3.591
40	0.681	0.851	1.050	1.303	1.684	2.021	2.423	2.704	2.971	3.551
50	0.679	0.849	1.047	1.299	1.676	2.009	2.403	2.678	2.937	3.496
60	0.679	0.848	1.045	1.296	1.671	2.000	2.390	2.660	2.915	3.460
70	0.678	0.847	1.044	1.294	1.667	1.994	2.381	2.648	2.899	3.435
80	0.678	0.846	1.043	1.292	1.664	1.990	2.374	2.639	2.887	3.416
90	0.677	0.846	1.042	1.291	1.662	1.987	2.368	2.632	2.878	3.402
100	0.677	0.845	1.042	1.290	1.660	1.984	2.364	2.626	2.871	3.390
∞	0.674	0.842	1.036	1.282	1.645	1.960	2.326	2.576	2.8070	3.2905

附录五 F 分布表

$$P(F>F_{\alpha})=\alpha$$

分母自由度，f_2	α	分子自由度，f_1															
		1	2	3	4	5	6	7	8	9	10	12	15	20	30	60	120
1	0.005	16211	2000	21615	32500	23056	23437	23715	23925	24091	24224	24426	24630	24836	25044	25253	25359
	0.010	4052	4999	5403	5624	5763	5859	5928	5981	6022	6056	6106	6157	6209	6261	6313	6339
	0.025	647.8	799.5	864.2	899.6	921.8	937.1	948.2	855.7	963.3	968.6	976.7	984.9	993.1	1001	1010	1014
	0.050	161.4	199.5	215.7	224.6	230.2	234.0	236	238.9	240.5	241.9	243.9	245.9	248.0	250.1	252.2	253.3
2	0.005	198.5	199.0	199.2	199.2	199.3	199.3	199.4	199.4	199.4	199.4	199.4	199.4	199.4	199.5	199.5	199.5
	0.010	98.50	99.00	99.17	99.25	99.3	99.33	99.36	99.37	99.39	99.4	99.42	99.43	99.45	99.47	99.48	99.49
	0.025	38.51	39.00	39.17	39.25	39.3	39.3	39.36	39.37	39.39	39.4	39.41	39.43	39.45	39.46	39.48	39.49
	0.050	18.51	19.00	19.16	19.25	19.3	19.33	19.35	19.37	19.38	19.4	19.41	19.43	19.45	19.46	19.48	19.49
3	0.005	55.55	49.80	47.47	46.19	45.39	44.84	44.43	44.13	43.88	43.69	43.39	43.08	42.78	42.47	42.15	41.99
	0.010	34.12	30.82	29.46	28.71	28.24	27.91	27.67	27.49	27.35	27.23	27.05	27.87	26.69	26.5	26.32	26.22
	0.025	17.44	16.04	15.44	15.1	14.88	14.73	14.62	14.54	14.47	14.42	14.34	14.25	14.17	14.08	13.99	13.95
	0.050	10.13	9.552	9.277	9.117	9.014	8.941	8.887	8.845	8.812	8.786	8.745	8.703	8.660	8.617	8.572	8.549
4	0.005	31.33	26.28	24.26	23.15	22.46	21.97	21.62	21.35	21.41	20.97	20.70	20.44	20.17	19.89	19.61	19.47
	0.010	21.20	18.00	16.69	15.98	15.52	15.21	14.98	14.80	14.65	14.55	14.37	14.2	14.02	13.84	13.65	13.56
	0.025	12.22	10.65	9.979	9.604	9.364	9.197	9.074	8.98	8.905	8.844	8.751	8.656	8.56	8.461	8.360	8.309
	0.050	7.709	6.944	6.591	6.388	6.256	6.163	6.094	6.041	5.999	5.964	5.912	5.858	5.802	5.746	5.688	5.658

续表

分母自由度,f_2	α	分子自由度,f_1															
		1	2	3	4	5	6	7	8	9	10	12	15	20	30	60	120
5	0.005	22.78	18.31	15.53	15.56	14.94	14.51	14.20	13.96	13.77	13.62	13.38	13.15	12.90	12.66	12.40	12.27
	0.010	16.26	13.27	12.06	11.39	10.97	10.67	10.46	10.29	10.16	10.05	9.888	9.722	9.553	9.37	9.202	9.112
	0.025	10.01	8.434	7.764	7.388	7.146	6.978	6.853	6.757	6.681	6.619	6.525	6.428	5.328	6.227	6.122	6.069
	0.050	6.608	5.786	5.41	5.192	5.050	4.950	4.876	4.818	4.772	4.735	4.678	4.619	4.558	4.496	4.431	4.398
6	0.005	18.63	14.54	12.92	12.03	11.46	11.07	10.79	10.57	10.25	10.13	10.03	9.814	9.589	9.358	9.122	9.002
	0.010	13.75	10.92	9.78	9.148	8.746	8.466	8.260	8.102	7.976	7.874	7.718	7.559	7.396	7.228	7.057	6.969
	0.025	8.813	7.260	6.599	6.227	5.988	5.820	5.696	5.600	5.523	5.461	5.366	5.269	5.168	5.065	4.956	4.904
	0.050	5.987	5.143	4.757	4.534	4.387	4.284	4.207	4.147	4.099	4.06	4.000	3.874	3.938	3.808	3.740	3.705
7	0.005	16.24	12.40	10.88	10.05	9.522	9.155	8.885	8.678	8.514	8.38	8.176	7.968	7.754	7.534	7.309	7.193
	0.010	12.25	9.547	8.451	7.847	7.46	7.191	6.993	6.84	6.719	6.62	6.469	6.314	6.155	5.992	5.824	5.737
	0.025	8.073	6.542	5.89	5.523	5.285	5.119	4.995	4.899	4.823	4.761	4.666	4.568	4.467	4.362	4.254	4.199
	0.050	5.591	4.737	4.347	4.12	3.972	3.868	3.787	3.726	3.677	3.636	3.575	5.511	3.444	3.376	3.304	3.267
8	0.005	14.69	11.04	9.536	8.805	8.302	7.952	7.694	7.495	7.339	7.211	7.015	6.814	6.608	6.396	6.177	6.065
	0.010	11.26	8.649	7.591	7.006	6.632	6.371	6.178	5.029	5.911	5.814	5.667	5.515	5.359	5.198	5.032	4.946
	0.025	7.571	6.060	5.416	5.053	4.817	4.652	4.529	4.433	4.357	4.295	4.200	4.101	4.000	3.894	3.784	3.728
	0.050	5.318	4.459	4.066	3.838	3.688	3.581	3.500	3.438	3.388	3.347	3.284	3.218	3.150	3.079	3.005	2.967
9	0.005	13.81	10.11	8.717	7.956	7.471	7.134	6.885	6.693	6.541	6.417	6.227	6.032	5.832	5.625	5.410	5.300
	0.010	10.56	8.022	6.992	6.422	6.057	5.592	5.613	5.467	5.351	5.256	5.111	4.962	4.808	4.649	4.483	4.398
	0.025	7.209	5.715	5.078	4.718	4.484	4.320	4.197	4.102	4.026	3.964	3.868	3.769	3.667	3.56	3.449	3.392
	0.050	5.117	4.256	3.863	3.633	3.482	3.374	3.293	3.23	3.179	3.173	3.073	3.006	2.936	2.864	2.787	2.748
10	0.005	12.83	9.247	8.081	7.343	6.872	6.545	6.302	6.116	5.968	5.847	5.661	5.471	5.274	5.070	4.859	4.750
	0.010	10.04	7.559	6.552	5.994	5.636	5.386	5.200	5.057	4.942	4.849	4.706	4.558	4.405	4.247	4.082	3.996
	0.025	6.937	5.456	4.826	4.468	4.236	4.072	3.950	3.855	3.779	3.717	3.621	3.522	3.419	3.311	3.198	3.14
	0.050	4.955	4.103	3.708	3,478	3.236	3.217	3.136	3.072	3.02	2.978	2.913	2.845	2.774	2.7	2.621	2.58
12	0.005	11.75	8.51	7.226	6.521	6.071	5.757	5.524	5.345	5.202	5.086	4.906	4.721	4.53	4.331	4.123	4.015
	0.010	9.330	6.927	5.953	5.412	5.064	4.821	4.640	4.499	4.388	4.296	4.15	4.01	3.858	3.701	3.536	3.449
	0.025	6.554	3.096	4.474	4.121	3.891	3.728	3.606	3.512	3.436	3.374	3.277	3.177	3.073	2.963	2.848	2.787
	0.050	4.747	3.885	3.49	3.259	3.106	2.996	2.913	2.849	2.976	2.753	2.687	2.617	2.544	2.466	2.384	2.341
15	0.005	10.30	7.701	6.476	5.803	5.372	5.071	4.847	4.674	4.536	4.424	4.25	4.07	3.663	3.687	3.48	3.372
	0.010	8.683	6.359	5.417	4.893	4.556	4.318	4.142	4.004	3.895	3.805	3.666	3.522	3.372	3.214	3.047	2.96
	0.025	6.200	4.765	3.153	3.804	3.576	3.415	3.293	3.199	3.123	3.06	2.963	2.862	2.756	2.644	2.524	2.461
	0.050	4.543	3.682	3.287	3.056	2.901	2.790	2.707	2.641	2.538	2.544	2.475	2.404	2.328	2.247	2.16	2.114
20	0.005	9.944	6.986	5.818	5.174	4.762	4.472	4.257	4.09	3.956	3.847	3.678	3.502	3.318	3.123	2.916	2.806
	0.010	8.096	5.819	4.938	4.431	4.103	3.871	3.699	3.564	3.457	3.368	3.231	3.088	2.938	2.778	2.608	2.517
	0.025	5.872	4.461	3.859	3.515	3.289	3.128	3.007	2.913	2.836	2.774	2.676	2.573	2.464	2.349	2.223	2.156
	0.050	4.351	3.493	3.098	2.866	2.711	2.599	2.514	2.447	2.393	2.348	2.278	2.203	2.124	2.309	1.946	1.896
30	0.005	9.18	6.355	5.239	4.623	4.228	3.949	3.742	3.58	3.45	3.344	3.179	3.006	2.823	2.628	2.415	2.300
	0.010	7.562	5.39	4.51	4.018	3.699	3.474	3.304	3.173	3.066	2.979	2.843	2.7	2.549	2.386	2.208	2.111
	0.025	5.568	4.182	3.589	3.25	3.026	2.867	2.746	2.651	2.575	2.511	2.412	2.307	2.195	2.074	1.94	1.866
	0.050	4.171	3.316	2.922	2.09	2.534	2.42	2.334	2.266	2.211	2.165	2.092	2.015	1.932	1.841	1.74	1.684
60	0.005	8.495	5.795	4.729	4.14	3.76	3.492	3.291	3.134	3.008	2.904	2.742	2.57	2.387	2.187	1.962	1.834
	0.010	7.077	4.977	4.126	3.649	3.339	3.119	2.953	2.823	2.718	2.632	2.496	2.352	2.193	2.028	1.836	1.726
	0.025	5.286	3.925	3.342	3.008	2.786	2.627	2.507	2.412	2.334	2.27	2.169	2.061	1.944	1.815	1.667	1.581
	0.050	4.001	3.15	2.758	2.525	2.368	2.254	2.163	2.097	2.04	1.993	1.917	1.836	1.748	1.649	1.534	1.467
120	0.005	8.179	5.539	4.497	3.921	3.548	3.285	3.087	2.933	2.808	2.705	2.544	2.373	2.188	1.984	1.747	1.606
	0.010	6.851	4.786	3.949	3.48	3.174	2.956	2.792	2.663	2.559	2.472	2.336	2.192	2.035	1.86	1.656	1.533
	0.025	5.512	3.805	3.227	2.894	2.674	2.515	2.395	2.299	2.222	2.157	2.055	1.915	1.825	1.69	1.53	1.433
	0.050	3.920	3.072	2.68	2.447	2.29	2.175	2.087	2.016	1.969	1.910	1.834	1.750	1.659	1.564	1.429	1.352

附录六 三位随机数字表

862	245	458	396	522	498	298	665	635	665	113	917	365	332	896	314	688	468	663	712	585	351	847
223	398	183	765	138	369	163	743	593	252	581	355	542	691	537	222	746	636	478	368	949	797	295
756	954	266	174	496	133	759	488	854	187	228	824	881	549	759	169	122	919	946	293	874	289	452
544	537	522	459	984	585	946	127	711	549	445	793	734	855	121	885	595	152	237	574	611	145	784
681	829	614	547	869	742	822	554	448	813	976	688	959	714	912	646	873	397	159	155	136	463	363
199	113	941	933	375	651	414	891	129	938	862	572	698	128	363	478	214	841	314	437	792	874	926
918	481	797	621	743	827	377	916	966	426	657	246	423	277	685	533	937	223	582	946	323	626	519
335	662	875	282	617	374	635	379	287	791	334	139	117	963	448	957	451	585	821	829	267	512	638
477	776	339	818	251	916	581	232	372	374	799	461	276	486	274	791	369	774	795	681	458	938	171
653	489	538	216	446	849	914	337	993	459	325	614	771	244	429	874	557	119	122	417	882	714	769
749	824	721	967	287	556	628	843	725	731	553	253	183	653	988	431	788	426	875	838	457	927	475
522	967	259	532	618	624	396	562	134	563	932	441	834	787	231	958	232	537	439	956	531	345	352
475	172	986	859	925	932	282	924	842	642	797	565	399	896	596	282	441	784	258	684	625	662	291
894	333	612	728	869	487	741	259	476	127	286	736	257	168	847	316	969	692	786	549	949	559	526
116	218	464	191	132	218	573	786	258	296	471	372	618	935	353	747	123	863	644	161	793	196	847
381	641	393	375	354	193	165	615	587	384	119	187	965	572	112	695	615	941	361	375	376	871	633
968	755	847	643	773	765	439	478	611	978	868	898	546	319	775	169	896	275	513	222	114	233	184
742	421	226	286	522	618	471	218	397	745	461	477	478	535	957	674	132	228	442	225	444	171	151
859	878	392	311	659	772	935	447	834	117	658	161	754	654	176	883	855	195	637	751	586	948	513
964	593	137	574	288	994	582	961	746	336	983	782	611	988	833	265	969	584	564	683	197	214	326
177	636	674	897	167	157	856	524	662	598	145	926	362	777	415	931	313	317	195	137	959	536	985
228	755	915	955	946	233	647	653	425	674	719	543	549	826	669	429	576	773	756	392	632	725	879
591	214	851	669	394	349	299	192	179	261	332	294	896	299	782	397	791	659	921	569	811	683	762
636	167	789	438	413	565	118	889	253	452	577	859	125	141	241	746	444	841	313	446	225	362	248
415	982	543	743	835	826	364	776	988	923	224	615	283	462	328	512	228	466	278	874	373	499	437
383	349	468	122	771	481	723	335	511	889	896	338	937	313	594	158	687	932	889	918	768	857	694
975	973	235	811	761	226	637	382	741	767	894	371	128	972	161	911	427	164	461	991	792	256	194
257	752	667	227	813	488	598	198	979	388	921	926	715	349	644	846	879	242	695	222	633	595	526
723	395	174	453	276	732	323	866	583	826	562	817	397	556	786	358	755	996	249	676	461	614	485
448	524	951	982	455	999	451	434	695	693	788	493	951	231	259	667	318	655	374	559	577	873	747
539	881	529	664	594	555	779	629	168	442	377	685	449	128	532	232	241	418	536	733	348	162	919
661	469	312	748	942	671	284	777	354	939	116	158	583	615	977	525	193	871	833	818	154	449	333
394	647	493	599	628	317	846	255	416	174	449	269	276	883	828	193	984	529	758	164	215	938	272
882	216	786	376	187	864	912	941	837	551	233	744	634	464	313	474	536	333	927	345	889	387	658
116	138	848	135	339	143	165	513	222	215	655	532	862	797	495	789	662	787	112	487	926	721	861

附录七　排序检验法检验表（α＝5%）

鉴评员数(n)	样品数(m)													
	2	3	4	5	6	7	8	9	10	11	12	13	14	15
2	—	—	—	—	—	—	—	—	—	—	—	—	—	—
	—	—	—	3～9	3～11	3～13	4～14	4～16	4～18	5～19	5～21	5～23	5～25	6～26
3	—	—	—	4～14	4～17	4～20	4～23	5～25	5～28	5～31	5～34	5～37	5～40	6～42
	—	4～8	4～11	5～13	6～15	6～18	7～20	8～22	8～25	3～27	10～29	10～32	11～34	12～36
4	—	5～11	5～15	6～18	6～22	7～25	7～29	8～32	8～36	8～40	9～43	9～47	10～50	10～54
	—	5～11	6～14	7～17	8～20	9～23	10～26	11～29	13～31	14～34	15～37	16～40	17～43	18～46
5	—	6～14	7～18	8～22	9～26	9～31	10～35	11～39	12～43	12～48	13～52	14～56	14～61	15～65
	6～9	7～13	8～17	10～20	11～24	13～27	14～31	15～35	17～38	18～42	20～45	21～49	23～52	24～56
6	7～11	8～16	9～21	10～26	11～31	12～36	13～41	14～46	15～51	17～55	18～60	19～65	19～71	20～76
	7～11	9～15	11～19	12～24	14～28	16～32	18～36	20～40	21～45	23～49	25～53	27～57	29～61	31～65
7	8～13	10～18	11～24	12～30	14～35	15～41	17～46	18～52	19～58	21～63	22～69	23～75	25～80	26～86
	8～13	10～18	13～22	15～27	17～32	19～37	22～41	24～46	26～51	28～56	30～61	33～65	35～70	37～75
8	9～15	11～21	13～27	15～33	17～39	18～46	20～52	22～58	24～64	25～71	27～77	29～83	30～90	32～96
	10～14	12～20	15～25	17～31	20～39	23～41	25～47	28～52	31～57	33～63	36～68	39～73	41～79	44～84
9	11～16	13～23	15～30	17～37	19～44	22～50	24～57	26～64	28～71	30～78	32～85	34～92	36～99	38～106
	11～16	14～22	17～28	20～37	23～40	26～46	29～52	32～58	35～64	38～70	41～76	45～81	48～87	51～93
10	12～18	15～25	17～33	20～40	22～48	25～55	27～63	30～70	32～78	34～86	37～93	39～101	41～109	44～116
	12～18	16～24	19～31	23～37	26～44	30～50	33～57	37～63	40～70	44～76	47～83	51～89	54～96	57～103
11	13～20	16～28	19～36	22～44	25～52	28～60	31～68	34～76	36～85	39～93	42～101	45～109	47～118	50～126
	14～19	18～26	21～34	25～41	29～48	33～56	37～62	41～69	45～76	49～83	53～90	57～97	60～105	64～112
12	15～21	18～30	21～39	25～47	28～56	31～65	34～74	38～82	41～91	44～100	47～109	50～118	53～127	56～136
	15～21	19～29	24～36	28～44	32～52	37～59	41～67	45～75	50～82	54～90	58～98	63～105	67～113	71～121
13	16～23	20～32	24～41	27～51	31～60	35～69	38～79	42～88	45～98	49～107	52～117	56～126	59～136	62～146
	17～22	21～31	26～39	34～47	35～56	40～64	45～72	50～80	54～89	59～97	64～105	69～113	74～121	78～130
14	17～25	22～34	26～44	30～54	34～64	38～74	42～84	46～94	50～104	54～114	57～125	61～135	65～145	69～155
	18～24	23～33	28～42	33～51	38～60	44～68	49～77	54～86	59～95	65～103	70～112	75～121	80～130	85～139
15	19～26	23～37	28～47	32～58	37～68	41～79	46～89	50～100	54～111	58～122	63～132	67～143	71～154	75～165
	19～26	25～35	30～45	36～54	42～63	47～73	53～82	59～91	64～101	70～110	75～120	81～129	87～138	92～148
16	20～28	25～39	30～50	35～61	40～72	45～83	49～95	54～106	59～119	63～129	68～140	73～151	77～163	82～174
	21～27	27～37	33～47	39～57	45～67	51～77	57～87	63～97	69～107	75～117	81～127	87～137	93～147	100～156
17	22～29	27～41	32～53	38～64	43～76	48～88	53～100	58～112	63～124	68～136	73～148	78～160	83～172	88～184
	22～29	28～40	35～50	41～61	48～71	54～82	61～92	67～103	74～113	81～123	87～134	94～144	100～155	107～165
18	23～31	29～43	34～56	40～68	46～80	51～93	57～105	62～108	68～130	73～143	79～155	84～168	90～108	95～193
	24～30	30～42	37～53	44～64	51～75	58～86	65～97	72～108	79～119	86～130	93～141	100～152	107～163	114～174
19	24～33	30～46	37～58	43～71	49～84	55～97	61～110	67～123	73～136	78～150	84～163	90～176	76～189	102～202

续表

鉴评员数(n)	样品数(m)													
	2	3	4	5	6	7	8	9	10	11	12	13	14	15
	25～32	32～44	39～56	47～67	54～79	62～90	69～102	76～114	84～125	91～137	99～148	106～160	114～171	121～183
20	26～34	32～48	39～61	45～75	52～88	58～102	65～115	71～129	77～143	83～157	90～170	96～184	102～198	108～212
	26～34	34～46	42～58	50～70	57～83	65～95	73～107	81～119	89～131	97～143	105～155	112～168	120～180	128～192
21	27～36	34～50	41～64	48～78	55～92	62～106	68～121	75～135	82～149	89～163	95～178	102～192	108～207	115～221
	28～35	36～48	44～61	52～74	61～86	69～99	77～112	86～124	94～137	102～150	110～163	119～175	127～188	135～201
22	28～36	36～52	43～67	51～81	58～96	65～110	72～126	80～40	84～155	94～170	101～185	108～200	115～215	122～230
	29～37	38～50	46～64	55～77	64～90	73～103	81～117	90～130	99～143	108～156	116～170	125～183	134～196	143～209
23	30～33	38～54	46～69	53～85	61～100	69～115	76～131	84～146	91～162	99～177	106～193	114～208	121～224	128～240
	31～41	40～52	49～66	58～80	67～94	76～108	85～122	95～135	104～149	113～163	122～177	131～191	141～204	150～218
24	31～41	40～56	48～72	56～88	64～104	72～130	80～136	88～152	96～168	104～184	112～200	120～216	127～233	135～249
	32～40	41～55	51～69	61～83	70～98	80～112	90～126	99～141	109～155	119～169	128～184	138～198	147～213	157～227
25	33～42	41～59	50～75	59～91	67～108	76～124	84～141	92～158	101～174	109～191	117～208	126～224	134～241	142～258
	33～42	43～57	53～72	63～87	73～102	84～116	94～131	104～146	114～161	124～176	134～191	144～206	154～221	164～236
26	34～44	43～61	52～78	61～95	70～112	79～129	88～146	97～163	106～180	114～198	123～215	132～232	140～250	149～267
	35～43	45～59	56～74	66～90	77～105	87～121	98～136	108～152	119～167	129～183	140～198	151～213	161～229	172～244
27	35～46	45～63	55～80	64～98	73～116	83～133	92～151	101～169	110～187	119～205	129～222	138～240	147～258	156～276
	36～45	47～61	58～77	69～93	80～109	91～125	102～141	113～157	124～173	135～189	146～205	157～221	168～237	179～253
28	37～47	47～65	57～83	67～101	76～120	86～138	96～156	106～174	115～193	125～211	134～230	144～248	153～267	162～286
	38～46	49～63	60～80	72～96	83～113	95～129	106～146	118～162	129～179	140～196	152～212	163～229	175～245	186～262
29	38～49	49～67	59～86	69～105	80～123	90～142	100～161	110～180	120～199	130～218	140～237	150～256	160～275	169～295
	39～48	51～65	63～82	74～100	86～117	98～134	110～151	122～168	134～185	146～202	158～219	170～236	182～253	194～270
30	40～50	51～69	61～89	72～108	83～127	93～147	104～166	114～186	125～205	135～225	145～245	156～264	166～284	176～304
	41～49	53～67	65～85	77～103	90～120	102～138	114～156	127～173	139～191	151～209	164～226	176～244	189～261	210～279
31	41～51	52～72	64～91	75～111	86～131	97～151	108～171	119～191	130～211	140～232	151～252	162～272	173～292	183～313
	42～51	55～69	67～88	80～106	93～124	106～142	119～160	131～179	144～197	157～215	170～233	183～251	196～269	208～288
32	42～54	54～74	66～94	77～115	89～135	100～156	112～176	123～197	134～218	146～238	157～259	168～280	179～301	190～322
	43～53	56～72	70～90	83～109	96～128	109～147	123～165	136～184	149～203	163～221	176～240	189～259	202～278	216～296
33	44～55	56～76	68～97	80～118	92～139	104～160	116～181	128～202	139～224	151～245	163～266	174～288	186～309	197～331
	45～54	58～74	72～93	86～112	99～132	113～151	127～176	141～189	154～209	168～226	182～247	196～266	209～286	223～305
34	45～57	58～78	70～100	83～121	95～143	108～164	120～136	132～208	144～230	156～252	168～274	180～296	192～318	204～340
	46～56	60～76	74～96	88～116	103～135	117～155	131～175	145～195	159～215	174～234	188～254	202～274	216～294	231～313
35	47～58	60～80	73～102	86～124	98～147	111～169	124～191	136～214	149～236	161～259	174～281	186～304	199～326	211～349
	48～57	62～78	77～98	91～119	106～139	121～159	135～180	150～200	165～220	179～241	194～261	209～281	223～302	238～322
36	48～60	62～82	75～105	88～128	102～150	115～173	128～196	141～219	154～242	167～265	180～288	193～311	205～335	318～358
	49～59	64～80	79～101	94～112	109～143	124～164	139～185	155～205	170～226	185～247	200～268	215～289	230～310	245～331
37	50～61	63～85	77～108	91～131	105～154	118～178	132～201	145～225	159～248	172～272	185～296	199～319	212～343	225～367
	51～60	66～82	81～104	97～125	112～147	128～168	144～189	159～211	175～232	190～254	206～275	222～296	237～318	253～339
38	51～63	65～87	80～110	94～134	108～158	122～182	136～206	150～230	164～254	177～279	191～303	205～327	219～351	232～376
	52～62	68～84	81～105	100～128	116～150	132～172	148～194	164～216	180～238	196～260	212～282	282～304	244～326	260～348

附录八 排序检验法检验表（$\alpha=1\%$）

鉴评员数 (n)	样品数(m)													
	2	3	4	5	6	7	8	9	10	11	12	13	14	15
2	—	—	—	—	—	—	—	—	—	—	—	—	—	—
	—	—	—	—	—	—	—	—	3～19	3～21	3～23	3～26	3～27	3～29
3	—	—	—	—	—	—	—	—	4～29	4～32	4～35	4～38	4～41	4～44
	—	—	—	4～14	4～17	4～20	5～22	5～25	5～27	6～30	6～33	7～35	7～38	7～41
4	—	—	—	5～19	5～23	5～27	6～30	6～34	6～38	6～42	7～45	7～49	7～53	7～57
	—	—	5～15	6～18	6～22	7～25	8～28	8～32	9～35	10～38	10～42	11～45	12～48	13～51
5	—	—	6～19	7～23	7～28	8～32	8～37	9～41	9～46	10～50	10～55	11～59	11～64	12～68
	—	6～14	7～18	8～22	9～26	10～30	11～34	12～38	13～42	14～46	15～50	16～54	17～58	18～62
6	—	7～17	8～22	9～27	9～33	10～38	11～43	12～48	13～53	13～59	14～64	15～69	16～74	16～80
	—	8～16	9～21	10～26	12～30	13～35	14～40	16～44	17～49	18～54	20～58	21～63	28～07	24～72
7	—	8～20	10～25	11～31	12～37	13～43	14～49	15～55	16～61	17～67	18～73	19～79	20～85	21～91
	8～13	9～19	11～24	12～30	14～35	16～40	18～45	19～51	21～56	23～61	26～66	26～72	28～77	30～82
8	9～15	10～22	11～29	13～35	14～42	16～48	17～55	19～61	20～68	21～75	23～81	24～68	25～95	27～101
	9～15	11～21	13～27	15～33	17～39	19～45	21～51	23～57	25～63	28～68	30～74	32～80	34～86	36～92
9	10～17	12～24	13～32	15～39	17～46	19～53	21～60	22～68	24～75	26～82	27～90	29～97	31～104	32～112
	10～17	12～24	15～30	17～37	20～43	22～50	25～56	27～63	30～69	32～76	35～82	37～89	40～95	42～102
10	11～19	13～27	15～35	18～42	20～50	22～58	24～66	26～74	28～82	30～90	32～98	34～106	36～114	38～122
	11～19	14～26	17～33	20～40	23～47	25～55	28～62	31～69	34～76	37～83	40～90	48～97	46～104	49～111
11	12～21	15～29	17～38	20～46	22～55	25～63	27～72	30～80	32～89	34～98	37～106	39～115	41～124	44～132
	13～20	16～28	19～36	22～44	25～52	29～59	32～67	36～75	39～82	42～90	45～98	48～106	52～113	55～121
12	14～22	17～31	19～41	22～50	25～59	28～68	31～77	33～87	36～96	39～105	42～114	44～124	47～133	50～142
	14～22	18～30	21～39	25～47	28～56	32～64	36～72	39～81	43～89	47～97	50～106	54～114	58～122	46～130
13	15～24	18～34	21～44	25～53	28～63	31～73	34～83	37～93	40～103	43～113	46～123	50～132	53～142	56～152
	15～24	19～33	23～42	27～51	31～60	35～69	39～78	44～86	48～96	52～104	56～113	60～122	64～131	68～140
14	16～26	20～36	24～46	27～57	31～67	34～78	38～88	41～99	45～109	48～120	51～131	55～141	58～152	62～162
	17～25	21～35	25～45	30～54	34～64	39～73	43～83	48～92	52～103	57～111	61～121	66～130	76～140	75～149
15	18～27	22～38	26～40	30～60	34～71	37～83	41～94	45～105	49～116	53～127	50～139	60～150	64～161	68～172
	18～27	23～37	28～47	32～58	37～68	42～78	47～88	52～98	57～108	62～118	67～128	72～138	76～149	81～159
16	19～29	23～41	28～52	32～64	36～76	41～87	45～99	40～111	53～123	57～135	62～146	66～158	70～170	74～182
	19～29	25～39	30～50	35～61	40～72	46～82	51～93	50～104	61～115	67～125	72～136	77～147	83～157	88～168
17	20～31	25～43	30～55	35～67	39～80	44～92	49～104	53～117	58～129	62～142	67～154	71～167	76～179	80～192
18	21～30	26～42	32～53	38～64	42～76	49～87	55～98	60～110	57～123	67～149	72～162	77～175	82～188	86～202
	22～32	27～45	32～58	37～71	42～84	47～97	52～110	57～123	62～149	67～149	72～162	77～175	82～188	86～202
19	22～32	28～44	34～56	40～68	46～80	52～92	99～103	65～115	71～127	77～129	83～151	89～163	95～175	102～186
	23～34	29～47	34～61	40～74	45～88	50～102	59～115	61～129	67～142	72～156	77～170	82～184	86～197	93～211
20	24～33	30～46	36～59	43～71	49～84	56～96	62～109	69～121	75～133	82～146	89～158	95～171	102～183	108～196
	24～36	30～50	36～64	42～78	48～92	54～106	60～120	65～125	71～140	77～163	82～178	88～192	94～206	99～221
21	25～35	32～48	38～62	45～75	52～88	59～101	60～114	73～127	80～140	87～153	94～166	101～179	108～192	115～203
	26～37	32～52	38～64	45～81	51～96	57～111	63～126	66～141	75～156	82～170	88～185	94～200	100～215	106～230
22	26～37	33～51	41～61	48～78	55～92	63～105	70～119	78～182	85～146	92～100	100～173	107～187	115～200	122～214

续表

鉴评员数(n)	样品数(m)													
	2	3	4	5	6	7	8	9	10	11	12	13	14	15
	28～38	35～53	43～67	51～81	58～96	66～110	74～124	82～138	90～152	98～166	106～180	113～195	212～209	129～223
23	28～41	36～56	43～72	50～88	57～104	64～120	71～136	78～152	85～168	91～201	98～201	105～217	112～233	119～249
	29～40	37～55	45～70	53～85	62～99	70～114	78～129	86～144	95～158	103～173	111～188	119～203	128～217	136～232
24	30～42	37～59	45～75	52～92	60～108	67～125	75～141	82～188	89～175	96～192	104～208	111～225	118～242	125～259
	30～42	39～57	47～73	56～88	65～103	73～119	80～134	91～140	99～165	108～180	117～195	126～210	134～226	143～241
25	31～44	39～61	47～78	55～95	63～112	71～129	78～147	86～164	94～181	101～199	109～216	117～233	124～251	132～268
	32～43	41～59	50～75	59～91	68～107	77～123	86～139	95～155	101～171	113～187	123～202	132～218	141～234	150～250
26	33～45	41～63	49～81	57～99	66～116	74～134	82～152	90～170	98～188	106～206	114～224	122～242	130～260	138～278
	33～45	42～62	52～78	61～95	71～111	80～128	90～144	100～166	109～177	119～193	128～210	138～226	147～243	157～259
27	34～47	43～65	51～84	60～102	69～120	77～139	86～157	94～176	103～194	111～213	120～231	128～250	137～268	145～287
	35～46	44～64	54～81	64～98	74～115	84～132	94～149	104～166	114～183	124～200	134～217	144～234	154～251	164～268
28	35～49	44～68	54～86	63～105	72～124	81～143	90～162	99～181	108～200	116～220	125～239	134～258	143～277	152～296
	36～48	46～66	56～84	64～101	77～119	88～136	93～154	108～172	119～189	129～207	140～224	150～242	161～259	171～277
29	37～50	46～70	56～89	65～109	75～128	84～148	94～167	103～187	112～207	122～207	131～246	140～266	149～286	158～306
	37～50	48～68	59～86	69～105	80～123	91～141	102～159	113～177	124～195	135～213	145～232	156～250	167～268	178～286
30	38～52	48～72	58～92	68～112	78～132	88～152	97～173	107～183	117～213	127～233	136～254	146～274	155～296	165～315
	39～51	50～70	61～89	72～108	83～127	95～145	106～164	117～183	129～201	140～220	151～239	163～257	174～276	185～295
31	39～54	50～74	60～95	71～115	81～136	91～157	101～178	112～198	122～219	132～240	142～261	152～282	162～303	172～324
	40～53	51～73	63～92	75～111	85～131	98～150	110～169	122～188	133～208	145～227	157～246	169～265	180～285	192～304
32	41～55	52～70	62～98	73～119	84～140	95～161	105～183	166～204	126～226	137～217	147～269	158～290	168～312	179～333
	41～55	53～75	65～95	77～115	90～134	102～154	114～174	120～194	138～214	151～233	163～253	175～273	187～293	199～313
33	42～57	53～79	65～100	76～122	87～144	98～166	109～188	120～210	134～232	142～254	153～276	164～298	174～321	185～343
	43～66	55～77	68～97	80～118	93～138	105～159	118～179	131～199	145～220	156～240	169～260	181～281	194～301	206～322
34	44～58	55～81	67～103	78～126	90～148	102～170	113～193	124～216	136～238	147～261	158～284	170～306	181～329	192～352
	44～58	57～79	70～100	83～121	96～142	109～163	122～184	125～205	148～226	161～217	174～268	187～289	201～309	214～330
35	45～60	57～83	69～106	81～129	93～152	105～175	117～198	120～221	141～244	152～208	164～291	176～314	187～338	199～361
	46～59	59～81	75～103	86～124	99～146	113～167	120～189	140～210	153～232	167～253	180～275	191～289	207～318	221～339
36	46～62	59～85	71～109	84～132	96～156	109～179	121～203	133～227	145～251	157～275	170～298	182～322	194～346	206～370
	47～61	61～83	74～106	88～128	102～150	116～172	130～194	144～216	158～238	172～260	186～282	200～304	214～326	228～348
37	48～63	61～87	74～111	86～136	99～160	112～184	125～208	137～242	150～257	163～281	175～306	188～330	200～355	213～379
	48～63	63～85	77～108	91～131	105～154	120～176	134～199	149～221	163～244	177～267	192～239	206～312	221～334	235～357
38	49～65	62～90	76～114	89～139	102～164	116～188	120～213	142～233	155～263	168～288	181～318	194～338	207～363	219～389
	50～64	64～83	79～111	94～134	109～157	123～181	138～304	153～227	168～250	183～296	198～296	213～319	227～323	242～366

参考文献

[1] 马永强，韩春然，刘静波．食品感官检验［M］. 北京：化学工业出版社，2005.
[2] 沈明浩，谢主兰．食品感官评定［M］. 郑州：郑州大学出版社，2011.
[3] 徐树来，王永华．食品感官分析与实验［M］. 北京：化学工业出版社，2009.
[4] 赵镭，刘文．感官分析技术应用指南［M］. 北京：中国轻工业出版社，2011.
[5] 吴云辉．水产品加工技术［M］. 北京：化学工业出版社，2009.
[6] Herbert Stone. 感官评定实践［M］. 北京：中国轻工业出版社，2007.
[7] Harry T，Lawless Hildegarde Heymann. 食品感官评价原理与技术［M］. 北京：中国轻工业出版社，2001.
[8] 汪浩明．食品检验技术感官评价部分［M］. 北京：中国轻工业出版社，2014.
[9] 郑坚强．食品感官评定［M］. 北京：中国科学技术出版社，2013.
[10] 祝美云．食品感官评价［M］. 北京：化学工业出版社，2008.
[11] 朱克永．食品检测技术理化检验感官检验技术［M］. 北京：科学出版社，2011.
[12] 王朝臣．食品感官检验技术项目化教程［M］. 北京：北京师范大学出版社，2013.
[13] 鲁英，路勇．食品感官检验［M］. 北京：中国劳动社会保障出版社，2013.
[14] 张晓鸣．食品感官评定［M］. 北京：中国轻工业出版社，2013.
[15] 农业部人事劳动司，农业职业技能培训教材编审委员会. 乳品检验员［M］. 北京：中国农业出版社，2004.
[16] 周家春. 食品感官分析［M］. 北京：中国轻工业出版社，2013.
[17] 张志胜，李灿鹏，毛学英. 乳与乳制品工艺学［M］. 北京：中国标准出版社，2014.
[18] 钮伟民，丁青芝，贾俊强. 乳及乳制品检测新技术［M］. 北京：化学工业出版社，2012.
[19] 杨贞耐. 乳品生产新技术［M］. 北京：科学出版社，2015.
[20] 张艳，雷昌贵. 食品感官评定［M］. 北京：中国标准出版社，2012.
[21] 中国乳制品工业协会. 乳制品感官质量评鉴细则［S］. 2004.
[22] 中华人民共和国卫生部. 乳品安全国家标准汇编［S］. 2010.
[23] 魏永义，王艳芳. 配偶试验法在火腿肠感官评定中的应用［J］. 肉类工业，2015（411），7：10-11.